허브 재배와
활용 편

도시농부 올빼미의

텃밭
샐
가이드 3

도시농부 올빼미의 텃밭 가이드 3
〈허브 재배와 활용 편〉

글 · 그림 · 사진 ㅣ 유다경
기획 · 편집 ㅣ 고유진
마케팅 ㅣ 최희은
디자인 ㅣ 양란희

초판 1쇄 펴냄 ㅣ 2015년 7월 5일

임프린트 ㅣ 시골생활   **펴낸곳** ㅣ 도서출판 도솔   **펴낸이** ㅣ 최정환
주소 ㅣ 121-839 서울시 마포구 양화로7길 84(서교동 영화빌딩 4층)
전화 ㅣ 02-335-5755   **팩스** ㅣ 02-335-6069
E-mail ㅣ dosolbooks@naver.com
등록번호 ㅣ 제1-867호   **등록일자** ㅣ 1989년 1월 17일

저작권자 ⓒ 유다경, 2015
ISBN 978-89-7220-744-3 04590
ISBN 978-89-7220-740-5(세트)

이 도서의 국립중앙도서관 출판예정도서목록(CIP)은 서지정보유통지원시스템 홈페이지(http://seoji.nl.go.kr)와 국가자료공동목록시스템
(http://www.nl.go.kr/kolisnet)에서 이용하실 수 있습니다.(CIP제어번호: CIP2015016592)

허브 재배와
활용 편

도시농부 올빼미의

텃밭
가이드 3

유다경 글·그림·사진

시골
생활

식물을 기르기 시작한 것은 2003년 봄이었습니다.

서울에서 살면서 한 번도 식물 기르기를 해본 적 없던 제가 경기도로 이사 가면서 처음으로 식물을 기르고 싶다는 생각을 하면서 시작된 것입니다. 무엇을 기를까 고민한 것도 잠시, 인터넷 어느 사이트의 이벤트에 응모해서 당첨 선물로 받은 것이 각종 허브였습니다. 로즈마리, 레몬버베나, 민트, 파인애플세이지, 타임 등등, 한 번도 이름조차 들어본 적 없는 허브 한 상자를 앞에 놓고 심한 책임감을 느꼈습니다. 그때부터 하나하나 배우고 실험하면서 식물 기르기의 첫발을 내딛었습니다.

식물 기르기의 시작이 '허브'였던 것은 행운이었습니다. 왜냐면 허브는 성장이 빠르고 재배 원칙을 정확히 지켜야 잘 성장하며, 보고 기르는 즐거움뿐 아니라 다양하게 활용할 수 있는 식물이었기 때문입니다. 식물 기르는 것에 대해서는 무지했기 때문에 요령 피우지 않고 지키라고 한 것을 정확하게 지키니, 경험 있는 다른 참가자보다 월등히 잘 키우게 되어서 식물 기르기에 자신감을 갖게 되고 나날이 실력이 일취월장했습니다. 좀더 잘해보고자 자료를 찾았지만 대부분의 책자는 외국 책을 그대로 옮겼는지 우리나라 환경에 맞지 않으면서 내용도 거의 내용도 거의 비슷해 크게 도움이 되지 않아 내 스스로 매일의 경험과 변화를 기록하면서 우리나라 기후에서의 허브 재배기를 만들어보기로 했고 그것이 13년째에 이르게 되었습니다.

실내에서 허브를 기르면서 주말농장에서도 허브를 기르기를 시작했습니다. 작은 면적의 텃밭이지만, '채소와 함께 허브를 기른 것'은 두 번째 행운이었습니다. 그때만 해도 주말농장에서 채소가 아닌 허브를 기르는 것이 신기하게 여겨지던 분위기였습니다.

저는 허브 재배를 통해서 '도시농부란 무엇인가'를 깨닫게 되었습니다. 허브는 원예와 농사의 특성을 모두 갖고 있는 식물입니다. 기르는 과정에서의 건강한 노동과 더불어 자연과 동화되는 경험은 현대인에게 부족한 면을 채워주고, 아름다운 꽃과 독특한 향기는 몸과 마음을 이완시키며 행복감을 줍니다. 수확한 것은 차나 요리, 향신료, 아로마테라피 등으로 다양하게 활용하면서 자부심과 자신감이 생깁니다. 또한 허브는 정원을 갖고 싶은 도시인에게 '텃밭과 정원'이라는 두 가지 즐거움을 모두 주는 식물입니다. 이렇게 기르고 수확해서 활용하는 전 과정이 바로 도시인들이 바라는 치유와 회복, 휴식의 과정입니다.

우리나라에 허브가 들어와 인기를 끌기 시작한 후, 많은 사람들이 허브 기르기를 시도했으나 실패하고 포기하는 것을 많이 봤습니다. 실패한 사람들은 허브로 얻을 수 있는 다양한 것들을 전혀 알지 못하게 됩니다. 저 역시 중간에 포기할 뻔 한 적이 많았으나 해를 거듭하면서 허브를 통해 내가 변하고 많은 것이 달라지는 것을 경험하면서 다른 이들도 이런 단계에 도달할 때까지 계속할 수 있었으면 좋겠다는 생각을 했습니다. 그래서 실패를 하지 않도록, 성공해서 내가 얻은 것을 꼭 얻도록 잘 기르는 방법을 알려주고 활용하는 방법도 전하면서 수많은 기록을 하게 되었습니다. 그리고 마침내 13년째인 2015년에 비로소 이 모든 것을 책으로 엮으면서, 이 책을 읽는 분들은 중간에 포기하지 않고, 또 제대로 다 활용하지 못하는 일 없이 다 누리고 얻기를 바라는 마음입니다.

이 책이 나오기까지는 다소 복잡한 과정을 거쳐야 했습니다. 2010년에 처음 출판된 《도시농부 올빼미의 텃밭가이드》는 재배 원론과 작물 재배를 한 권에 다 넣었는데, 그때 들어간 허브는 몇 개뿐이었습니다. 그 뒤로도 계속 자료가 늘어나고 특히 한정된 페이지로 인해 누락되어야 했던 정보들이 아까워 개정판을 쓰게 되었는데, 1권 〈밭 만들기 편〉, 2권 〈작물 재배 편〉, 3권 〈허브 재배와 활용 편〉으로 나뉘게 되었습니다. 처음엔 2권에 채소와 허브를 모두 담을 계획이었으나 막상 원고를 다 쓰고 보니 무려 900쪽이 넘는 양이 나와 고심 끝에 분권을 결정했습니다. 2014년에 2권을 내면서 바로 '3권 허브 편'을 내려고 했었습니다. 그런데 막상 '허브 편'을 따로 내게 되니 다시 욕심이 나기 시작했습니다. 넘치는 분량으로 인해 빼야만 했던 수많은 허브 관련 자료들이 아까워진 것입니다. 그래서 후회를 남기지 않기 위해 3권에 이 자료들을 다시 넣기로 하고 재집필에 들어가니 1년의 시간이 걸렸고, 3권 역시 방대한 양이 되었습니다. 예상을 초과하는 쪽수가 되었지만, 허브를 기르고 수확해서 활용하는 전 과정을 모두 담게 되어 다행이라고 생각합니다.

이 책은 총 4단락으로 나눕니다.

1부는 '허브 재배의 모든 것'인데, 허브를 재배하는 데 꼭 지켜야 할 원칙과 다양한 정보를 담았습니다. 처음엔 노지재배에 관한 정보만을 담다가, 아파트 베란다 같은 실내재배와 화단 만들기 등을 추가로 넣어 어떤 환경에서 길러도 참고가 될 수 있도록 했습니다. 이것은 노지와 베란다 재배를 동시에 10여 년간 시도한 제 경험에서 나온 자료입니다.

2부는 '허브 작물별 재배법'입니다. 해외의 허브 관련 책대로 적용하면 실패하는 경우가 많은 것은 완전히 다른 기후 때문입니다. 지중해는 우리나라 기후와 정반대인데 야생화인 허브는 기후의 영향을 크게 받기 때문에 지중해 원산의 허브를 정반대 기후인 우리나라에서 기르려면 우리나라에 맞는 방식으로 재배해야 합니다. 각 작물 편마다 들어있는 '활용' 부분에는 각 허브를 어떻게 활용할 수 있는지에 대한 핵심적인 정보가 압축되어 있습니다. 이 허브가 어디에 유용한지를 참고한 후에, 그것을 활용하기 위한 구체적인 방법은 '3부 허브 활용'을 참고하면 됩니다.

3부는 '허브 활용'인데, '가정에서 개인이 손쉽게 할 수 있는 방법'을 기준으로 했습니다. 블로그에 허브 재배법을 알리면서 가장 많이 받은 질문이 "어떻게 활용할 수 있어요?"라는 것이었습니다. 저 자신도 그것이 궁금했기 때문에 10여 년간 시도하고 실험한 '활용 방법'들을 내놓게 되었습니다. 시판되고 있는 허브용품은 많습니다. 그러나 우리가 직접 기르고 수확해서 직접 만들어 쓰는 것은 또 다른 의미와 또 다른 의미와 가치가 있고 시판 제품에서 얻을 수 없는 것들도 많습니다. 내가 기른 것들을 내게 필요한 것으로 가공하고 만들어가는 그 소소한 과정은 우리의 삶을 짜임새 있고 치밀하게 바꿉니다. 그래서 3부에 가장 많은 공을 들였습니다. 초보들도 쉽게 이해하고 따라할 수 있도록 정리했습니다. 반드시, 꼭 따라 해보고 유용하게 활용하시길 바라는 마음입니다. 특히 2부 '허브 작물별 재배법'과 연결해서 다양하게 응용하길 권하며, 허브 선택에서부터 참고하면 좋을 것입니다.

4부는 '도시농부의 갈무리'인데, 채소를 다루는 사람이라면 반드시 고민하는 갈무리 원리에 대해 알려드리고 싶은 것을 정리한 것입니다. 원래는 2권에 들어갔어야 마땅했을 것인데 쪽수가 넘쳐서 3권으로 온 것이 안타깝습니다만, 항상 작물별로 '이것은 이렇게 갈무리하고, 저것은 저렇게……'라고 알려드리지만, 갈무리를 하는 데 있어서 기본적인 원리를 알게 되면 응용의 폭이 넓어집니다. 다소 딱딱하고 어려운 내용이지만 꼭 필요하다고 생각되어 같이 담게 되었습니다. 별책 부록같이 봐주시면 되겠습니다.

이 책에 담은 '허브 재배와 활용'은 철저하게 '일반인의 눈높이'에 맞게 기술했습니다. 저 역시 비전문인으로 허브 재배를 시작해서 실패와 실수를 반복하며 가능한 것과 불가능한 것을 경험했습니다. 저는 아무리 좋은 정보라 해도 일반인이 손쉽게 따라 하기 힘들거나 부담이 되는 방법이면 좋은 정보가 아니라고 생각합니다. 누구나 가정에서 별다른 기술이 없이, 쉽게 구할 수 있는 재료로, 직접 할 수 있어야 진정으로 도움이 된다고 생각합니다. 그래서 너무 어렵거나 따라 하기 힘든 방법은 제외했습니다. 이 책을 접하는 모든 분들이 허브를 통해서 즐거움을 얻고, 일상생활에 도움이 되셨으면 합니다. 감사합니다.

2015년 파주에서
유다경

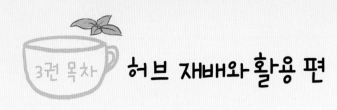

3권 목차 **허브 재배와 활용 편**

2부   허브 작물별 재배법

4부 도시농부의 갈무리

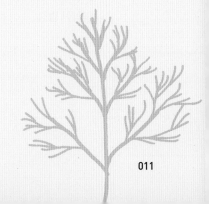

밭 만들기 편

2권 목차 작물 재배 편

1부

허브 재배의
모든 것

허브 재배의
시작

도시농부가 기르는 허브

이제 '허브'에 주목하자

허브란 "잎과 줄기와 꽃을 다양한 식품이나 의약, 향으로 이용하는 식물들"이라고 옥스퍼드 영어사전에 기술되어 있습니다. 인류는 오래전부터 인간에게 도움이 되는 물질을 식물에게서 찾아 활용해왔는데, 수천 수백 년 동안 그 효과가 입증된 것들을 '허브'라고 부르며 재배하고 있습니다.

허브는 외국에서 들어온 식물만을 말하는 것으로 알고 있지만, 마늘, 생강, 파, 양파도 외국에서는 허브로 불리고 있습니다. 이것들이 우리나라에 들어와 음식의 맛, 건강에까지 도움을 주며 중요한 위치를 차지하고 있는 것과 같이 여기에서 소개할 허브들은 오래전부터 인간에게 중요한 존재였습니다.

이제 그 허브들을 직접 기르고 수확하면서, 기르는 즐거움 못지않게 그것을 활용해서 정신적, 심리적, 육체적으로 도움을 받을 수 있는 방법을 전하려고 합니다. 허브는 기르는 즐거움과 더불어, 다양하게 활용할 수 있는 유익한 식물입니다.

2000년대에 들어서면서 허브가 우리나라에 알려지기 시작했습니다. 허브가 인기를 더하면서 많은 분들이 허브를 기르기 시작했지만, 또 많은 분들이 재배에 실패하면서 '허브는 기르기 어려운 것'이라는 인식이 박혔습니다. 재배에 성공한 분들도 정성 들여 기른 허브를 막상 어떻게 활용해야 할지 몰라 재배에만 그치거나 흥미를 잃기도 했습니다.

사실 허브는 외국에서 들어온 낯선 식물이기에 재배 방법은 물론 활용 방법까지 배우는 것이 필요합니다. 허브는 채소 못지않게 활용이 가능한 식물이기 때문에 활용할 줄 모르면 기르는 재미가 반감되는 것은 당연합니다. 과거엔 의약품이 부족해 허브에서 많은 도움을 받았지만, 의학이 발달한 21세기에 허브가 갈수록 더 주목을 받는 이유는 허브가 가진 자연적인 효능이 지금 이 시대에 더 필요하기 때문입니다.

허브와 도시농업

도시인이 농사를 짓는 '도시농업'은 이제 전 세계에서 자연스럽게 일어나는 현상입니다. 도시에서 농사를 짓기 때문에 도시농업인 것이 아닙니다. 생계 목적이 아닌 취미나 어떤 심리적, 정신적 이유로 농사를 짓는 도시인들을 '도시농업인'으로 규정합니다.

도시농부가 농사짓는 3평, 10평, 100평의 밭은 그들의 삶을 행복하게 하는 도구이며, 그래서 작물 선택도 그에 맞는 것을 선택해야 합니다.

'농업'이란 단어가 붙어 있다 해서 반드시 채소를 재배해야 하는 것이 아닙니다. 정서적, 심리적, 육체적으로 도움이 되는 식물, 다양하게 가공해서 생활에 유익을 주는 식물이 도시농업의 근본 목적에 맞는데, 거기에 가장 근접한 식물이 '허브'인 것입니다.

허브는 도시농업에서 반드시 지켜야 할 '다품종 소량생산'에 가장 적합한 식물입니다. 허브는 음식의 주재료가 아니라서 소량 재배로도 1년 동안 사용할 수 있는 충분한 양을 수확할 수 있습니다. 또한 허브는 요리를 풍성하고 다양하게 만드는 데 중요한 향신채소로 요리하는 즐거움, 먹는 즐거움을 줍니다. 그리고 무엇보다도 일반 채소류보다 구입이 까다롭고 비용이 비싼 편이어서 직접 재배하면 훨씬 풍성하게 이용할 수 있습니다. 아름답게 정원을 가꾸는 것과 같은 정서적 풍요로움도 안겨줍니다.

허브는, 아름다운 꽃과 향기로 몸과 마음을 즐겁게 하고, 재배하고 수확하는 과정 속에서 건강한 노동과 습관을 선물합니다. 그리고 무엇보다도 저는 허브를 재배함으로써 새로운 맛의 세계를 접하게 되어 요리 수준이 향상되면서 먹는 즐거움도 커졌습니다. 현대인의 주관심사 중의 하나인 '먹는 것'이 최근엔 '요리하는 것'에까지 영역이 확대되고, 요리는 단순한 살림의 영역이 아닌 창조적이면서 행복을 만들어내는 것으로 인정받고 있습니다.

기르는 즐거움과 함께 갈무리하고 요리하고 먹는 즐거움을 한층 더 강화시켜주는 허브의 모든 것과 잘 기르는 방법에 대해 자세히 다루겠습니다. 요리를 할 때 허브가 어떤 역할을 담당하고 우리의 건강에 어떤 유익을 주는지는 〈3부 허브 활용〉에서 자세히 다루게 될 것입니다.

허브를 텃밭지기에게 강력 추천하는 이유

- 소량만 재배해도 1년간 충분히 사용할 만큼 얻을 수 있다.
- 채소는 흔하지만 허브는 구하기 힘들고 비싸다.
- 소금 사용량을 줄여준다.
- 다양한 요리가 가능하게 해준다.
- 도시농부 스스로 조미료, 오일, 식초 등을 만들어 이용할 수 있다.
- 건강에 도움이 된다.
- 작은 텃밭에 기를 경우 채소보다 비용 효과가 더 크다.
- 차, 향신료, 요리, 아로마테라피, 미용, 방향제 등 다양한 활용이 가능하다.
- 기르는 재미가 있고 아름다워 정원을 꾸미는 즐거움을 준다.

허브의 용도

허브는 대개 한 가지 목적으로만 이용되는 것이 아니라 다양하게 이용되는 것이 대부분이며, 특정 용도로 사용되는 허브도 있습니다. 이런 허브의 특성을 정확히 알면 사용의 폭이 넓어지고 선택이 용이합니다. 그리고 본인이 원하는 목적에 맞는 허브를 선택해야 활용도가 높아집니다.

허브는 크게 '식용'과 비식용'으로 나눕니다. 여기에서는 〔요리, 샐러드, 향신료, 차, 아로마테라피, 관상〕으로 구분했습니다.

 요리에 이용

요리에 사용한다는 것은 일반 채소처럼 이용되거나 파, 마늘, 양파처럼 음식의 맛을 향상시키는 향신채소로 이용된다는 것입니다. 허브마다 궁합이 맞는 요리법이 있습니다.

요리에 주로 이용되는 허브와 다른 용도로 주로 이용되나 요리로도 사용 가능한 허브가 있습니다. 요리용과 향신료는 거의 중복됩니다. 요리용 허브를 건조해서 향신료로 거의 사용합니다. 향신허브 중에는 씨앗으로 만드는 것이 있는데 이것은 요리 허브와 별개로 다룹니다.

- **주로 요리용으로 이용되는 허브**: 딜, 러비지, 로즈마리, 바질, 셀러리, 소렐, 실란트로(코리앤더), 오레가노, 차이브, 커먼세이지, 타임, 파슬리, 펜넬
- **드물게 요리로 이용되는 허브**: 나스터튬, 레몬밤, 마조람, 멜로우, 세이보리

 샐러드로 이용

샐러드 허브는 생으로만 이용되고 가열하지 않으므로 별도의 갈무리를 하지 않습니다.

- **샐러드 허브**: 나스터튬, 딜, 러비지, 레몬밤, 루콜라, 마조람, 민트, 바질, 베르가못, 보리지, 셀러리, 실란트로, 야로우, 차이브, 처빌, 캐러웨이, 콘플라워, 파슬리, 파인애플세이지

향신료로 이용

허브의 씨앗, 뿌리, 잎, 열매 등을 건조해서 이용할 때 '향신료(스파이스)'라고 부릅니다. 향신료는 요리의 맛과 향을 좌우하는 중요한 요소입니다.

잎을 이용하는 허브는 수확기에는 생허브를, 비수확기에는 건조허브를 사용합니다. 바질, 로즈마리, 파슬리, 셀러리, 오레가노, 마조람, 로즈마리 등이 이에 해당합니다. 건조한 것과 생잎은 사용량에 차이가 있습니다. 건조한 것은 향이 더 강해 생잎의 절반 이하를 사용합니다. 코리앤더의 경우, 씨와 잎이 맛과 향이 다르고 각각 다르게 쓰이며 불리는 이름도 달라 대체할 수 없습니다. 잎(실란트로)은 요리로, 씨앗(코리앤더)은 스파이스로 쓰입니다.

각 나라마다 다양한 허브를 사용하면서 나라별 향신료 조합을 만들어냈는데, 그것이 시즈닝입니다. 시즈닝은 여러 가지 향신료의 조합입니다. 카레가루나 칠리파우더, 이탈리아 시즈닝, 허브프로방스 등이 그런 것입니다. 조화되는 허브의 종류에 따라 맛과 향이 달라져서 독특한 요리가 만들어집니다. 텃밭지기는 직접 기르는 허브를 이용해 다양한 시즈닝을 만들 수 있고, 나만의 시즈닝도 만들 수 있습니다.

- **씨앗 향신료**: 딜, 셀러리, 캐러웨이, 코리앤더, 펜넬, 포피
- **잎 향신료**: 러비지, 로즈마리, 마조람, 바질, 세이보리, 세이지, 오레가노, 타임, 파슬리

음료로 이용

허브의 약리성, 향미를 가장 쉽게 이용하는 방법이 음료로 이용하는 것입니다. 차로 마시는 것은 가장 쉽게 활용하는 방법이고 수시로 이용할 수 있어서 가장 많이 알려졌습니다. 또한 약용으로 이용할 때는 그 농도를 조절해서 활용할 수 있으니 접근이 더 쉽습니다. 우리나라에서도 허브차가 제일 먼저 알려졌고 대중적으로 활용되고 있습니다.

음료로 많이 마시는 허브가 있고, 잘 이용되지 않는 허브가 있습니다. 먹기엔 독성이 있는 일부를 제외하고 대부분은 음용이 가능합니다. 가공하는 방법은 건조하거나 시럽으로 만드는 것, 생허브를 냉동하는 것 등이 있습니다.

허브마다 가진 성분이 다르므로 자신에게 도움이 되는 허브차를 마시게 되면 건강에 도움이 되며 심신 안정에도 효과적입니다.

- **음료로 많이 이용되는 허브**: 레몬밤, 레몬버베나, 로즈마리, 멜로우, 민트, 바질, 베르가못, 스테비아, 캐모마일, 콘플라워, 파인애플세이지
- **음료로 마실 수 있는 허브**: 딜, 라벤더, 러비지, 루콜라, 마조람, 바질, 보리지, 세이보리, 소렐, 야로우, 오레가노, 제라늄, 처빌, 캐러웨이, 캣닢, 커먼세이지, 코리앤더, 타임, 파슬리, 펜넬, 피버퓨

 ### 아로마테라피로 이용

허브가 가진 에센셜오일 등 유효성분을 이용하는 방법으로 시판되는 제품도 있습니다. 자신에게 필요한 효능을 가진 허브를 선택하고, 이용하기 편한 방식으로 만들어서 사용합니다. 유효성분을 추출하는 다양한 방법이 있고 직접 여러 가지 제품을 만들어 사용할 수 있습니다.

아로마테라피로 허브를 이용하고자 할 때는 내게 필요한 효능의 허브를 선택하고, 이용하기 편한 방법으로 유효성분을 추출합니다. 즉, 감기나 독감 등에 도움이 되는 허브를 택한다면 페퍼민트, 바질, 보리지 등을 선택하고, 그것을 코로 흡입할 것인지, 차로 마실 것인지, 마사지용으로 쓸 것인지 등을 선택합니다. 허브를 이용하는 방법으로는 흡입법, 마사지법, 국소도포법, 습포법, 목욕법, 분무법 등이 있습니다.*

*자세한 방법은 406쪽, 다양한 아로마테라피 사용법 참고

 ### 관상으로 이용

꽃이나 풍모가 아름다워 관상적 가치가 큰 허브들입니다.

- **관상용 허브**: 나스터튬, 딜, 라벤더, 레몬밤, 레몬버베나, 로즈마리, 루콜라, 마조람, 멜로우, 바질, 베르가못, 보리지, 스테비아, 야로우, 오레가노, 제라늄, 차이브, 캐모마일, 커먼세이지, 콘플라워, 타임, 파인애플세이지, 펜넬, 포피, 피버퓨

 # 허브 재배의 여러 가지 조건

허브 원산지와 우리나라 기후 비교

허브는 야생에서 자라는 식물입니다. 허브를 잘 기르려면 허브 원산지의 환경에 적합한 생육조건을 맞춰주는 것입니다. 그래서 원산지의 기후 환경과 우리나라 기후 환경의 차이를 알고 어떤 점이 다르고 문제가 되는지를 아는 것이 필요합니다.

지중해가 원산지인 허브

딜, 라벤더, 러비지, 레몬밤, 로즈마리, 루콜라, 마조람, 보리지, 세이지, 오레가노, 이탈리안파슬리, 코리앤더, 타임, 파슬리, 펜넬, 포피

대부분의 허브는 지중해가 원산지입니다. 여름에는 서늘하고 건조하며 강우량이 적고 겨울에는 비가 많이 오고 온난합니다. 보수력과 배수력이 좋은 약알칼리성의 중성 토양을 갖고 있습니다. 여름 장마철에는 고온다습하고 겨울에는 건조하고 추운 우리나라 기후와 큰 차이가 있습니다. 이 차이를 어떻게 극복, 적응하느냐가 허브 재배의 관건입니다. 원산지에서는 여름에 절정기인데 우리나라에서는 긴 장마와 흐린 날씨로 타격이 커서 장마 때 많은 허브가 죽습니다. 원산지에서는 온난해서 월동이 가능했던 허브도 우리나라의 강추위에 겨울을 못 넘기는 것이 많습니다. 그래서 다년생이 일년생으로 끝나는 허브가 많습니다. 이 허브들을 잘 기르려면 장마를 무사히 넘기는 것과 월동 대책이 필요합니다. 장마 때는 물빠짐이 잘되어야 하고, 장마 이후에는 회복이 잘되게 조치하는 것이 중요합니다.

유럽이 원산지인 허브

러비지, 멜로우, 민트, 세이보리, 셀러리, 소렐, 야로우, 차이브, 처빌, 캐러웨이, 캐모마일, 캣닢, 콘플라워, 파슬리, 피버퓨

유럽은 지중해 다음으로 허브가 많은 곳으로, 여름은 서늘하고 건조하며 겨울은 우리나라보다 춥습니다. 이 지역은 우리나라 고랭지 지역과 비슷하기 때문에 월동에는 문제가 없으나 여름의 고온다습에 약합니다. 배수와 통풍에 신경 써야 합니다.

열대지역이 원산지인 허브

나스터튬, 레몬버베나, 바질, 스테비아, 제라늄, 파인애플세이지

동남아시아, 아프리카 지역은 1년 내내 덥고 비가 많이 오는 환경입니다. 이 지역 허브들은 더위에 강해 우리나라의 고온다습한 날씨와 여름 장마는 잘 견디나 추위에 약합니다. 특히 초봄의 꽃샘추위를 견디기 힘들어하니 주의해야 합니다. 가을에는 첫서리가 내리기 전에 수확을 마치거나 실내로 옮겨옵니다.

동북아시아가 원산지인 허브

소렐, 차조기

한국, 일본, 중국 등 동북아시아 지역은 여름에는 고온다습하고 겨울은 춥고 건조합니다. 이 허브들은 고온다습에 잘 견디고 겨울 추위에도 강한 편입니다.

계절별 허브 재배

외국 잡지에서 허브정원을 보면 두둑이 없는 평평한 잔디밭에 허브가 자라고 있습니다. 이것을 그대로 본떠서 허브를 심은 밭을 본 적이 있습니다. 그러나 이런 형태는 우리나라에서 실패할 수밖에 없습니다. 우리나라 기후 특성에 맞지 않기 때문입니다. 그러면 계절별로 우리나라 기후가 허브 재배에 어떻게 적용되는지를 보겠습니다.

이 책에서는 중부지방(서울 경기)을 기준으로 기술했습니다. 그러나 남부, 제주는 훨씬 온난합니다. 최고기온은 큰 차이가 없으나 최저기온의 차이가 큰데, 최저기온이 작물 재배에 제일 중요한 요소이니 아래 자료를 반드시 참고하셔야 합니다. 농사의 시작과 끝, 월동 여부를 결정하는 것은 '최저기온'입니다.

경기북부인 파주와 남부지역인 부산의 기온 차이를 비교했다. '평균기온'은 그 달의 평균기온을 표시한 것이다. '최저기온'은 그 달에 갑작스레 내려갈 수 있는 최저기온을 예상할 수 있는 참고치이다.

파주(2014년)				부산(2014년)			
월	평균기온	최저기온	최고기온	월	평균기온	최저기온	최고기온
1	-8℃~3℃	-16℃	7℃	1	-1.4℃~12℃	-5℃	16℃
2	-8℃~3℃	-12℃	14℃	2	-0.2℃~12℃	-5℃	17℃
3	-2℃~13℃	-9℃	22℃	3	4℃~22℃	0℃	20℃
4	4℃~15℃	-4℃	23℃	4	9℃~18℃	4℃	23℃
5	10℃~23℃	2℃	31℃	5	14℃~22℃	10℃	26℃
6	15℃~23℃	15℃	30℃	6	19℃~25℃	18℃	30℃
7	22℃~27℃	17℃	33℃	7	20℃~29℃	19℃	32℃
8	21℃~29℃	17℃	36℃	8	21℃~28℃	19℃	31℃
9	17℃~23℃	10℃	30℃	9	20℃~24℃	17℃	30℃
10	5℃~17℃	3℃	29℃	10	15℃~19℃	12℃	24℃
11	1℃~16℃	-6℃	22℃	11	6℃~17℃	1℃	21℃
12	-10℃~-0℃	-16℃	6℃	12	-2℃~15℃	-6℃	25℃

*붉은 글자는 월동 가능여부, 농사 시작 가능시기를 결정할 수치

봄

여름 장마를 고려해서 심어야 하는 일년생 허브

- 재배기간 3~4개월: 보리지, 섬머세이보리, 처빌, 캐러웨이, 캐모마일, 코리앤더, 콘플라워, 포피 등
- 재배기간 6~8개월: 나스타튬, 딜, 바질, 펜넬 등

'봄'은 농사의 시작이며 동시에 한 해 농사를 잘하기 위해서 기초를 만드는 시기입니다. 봄에는 밭을 만드는 일과 씨앗 파종, 모종을 심는 것과 월동해서 다시 올라온 다년생을 살피는 일이 이뤄집니다.

봄에는 날씨 변화가 심해서 3~5월에는 매일 일기예보를 체크하되 최저기온을 주목해야 합니다. 앞장의 파주, 부산의 기온 차이에서 알 수 있듯이, 평균기온은 4~15℃(파주 4월)이나 최저기온이 갑자기 영하 4℃가 될 경우, 그 하루 때문에 타격을 입게 됩니다. 또한 농사 시작이 늦어지게 되는 요인입니다. 꽃샘추위는 해마다 발생하는데, 이는 봄에 꽃이 피는 것을 시샘하듯 일시적으로 추워지는 기상 현상입니다. 또한 충분히 기온이 올라 방심하게 마련인 5월 초에 갑작스럽게 늦서리(만상)가 내려 작물에 피해를 줍니다. 늦서리는 특히 추위에 약한 허브들에게 타격을 주기 때문에, 아주심기(정식)를 하는 시기를 정하는 데 큰 영향을 미칩니다. 추위에 약한 허브들은 반드시 안전할 때까지 기다렸다가 심어줘야 합니다.

봄에는 밭이 빠른 속도로 변합니다. 3월부터 월동한 허브에서 싹이 올라오고, 작년에 떨어진 씨앗에서 새싹이 자연발아합니다. 직파한 씨앗에서 싹이 올라오고, 모종을 옮겨심으면 빠른 성장이 시작됩니다. 캐모마일, 처빌, 소렐 같은 허브는 전년도 재배지 주변에 떨어진 씨앗이 봄에 자생적으로 올라오는데, 파종이나 육묘로 옮겨심은 것보다 강하고 성장이 빠릅니다.

2014년 05월 04일 (일)요일 13:30 발표

	13시 현재날씨	14시 예보	15시 예보
구름 조금	18℃ · 풍향남서풍 · 습도36% · 풍속4m/s · 1시간 강수량 -	구름 많음	구름 많음

낙뢰 예보는 초단기예보에서만 제공됩니다.

2014년 05월 04일 (일)요일 14:00 발표

날짜	오늘(04일 일)			내일(05일 월)									모레(06일 화)								
시각	15	18	21	00	03	06	09	12	15	18	21	00	03	06	09	12	15	18	21	00
날씨																				
강수확률(%)	61	20	10	0	0	0	10	20	10	0	0	0	0	0	0	0	0	0	9	19
강수량(mm)	1~4																			
최저/최고(℃)	-/-			4/15									3/20							
기온(℃)	11	9	8	6	5	10	13	15	15	13	8	6	4	12	18	19	16	12	11	
풍향/풍속(m/s)	4	4	2	2	2	3	4	3	3	4	5	1	1	3	3	3	3	3	3	2
습도(%)	65	60	65	75	70	50	40	30	30	45	50	50	40	40	40	41	54	59		

파주지역 2014년 5월 4일 일기예보. 5월 초 최저기온이 3~4℃이다.

봄 농사의 시작은 여름 장마를 고려해야 합니다. 상반기에 꽃이나 씨앗 등을 수확하는 캐모마일, 코리앤더 같은 허브는 장마가 시작하는 6월 말~7월 초에 수확을 마쳐야 합니다. 그런데 늦게 파종했거나 아주심기했을 경우, 늦게 꽃이 피고 종자도 늦게 영글게 되면 제때 수확을 못하거나 장맛비에 유실됩니다. 그러므로 재배시기를 최대한 앞당기는 것이 수확에 절대적인 영향을 미칩니다.

4월 초 허브텃밭 전경. 월동한 허브들이
제일 먼저 올라온다. 차이브, 캐모마일,
소렐, 오레가노, 민트 등

5월 초 허브텃밭 전경

5월 중순 허브텃밭 전경

월동한 다년생 차이브가
올라오고 있다.

자연발아한 처빌 새싹

자연발아한 캐모마일 새싹

여름

'여름'은 우리나라 기후의 특징을 가장 잘 보여주는 계절로, 장마전선의 영향으로 많은 비가 내립니다. 최근에는 기존의 장마전선과 다른 양상의 기후가 계속되어 아열대 기후로 진행되는 것이 아닌가 하는 의견이 있습니다. 장마 시기가 변칙적으로 달라지거나 가뭄이나 태풍이 오는 등 변화가 많아져서 적절한 대응이 필요합니다. 특히 긴 장마보다도 짧은 기간에 국지적으로 대량의 비가 내리는 집중호우 현상이 잦아져서 밭을 만드는 것이 아주 중요해졌습니다. 한 달 내내 500mm가 오는 것보다 하루에 100mm의 비가 내리면 침수 피해가 크고, 특히 태풍과 연결되면 배수가 좋지 않는 밭은 큰 타격을 받습니다.

장마는 우리나라 농사에서 가장 중요한 요소입니다. 오랫동안 많은 비가 내려 침수와 과습, 햇빛 부족이 지속되는데, 이 시기를 견디지 못하면 하반기로 이어지지 못하고 죽습니다. 배수에 신경을 써서 이랑을 만드는 것이 가장 중요하고, 토양 내 유기물 함량을 높여 통기성을 높여 장마 중에도 뿌리가 썩지 않게 해줍니다. 허브별 생육 특성에 따라 밀식 방지, 넘어짐 방지, 제때 수확 하는 등 세밀한 관리가 필요한 시기입니다.

지대가 낮거나 두둑이 낮으면 많은 허브가 침수로 죽거나 생육이 약해집니다. 그래서 두둑의 높이와 배수로 확보가 중요합니다. 과습한 시기이므로 통풍이 좋지 않으면 민트같이 잎이 크고 얇으며 밀식되어 자라는 허브는 장마 중에 빽빽한 줄기들 속에서 부패하고 썩어갑니다. 장마가 지나도 생육이 매우 약해져서 회복하는 데 오래 걸립니다. 그러므로 장마 전에 수확을 겸해 줄기를 정리해줘서 통풍이 잘되도록 해줍니다.

태풍이나 비로 인해 흙이 물러지면 키가 크고 줄기가 부드러운 딜, 보리지, 베르가못, 펜넬 같은 허브들은 쓰러지기 쉽습니다. 쓰러지면 장맛비로 잎에 흙이 튀거나 썩어버려 회복이 불가능하니 빠른 시간 내에 바로 세우고 가급적 장마 전에 미리 지주를 해주는 것이 좋습니다. 또한 장마 중에는 밭 관리를 못하다 보니 많은 잡초가 올라옵니다.

장마 때 많은 양의 비는 멀칭되지 않은 두둑을 무너뜨려 두둑은 낮아지고 고랑은 높아집니다. 흙의 유실과 거름의 유실로 하반기 농사가 취약해집니다. 멀칭한 밭이나 상자텃밭의 경우에는 흙의 유실이 없습니다. 장마가 끝나면 회복과 하반기 성장을 위해 웃거름을 주는 것이 좋고 많이 약해졌을 때는 빠른 회복을 위해 엽면시비가 필요합니다.

1 장마 직전 왕성하게 자라는 딜
2 나스터튬, 오레가노, 민트, 야로우, 베르가못, 펜넬이 사는 이랑
3 장마 중 강한 바람에 쓰러진 딜
4 6월 말. 장마 전 민트
5 장마 중 줄기와 잎이 상해가는 민트

가을

9월 초 생육이 왕성한 허브들. 커먼세이지, 파인애플세이지, 레몬버베나

'가을'은 맑고 선선하며 건조하여 허브의 생육에 적합합니다. 많은 수확과 갈무리를 해야 하는 시기입니다. 10월부터는 언제든지 갑작스럽게 영하로 떨어질 가능성이 있으니 항상 일기예보를 신경 쓰면서 수확과 갈무리, 재배 종료 시기를 조절해야 합니다. 영상의 따뜻한 날씨가 계속되다가 어느 날 갑자기 영하로 떨어지는 시기가 이때입니다.

늦가을에는 추위가 시작되면서 첫서리(초상)가 내리는데, 추위에 약한 허브들은 이때 피해를 입습니다. 겨울이 아니어도 하룻밤만 영상 3℃ 이하의 저온으로 떨어지면 추위에 약한 허브들은 순식간에 죽어버립니다. 이런 허브들은 10월에 들어서면 더 이상 수확을 늦추지 말고 서두릅니다. 특히 다년생은 서리 내리기 한 달 전에 수확해야 월동하는 데 문제가 없습니다.

다년생 허브라도 월동이 가능한 허브와 불가능한 허브를 구분해서 조치해야 합니다. 월동이 불가능한 허브는 재배가 종료되지만, 월동이 가능한 허브는 무사히 겨울을 나도록 준비합니다.

꽃대가 올라오면 잎을 수확할 것은 열심히 꽃대를 제거해주고, 채종할 것은 씨앗이 빨리 영글도록 잎 수확을 자제합니다.

서리

서리는 춥고 맑은 새벽에 0℃ 이하의 온도에 공기 중 수증기가 땅에 접촉하여 얼어붙은 작은 얼음이다. 지표면 위의 농작물 중 추위에 약한 작물은 서리가 내리면 동해를 입어 조직이 파괴되거나 죽는다. 겨울이 있는 우리나라에서 서리는 중요한 요소다. 봄에는 뒤늦게 늦서리가 내려 추위에 약한 허브에게 위협을 주고, 가을에는 첫서리가 내려 추위에 약한 허브들의 재배가 종료된다.

5월 초 늦서리에 냉해를 입은 바질 모종

10월 중순 첫서리로 냉해 입은 바질

9월 중순. 마조람, 펜넬, 셀러리, 스테비아가 사는 이랑. 수확 막바지

9월 중순. 레몬버베나, 커먼세이지, 파인애플세이지가 왕성하게 사는 이랑

바질, 꽃대가 일제히 올라왔다.

9월 말. 나스터튬, 차이브, 셀러리, 파슬리, 오레가노가 사는 이랑

겨울

겨울은 땅의 휴식기로 늦가을부터 이듬해 봄 농사 시작 전까지 토양을 개량하는 데 적합한 시기입니다. 농사가 끝나면 토양검정을 하여 땅이 얼기 전까지 부족한 유기물을 미리 넣어주면 이듬해 봄 농사를 일찍 시작할 수 있고 토양이 확연히 좋아진 것을 알 수 있을 것입니다.

우리나라의 겨울은 11월부터 이듬해 2~3월까지입니다. 중부이북은 내한성이 강한 다년생만 월동이 가능하고 남부는 상황에 따라 월동 여부가 달라집니다. 월동 가능 여부를 확인하려면 다음 페이지에 나오는 방식의 시도를 해봅니다.

봄에 일찍 싹이 올라오기 원하거나 육묘가 불가능하면 겨울이 오기 직전에 이듬해 재배할 곳에 씨앗을 직파해두는 것도 좋습니다.

11월 초. 민트, 야로우, 펜넬이 아직까지 버티고 있으나 세력이 약해졌다.

11월 말. 마침내 모든 허브가 종료되고 지상부에서 사라졌다.

다년생 허브의 월동

우리나라 겨울은 중부지방과 남부지방의 차이가 크기 때문에 관리 여하에 따라 남부지방은 월동 가능한 폭이 굉장히 넓습니다. 우리나라에서 월동이 불가능하다고 하는 경우는 중부지방(서울경기)을 기준으로 하는 것이고, 별다른 가온 없이 노지에 방치할 경우를 말하는 것입니다. 경기도 이북지역에서 노지 월동이 가능하다면 거의 모든 지역에서도 가능할 것이라고 볼 수 있습니다.

원산지에서는 노지에서 생육하지만 한국의 노지에서 월동할 수 있는 허브는 많지 않습니다. 일년생 허브는 봄에 심어 가을에 끝이 나지만, 다년생 허브는 월동 여부에 따라서 우리나라에서 일년생이나 마찬가지가 될 수도 있고 다년생이 될 수도 있습니다.

다년생 허브가 노지 월동이 가능하면 재배가 수월해집니다. 한번 심으면 이듬해 다시 심지 않아도 되고, 월동한 허브는 더 강해져서 봄에 일찍부터 올라오기 때문에 수확이 앞당겨집니다. 이년생 허브는 월동을 해야만 이듬해 채종이 가능한 경우도 있습니다. 셀러리는 채종을 위해서 성공적인 월동이 필요합니다. 원산지에서는 이년생이라는 허브 중에는 가을에 파종해 성장하다가 겨울을 나고 이듬해 수확하는 것들도 있습니다. 이런 허브는 우리나라에서는 월동이 불가능하여 봄에 파종해서 수확하기 때문에 일년생이 됩니다.

월동하는 허브들은 세 종류가 있습니다. 민트나 레몬밤, 야로우, 멜로우, 오레가노, 셀러리, 차이브, 러비지 등은 지상부가 다 사라지고 땅속에서 뿌리만 살아남았다가 이듬해 봄에 새순이 다시 올라옵니다. 이 허브들은 뿌리의 발달이 강하고 내한성이 있어서 겨울 동안 땅속에서 견디고 뿌리가 번식하면서 이듬해 더 크게 올라옵니다. 월동하는 동안 해줄 것이 별로 없습니다.

윈터세이보리처럼 내한성이 강하면서 목질화되는 허브는 지상 위에 줄기를 그대로 놔둔 상태로 월동에 들어가는데, 이듬해 봄에 죽은 것같이 보이던 줄기에서 다시 새순이 올라오면서 이어서 성장합니다.

타임, 커먼세이지는 내한성은 있으나 지상부에 노출된 줄기가 얼어서 월동이 불가능하기 때문에 얼지 않게 해주면 월동이 가능합니다. 그래서 실내로 들여오거나 보온을 하지 않으면 노지 월동은 거의 불가능합니다. 옮기는 게 가능하다면 화분에 옮겨심어서 실내 월동하는 것도 괜찮으나, 노지에서 자란 목질화된 허브는 뿌리 발달이 많아 캐내는 과정에서 뿌리가 다치니 주의해야 합니다.

다음은 노지에서는 월동이 불가능한 다년생 허브를 대상으로 월동 실험을 한 것입니다. 그냥 방치했을 때는 다 얼어 죽었으나 간단한 방법으로 성공한 것이 있어 공개합니다.

목질화되는 허브의 월동 실험 (로즈마리, 커먼세이지, 타임, 레몬버베나)

목질화되는 허브로 로즈마리, 커먼세이지, 타임, 레몬버베나를 대상으로 경기도 파주에서 2012년 11월~2015년 3월까지 3년 동안 실험했습니다. 비닐과 부직포를 이용한 터널하우스로는 초겨울과 초봄의 추위를 막는 것은 가능하나 월동이 불가능했습니다.

에어캡(충전제)을 이용한 월동은 내한성이 있는 허브에 한해서는 성공적이었습니다. 에어캡은 비닐 가운데 공기층이 들어있어 외부의 찬 공기와 차단해주는 것이 일반 비닐과 큰 차이입니다. 또한 투명해서 햇빛을 통과시키기 때문에 햇빛을 충분히 받을 수 있습니다. 구입이 쉽고 저렴하며 다루기 쉬운 것도 중요한 이유입니다.

에어캡을 여러 겹 허브에 둘러주고 벗겨지지 않게 끈으로 묶어 고정했습니다. 물을 주거나 하는 일 없이 월동하고 이듬해 봄에 월동 성공 여부를 확인했습니다.

로즈마리. 월동에 들어가기 전에 줄기를 짧게 잘랐다.

커먼세이지. 월동 들어가기 전에 줄기를 짧게 잘랐다.

2013년 12월 4일. 커먼세이지. 에어캡으로 보온 시작

11월 16일. 레몬버베나. 추위에 약해 조금 일찍 에어캡으로 보온을 시작했다. 밑둥을 두툼하게 감싸준다.

12월 4일. 추워진 날씨에 변색한 타임

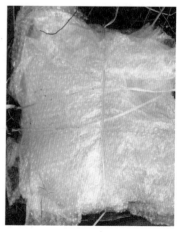

타임 월동. 땅 위에 납작하게 있으므로 위에 에어캡을 이불처럼 두툼하게 덮고 날리지 않도록 끈으로 땅에 고정한다.

이듬해

타임 월동 성공

커먼세이지 월동 성공

레몬버베나 월동 실패. 추위에 약하고 가지가 많고 커서 충분한 보온이 힘들다.

로즈마리 월동 실패. 남부지방에서는 좀더 보완하면 가능할 것으로 본다.

화분에 옮겨서 실내 월동하기(레몬버베나)

10월 중순. 레몬버베나를 밭에서 캐냈다.

화분에 옮겨심는다.

화분에 옮겨서 실내에서 겨울을 나는 레몬버베나

보온재 없이 월동하는 내한성이 강한 허브(오레가노와 윈터세이보리)

2013년 8월 15일. 오레가노. 키가 큰 줄기, 잎과 꽃이 무성하다.

12월 4일. 겨울을 넘기기 위해 지상부의 잎을 모두 떨어뜨리고 줄기도 모두 말라버렸다.

12월 4일. 땅 위에 최소한의 잎만 남기고 월동에 들어갔다.

이듬해 3월 30일. 땅에서 새로 잎과 줄기가 올라온다.

2015년 3월 30일. 윈터세이보리. 다 죽은 것 같던 줄기에서 새순이 올라온다.

4월 24일. 첫해보다 빠른 속도로 성장하는 2년생 윈터세이보리

토양과 허브

노지에서 허브를 재배하면 먼저 '기후'가 어떻게 영향을 미치는지 알아야 합니다. 실내에서 재배할 때는 장맛비와 가뭄, 태풍, 겨울 추위로부터 안전하기 때문에 노지에서 기후의 영향이 얼마나 큰지 모릅니다.

그 다음으로 알아야 할 것은 '흙'입니다. 흙은 어느 흙이나 똑같은 줄 아는 분들이 많습니다. 원예용 흙은 식물이 한정된 공간에서 잘 자랄 수 있도록 여러 가지를 혼합해서 만든 인공 토양입니다. 배수성*, 보수성*, 보비성*, 통기성*을 다 갖추도록 만들어진 흙이기 때문에 식물의 뿌리가 잘 발달합니다. 반면 노지의 흙은 그렇지 못합니다. 더욱이 허브 각각에 맞는 토양을 만들어주는 것은 불가능합니다.

어느 허브건 골고루 잘 맞는 토양은 없으나 그것을 가능하게 해주는 것이 '유기물'입니다. 유기물은 허브가 자라기 가장 좋은 환경의 흙으로 만들어주는데, 점질토 흙이건 사질토 흙이건 어떤 토성이건 그 부족함을 메우는 데 가장 적합한 요소입니다. 유기물이 충분하면 보수성, 보비성, 통기성, 배수성을 다 갖추게 되고, 적은 비료와 물만으로도 재배가 가능해집니다. 특히 여름 장마와 가뭄, 겨울 추위를 견디려면 토양 내 유기물이 중요합니다. 지중해나 유럽이 원산지인 허브들은 우리나라의 여름 더위와 장마에 타격이 큽니다. 기후는 변화시킬 수 없으니 토양을 좋게 만들어 지력을 보강하면 충분히 극복할 수 있게 됩니다.

토양검정과 유기물 함량

노지에서 식물을 기를 때는 토양 상태를 먼저 아는 것이 중요합니다. 토양 상태를 정확히 알려면 토양검정을 받는 것이 좋습니다. 토양검정은 각 지역 농업기술센터에 가면 무료로 받을 수 있으며, 토양검정결과지를 받으면 수많은 항목 중에서 '유기물' 항목을 먼저 확인합니다.

식물이 잘 안 자라면 비료부터 주는데, 토양 내 유기물 함량이 낮으면 보비력이 떨어져서 비료를 아무리 줘도 그것이 식물에게 가지 않고 그대로 흘러나가 손실이 큽니다. 부족한 영양분을 채우기 위해서는 부족한 유기물을 먼저 채우는 것이 더 효과적이고 경제적이고 영구적입니다.

유기물이 적정치 이하이면 풀이나 볏짚, 쌀겨 등 유기물을 넣어주면서 동시에 유기물을 분해하고 흙을 떼알조직으로 만들어주는 미생물을 같이 넣어줘야 빠른 시간 내에 변화가 일어납니다. 일반 밭은 농사를 지으면서 척박해져서 미생물의 수가 적어

*토양과 식물 성장의 관계, 토양 개량 방법은 1권, 2장 흙 이야기 참고

*배수성: 물이 빠지는 성질
*보수성: 물을 간직하는 성질
*보비성: 양분을 간직하는 성질
*통기성: 공기가 통하는 성질

*토양개량, 스테비아액비, 토착미생물 제조 방법은 1권 413쪽 참고

유기물을 넣어도 일해줄 일군이 부족하니 미생물을 넣어주는 작업도 같이 하는 것입니다.

토양검정결과 유기물 함량이 적정선을 넘어서면 보비력이 커지니 비료 사용량을 대폭 줄여야 합니다. 대부분의 허브는 과다비료 상태를 좋아하지 않기 때문에 더 이상의 밑거름을 사용할 필요가 없고, 생육을 보면서 재배 초기에만 질소비료를 조금씩 주는 것으로 충분합니다.

2011~2014년에 걸친 허브 재배기

넓은 면적에 다양한 허브를 기르려면 노동력이 적게 들어가야 합니다. 제 허브텃밭은 전체 밭 30평 중에서 1/3 정도를 차지하기 때문에, 일일이 물을 주거나 돌볼 여력이 없습니다. 그러려면 자생할 수 있는 좋은 토양이 필수적입니다.

2011년에 텃밭을 옮기고 처음 만든 허브텃밭(제1허브이랑)은 첫해 생육이 무척 부진했습니다. 기후의 영향도 컸지만, 토양검정을 통해 유기물을 비롯한 영양분이 기준 이하임을 확인했습니다. 그래서 2011년 말부터 그 다음 해까지 유기물로 볏짚을 넣어주고, 동시에 토착미생물에 스테비아 액비를 넣어서 토양개량을 촉진시켰습니다. 유기물의 빠른 부식이 토양개량을 도와 그 다음 해 큰 변화를 가져왔습니다. 2012년에는 전년도와 비교도 안 될 정도로 허브의 생육이 좋아졌습니다. 다시 토양검정을 해보니 2011년과는 크게 달라졌습니다. 이후 해마다 농사가 끝나면 유기물을 토양에 넣어주었습니다. 그 결과 2014년에는 식물이 생육하기 가장 좋은 흙이 되었습니다. 2014년에는 첫해보다 1/3 정도의 밑거름만으로도 훨씬 좋은 수확을 했고(보비력 향상), 물을 별도로 주지 않고도 재배가 가능했으며(보수력 향상), 장마 때도 과습 피해가 거의 없고(통기성 향상), 자연 재배에 가까워 다품종 재배가 용이해졌습니다.

좋은 토양에 더하여 또 하나 고려할 것은 밭의 형태입니다. 허브는 일반 채소와는 다른 점이 많기 때문에 일반적인 이랑 형태보다는 '정착형 이랑 형태'가 훨씬 유리하다고 판단했습니다. 저는 멀칭하지 않아도 흙의 유실이 없고 떨어진 씨앗이 이듬해 올라올 수 있는 '상자텃밭'을 허브이랑에 제일 먼저 적용했습니다. 제1허브이랑을 2011년에 만들었고, 매해 제2, 제3, 제4 허브이랑으로 늘여나갔습니다.

2011년 토양검정 결과

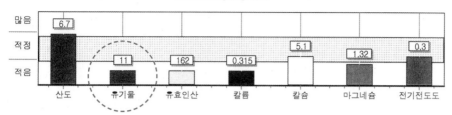

	산도	유기물	유효인산	칼륨	칼슘	마그네슘	전기전도도
	6.7	11	162	0.315	5.1	1.32	0.3

2014년 토양검정 결과

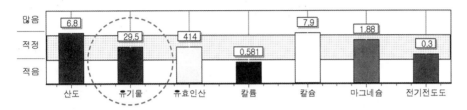

	산도	유기물	유효인산	칼륨	칼슘	마그네슘	전기전도도
	6.8	29.5	414	0.581	7.9	1.88	0.3

2011년 7월 초. 박토에서 생육이 부족한 제1허브텃밭

허브가 일정 크기 이상 크지 않았다.

2011년 말. 토양개량 착수. 볏짚을 썰어 흙에 넣어주기 시작하다.

직접 만든 미생물 배양액과 스테비아 액비를 흙에 넣어주다.

토양개량을 시작한 2012년 제1허브텃밭. 허브 생육이 왕성해졌다.

2014년 제2허브텃밭

장소에 따른 노지의 허브 재배

- **주말농장**: 1년 단위로 임대하는 곳이 대부분이다. 따라서 월동이 가능한 허브일지라도 한 자리에서 지속적으로 재배하는 것이 불가능하고, 흙이 전체적으로 섞여 내 밭만 토양개량을 할 수 없는 것이 문제이다. 이곳에서는 일년생 위주로 재배하는 것이 좋고, 다년생은 겨울이 되면 캐가는 방법이 있다.
- **텃밭**: 한곳에서 정착해 농사를 지을 수 있는 곳을 말한다. 다년생 허브를 기르기 좋으며, 전년도에 떨어진 종자에서 자연발아 하는 것으로 계속 재배가 가능한 점이 큰 장점이다.
- **옥상**: 기후의 영향을 받는 것은 노지 재배와 동일하나 화분재배를 주로 하기 때문에 노지 재배를 그대로 따르기에는 문제가 있다.

허브밭 만들기

이랑과 배수

밭을 만든다는 것은, 허브 재배에 적합한 형태의 이랑을 만들어 주는 것을 말합니다. 경사진 곳에서 재배하는 것이 아니라면 반드시 식물이 자라는 '두둑'과 사람들이 지나다니는 '고랑'을 구분해서 만들어줘야 합니다. 두둑은 높이고 고랑은 낮춰서 빗물은 고랑으로 흘러내리고 배수로 역할을 해서 뿌리가 물에 잠기는 시간을 짧게 만드는 것이 밭 만들기의 핵심입니다.

특히 과습에 약한 로즈마리, 세이지, 레몬버베나, 파인애플세이지, 타임, 마조람 같은 허브는 두둑을 높여주지 않으면 장마 때 뿌리가 물에 잠겨 죽기 쉽습니다. 그리고 대부분의 허브들이 과습에 약합니다.

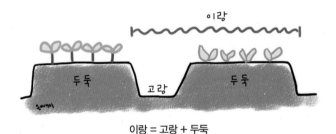

이랑 = 고랑 + 두둑

허브의 특성 파악하기

허브마다 다양한 특성이 있기 때문에 밭도 각 허브에 맞게 만들면 재배에 용이합니다.

① 한 포기씩 재배하는 것

나스터튬, 라벤더, 레몬밤, 레몬버베나, 로즈마리, 바질, 보리지, 셀러리, 스테비아, 야로우, 제라늄, 커먼세이지, 타임, 파슬리, 파인애플세이지, 펜넬 등

이 경우, 멀칭이나 비멀칭 다 상관없지만 멀칭하는 것이 관리에 편합니다. 화분재배 시 한 포기씩 심습니다.

커먼세이지

캐모마일. 전년도 재배한 곳에서 씨앗이 자연적으로 떨어져 봄에 올라왔다.

직파한 루콜라

월동 후 4월에 다시 올라온 차이브

민트

② 씨앗을 다수 파종해서 군락으로 재배하는 것

루콜라, 차이브, 캐모마일, 코리앤더, 콘플라워, 포피 등

파종에 용이하고 자연적으로 떨어진 씨앗이 내년에 다시 올라오는 것을 감안하면 비멀칭이 좋습니다.

③ 직파해도 가능한 것

나스터튬, 딜, 루콜라, 멜로우, 보리지, 소렐, 차이브, 처빌, 캐모마일, 코리앤더, 콘플라워, 펜넬, 포피 등

직파가 가능하고, 재배하다 씨앗이 떨어지면 자연발아가 가능한 종류입니다. 그래서 비멀칭 이랑에서 재배하는 것이 좋습니다. 미세종자는 직파를 할 때 유실되는 것이 많으므로 다수 파종하고 흙을 덮지 않아야 합니다.

④ 밭에서 월동하며 자연 번식하는 것

레몬밤, 민트, 세이지, 소렐, 야로우, 오레가노, 윈터세이보리, 차이브, 타임 등

다년생 허브로, 땅속뿌리가 번식하면서 지상으로 올라오므로 비멀칭 재배하는 것이 좋습니다. 뿌리가 강하고 내한성이 있으며 월동 후에 더 강해집니다.

⑤ 지상 위로 포복하며 영지를 넓히는 것

민트, 오레가노 등

이 경우, 비멀칭하면 번식이 더 빠릅니다. 단, 주변 다른 작물들에게 피해를 줄 수 있습니다.

⑥ 지상 위로 넓게 영역을 차지하는 것

딜, 레몬버베나, 바질, 보리지, 야로우, 오레가노, 처빌, 캐러웨이, 커먼세이지, 파인애플세이지, 펜넬 등

가지가 많이 나와 포기가 커지는 허브로. 재배 간격을 여유 있게 주어 심고 키 작은 것을 옆에 심지 않습니다. 한 해에 크게 자라는 것과 해를 거듭하면서 점점 커지는 것이 있습니다.

일반 이랑이냐, 상자텃밭이냐

같은 밭에서도 일반 이랑과 상자텃밭을 동시에 만들면 그에 맞는 허브를 심을 수 있어 재배에 유리합니다. 일반 이랑을 만들 때는 멀칭 여부를 결정합니다. 멀칭을 반드시 해야 하는 허브는 없으나, 비멀칭을 하는 게 유리한 허브는 있습니다.

일반 이랑은 멀칭 여부에 상관없이 해마다 새로 갈아엎어서 이랑을 만들어줘야 합니다. 비멀칭이랑의 경우 1년 농사를 거치면서 두둑이 낮아지고, 멀칭이랑의 경우는 밑거름을 다시 넣으면서 이랑의 형태가 무너지기 때문입니다. 그래서 일반 이랑의 경우, 밭에 뿌리를 내리고 있는 다년생을 재배하는 것에 문제가 있고, 자연적으로 떨어진 씨앗이 흙에 덮이는 일이 발생합니다.

그것을 보완한 것이 상자텃밭 같은 형태의 이랑입니다. 상자텃밭이란 두둑 가장자리를 나무, 돌, 벽돌 등으로 경계를 세우고 그 안을 흙으로 채워 만든 이랑 형태를 말합니다. 한번 만든 후엔 그 형태를 계속 유지할 수 있어 한 장소에서 계속 농사짓는 것이 가능한 곳에 만듭니다. 두둑과 고랑이 고정적이 되어 상자 안에 담긴 흙이 항상 그대로 유지됩니다. 상자 속의 흙만 개량하면 되기 때문에 수월합니다. 또한 월동하는 다년생과 씨앗이 떨어져 스스로 발아하는 허브 재배에 적합한 이랑입니다.

처빌

일반 이랑의 형태로 흙의 유실을 막기 위한 비닐멀칭. 바질이 자라고 있다.

일반 이랑이면서 비멀칭 두둑. 장마 때 두둑의 흙이 많이 유실되었다. 차이브, 파슬리 등이 자라고 있다.

일반 이랑

겨우내 평평해진 두둑에 밑거름을 붓는다.

봄. 완성된 이랑

삽으로 두둑의 흙을 깊이 뒤엎고 부드럽게 만들어주면서
동시에 밑거름을 섞어 준다.

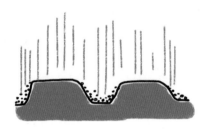

여름. 장맛비에 흙이 흘러내린다.

둑을 평평하게 만든다.

가을. 두둑은 낮아지고 고랑은 높아졌다.

상자텃밭의 장점

- 매년 밭을 갈지 않아도 돼서 편하다.
- 이랑 형태가 유지되고 배수로가 확보되어 물빠짐이 용이하다.
- 두둑에만 유기물과 미생물을 집중적으로 투입할 수 있어 편하고 경제적이다.
- 멀칭하지 않아도 비로 인한 흙과 비료의 유실이 없다.
- 씨앗이 떨어져도 유실되지 않고 자연적으로 다시 발아할 수 있다.
- 재배 면적이 넓어진다.
- 밭이 아름답다.
- 영역의 경계가 확실해진다.
- 다년생의 자유로운 포복, 뿌리번식이 가능하다.

상자텃밭

이랑 테두리를 만든다.

상자 안을 흙으로 채운다.

상자텃밭 완성

장마 때도 이랑이 물에 잠기지 않아 안정적이다.

흙이 고정적이니 매년 좋아져서 작물이 더 잘 자란다.

다년생도 재배 가능하고 이랑 가장자리까지 식물 재배가 가능하다.

봄. 호미로 가볍게 김을 맨다.

퇴비는 상자 안에만 부어주면 완성된다.

장마. 이랑이 무너지지 않는다.

한 해 농사 종료

겨울. 다년생의 월동

이듬해 봄. 갈아엎지 않고 퇴비를 넣어준다.

이랑의 크기

허브를 다양하게 기르려면 이랑의 크기를 다양하게 만드는 것도 좋은 방법입니다. 이랑의 높이를 다양하게 만들 수도 있고, 넓이를 다양하게 만들 수도 있습니다. 좁은 이랑과 넓은 이랑 등을 다양하게 만들면 그에 맞는 허브를 기르기에 좋습니다. 좋은 토양에서는 허브 관리가 많이 필요하지 않으므로 넓을수록 생육이 더 좋습니다.

저는 큰 허브이랑이 두 개 있는데, 작은 이랑 5~6개를 합친 크기입니다. 이 이랑은 자생적으로 싹이 올라오고 월동하고, 스스로 번식합니다.

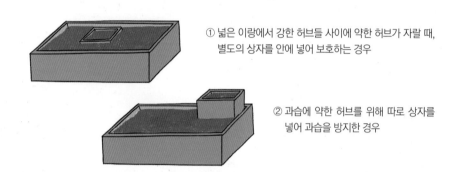

① 넓은 이랑에서 강한 허브들 사이에 약한 허브가 자랄 때, 별도의 상자를 안에 넣어 보호하는 경우

② 과습에 약한 허브를 위해 따로 상자를 넣어 과습을 방지한 경우

밑거름 주기

*밑거름(기비)
밭을 갈 때 흙 속에 넣어주는 기본적인 거름. 퇴비

*웃거름(추비)
재배 중 주는 추가 거름

일반 이랑일 경우에는 밭을 만들 때 밑거름*으로 퇴비를 넣고 삽으로 깊이갈이를 하면서 흙과 퇴비를 섞어줍니다. 기름진 토양이 아니라면 웃거름*만으로는 잘 자랄 수 없습니다. 웃거름은 보조적으로 사용하고 퇴비를 넣어주는 것이 장기적으로 더 좋습니다. 퇴비는 종묘상에서 구입합니다. 허브는 밑거름 위주로 재배하는 것이 좋습니다.

밑거름의 양은 토양검정 결과를 참고하여 정하는 것이 가장 정확합니다. 토양이 박토일 경우에는 넉넉히 넣어줘야 하지만, 이미 비료나 유기물이 충분한 상태라면 양을 대폭 줄여서 넣어줍니다. 제 경우에는 새 밭에서 첫해엔 넉넉한 양을 넣어줬지만 토양이 좋아지면서 차츰 첫해 준 퇴비의 양보다 1/3까지 줄여서 넣어주고 있습니다.

상자텃밭의 경우에는 이랑이 만들어져 있으므로 상자 안의 흙에 퇴비를 넣어주고 섞어주기만 하면 됩니다. 다년생 허브를 재배하는 이랑의 경우에는 땅속에 허브 뿌리가 있으므로 삽을 넣어 엎으면 뿌리가 다칩니다. 퇴비를 흙 위에 뿌려주고 호미로 흙과 섞어주는 정도로 해도 충분합니다. 이때 모아둔 볏짚이나 유기물이 있다면 같이 섞어주면 더 효과적입니다.

씨앗이 떨어져 자연발아하는 이랑의 경우에는 밭을 갈아엎으면 씨앗이 너무 깊이 묻혀 발아에 실패할 수 있으므로, 싹이 올라온 후에 그 싹 주위로 퇴비를 넣고 섞거나, 싹을 캐내고 밑거름을 넣어준 후 다시 심어주는 방법도 있습니다.

상자텃밭에 밑거름 주기

두둑 위에 퇴비를 뿌린다.

삽으로 흙과 퇴비를 섞으며 밭을 갈아엎는다.

퇴비 섞기 완료. 갈아엎어 부드러워진 두둑을 평평하게 골라준다.

다년생 허브가 자라는 상자텃밭에 밑거름 주기

두둑에 퇴비를 뿌린다.

뿌리를 다치지 않게 조심하며, 작은 도구를 이용해 흙과 퇴비를 섞어준다. 그 후에 풀로 멀칭해주면 좋다.

실전! 허브배치도 짜기

작물 배치의 원칙

텃밭지기는 허브를 재배할 때 다양한 허브를 기르는 '다품종 소량생산'을 하는 것이 좋습니다. 허브에 따라서 많은 양이 필요한 경우도 있지만, 대부분의 허브는 소량만 가지고도 1년 동안 사용하는 데 충분한 경우가 많습니다. 그래서 5평 정도의 밭이라 해도 허브를 10여 종 기르는 것이 어렵지 않습니다. 이때 여러 허브를 섞어 기른다면 작물배치도가 필요합니다.

허브 작물을 배치하는 데 있어 원칙이 있습니다.* 작물 배치는 '햇빛을 골고루 받게 하는 것'이 핵심입니다. 해는 동쪽에서 떠서 남쪽을 지나 서쪽으로 갑니다. 해가 지나갈 때마다 반대쪽으로는 그늘이 생깁니다. 가급적 모든 허브가 그늘이 생기지 않게끔 해주는 것이 작물배치도가 필요한 이유입니다. 오전에서 한낮까지 해가 지나가는 동쪽과 남쪽에는 키가 작은 허브를 심습니다. 그래야 다른 허브들에게 그림자가 드리우지 않습니다. 북쪽과 서쪽에는 키 큰 허브를 배치합니다. 광합성이 주로 일어나는 오전 시간대에 모든 작물이 햇빛을 충분히 받을 수 있도록 배치하는 것이 중요합니다.

*작물배치 원칙과 실전 사례는 1권 4장 113쪽부터 참고

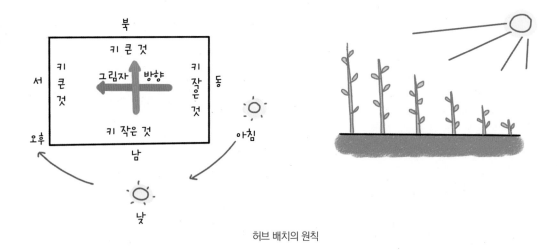

허브 배치의 원칙

키	허브	다년생 · 일년생 · 월동 · 자가번식
20cm 이하	파인애플민트	다년생, 월동 불가능
	로먼캐모마일	다년생, 월동, 자가번식
20~40cm	윈터세이보리	다년생, 월동 가능
	처빌	일년생, 자가번식
	나스터튬	일년생
	파슬리	이년생, 월동 불가능
	이탈리아 파슬리	이년생, 월동 불가능
	셀러리	이년생, 월동 불가능
	타임	다년생, 월동 불가능*
	마조람	다년생, 월동 불가능
	차이브	다년생, 월동
	페니로열민트	다년생, 월동
	애플민트	다년생, 월동
	피버퓨	다년생
40~60cm	섬머세이보리	일년생
	저먼캐모마일	일년생, 자가번식
	스위트바질	일년생
	코리앤더	일년생
	커먼세이지	다년생, 월동 불가능*
	레몬밤	다년생, 월동 불가능*
	로즈마리	다년생, 월동 불가능
	오레가노	다년생, 월동
	페퍼민트	다년생, 월동
	스피아민트	다년생, 월동
	루콜라	일년생
	셀러리	이년생, 월동
	캣닢	다년생, 월동 불가능
	제라늄	다년생, 월동 불가능
	라벤더	다년생, 월동 불가능
	포피	일년생
60~100cm	오레가노	다년생, 월동
	파인애플세이지	다년생, 월동 불가능
	딜*	일년생
	펜넬*	다년생, 월동 불가능
	보리지	일년생, 자가번식
	캐러웨이	일년생
	레몬버베나	다년생, 월동 불가능
	베르가못	다년생, 월동 불가능
	스테비아	다년생, 월동 불가능
	야로우	다년생, 월동
	러비지	다년생, 월동(첫해 30cm)

• 월동 불가능하나 보온 시 월동 가능한 허브

• 딜과 펜넬은 혼작 불가

작물 배치에서 가장 중요한 것은 첫 번째, '허브의 키'와 '재배기간'입니다. 1년 내내 길러도 20cm에 불과한 것이 있고, 어떤 것은 두어 달 만에 1m에 달하기도 합니다. 키가 작은 것은 앞쪽에, 큰 것은 뒤쪽에 배치합니다. 재배기간이라 함은 봄에 시작해서 여름이면 끝나는 캐모마일 같은 것이 있는가 하면 서리가 내릴 때까지 자라는 것이 있습니다. 또한 다년생 중에는 첫해엔 키가 작았다가 해를 거듭하면서 커지는 것이 있고, 매년 같은 자리에서 똑같은 키로 올라오는 것이 있습니다. 이런 특성들을 알아야 제대로 배치를 해줄 수 있습니다.

제 경우에도 초기엔 허브의 특성을 몰라 키 큰 것들 사이에 작은 것을 심어 재배 기간 내내 그늘 속에 살 게 한 적도 있고, 덩치가 커지는 것을 몰라 좁은 공간에 배치한 것도 있습니다. 어떤 허브는 봄에 심을 때는 작지만 점점 지상부가 나무같이 퍼지면서 주변의 다른 작물을 압박하여 공간을 너무 많이 차지하는 경우도 있습니다. 또 좁은 공간에 빼곡하게 심어도 잘 자라는 것이 있습니다.

두 번째는 성질이 맞는 허브끼리 배치하는 것입니다. 많은 씨앗을 뿌려서 짧은 재배기간을 갖는 허브와 한 개를 심어 1년 내내 재배하는 허브, 물을 좋아하는 것과 건조한 것을 좋아하는 허브를 한 이랑에 배치하지 않아야 합니다. 허브 모듬 화분을 만든 것을 보면, 다른 성질의 허브를 섞어 심은 것을 종종 보는데 그런 경우 시간이 가면서 그 환경에 맞는 허브만 살아남게 됩니다.

세 번째로 용도별로 이랑을 만들면 편합니다. [허브차 이랑, 향신료 이랑, 샐러드 이랑, 요리허브 이랑] 등으로 잘 사용하는 것들끼리 모아 심으면 관리하기 쉽고 수확할 때도 편리합니다. 그러나 이것저것 섞어서 기르는 것도 좋습니다. 단, 허브의 특성에 맞춰서 배치합니다.

허브이랑별 배치의 예

다음은 제 허브이랑의 배치도입니다. 잘 배치된 것도 있고 잘못 배치된 것도 있고, 해마다 위치를 바꿔 주는 것도 있습니다. 허브의 특성을 간략하게 달았으니 참고하시기 바랍니다. 한 곳에 계속 같은 허브를 재배할 수도 있지만, 매년 위치를 바꿔주는 이유는 분위기 변화도 주고 토양이 하나의 식물 재배로 불균형이 되지 않도록 하는 것이 목적입니다. 허브이랑은 계속 늘어나고 있으며 앞으로도 계속 위치 변화가 있을 것입니다.

제1허브이랑 (2011~)

비멀칭 상자텃밭으로 넓은 면적에 다양한 허브들이 자연스럽게 자라도록 하는 것이 목표입니다. 제일 처음 만들었으며 매년 많은 유기물을 투여하였습니다. 매년 봄에 밑거름을 한 번 줍니다. 씨앗이 떨어져 자연스럽게 올라오도록 유도합니다. 월동 허브들이 살고 일년생 허브와 다양한 허브들이 공존합니다.

앞쪽(남쪽)에는 키 작은 허브, 뒤쪽(북쪽)에는 키 큰 허브들을 주로 배치합니다. 다년생으로 월동하는 차이브, 타임, 땅속으로 번식하는 오레가노 같은 허브와, 1년 내내 여러 번 씨앗이 떨어져 다시 올라오는 처빌, 키가 크면서도 옆으로 퍼지는 딜, 자연발아하는 캐모마일과 군락으로 기르는 바질, 스테비아, 보리지 등을 주로 배치합니다.

- **딜**: 모종은 작지만 빠른 성장을 하며 키가 아주 커지고 많은 줄기가 생기니 포기의 공간 확보가 필요하다. 여름 이후 재배 종료된다.
- **바질**: 봄에 심어 서리 내릴 때까지 재배한다. 키가 50cm 이상으로 크고 가지가 많다. 섬서구메뚜기 등의 피해가 있어 한랭사로 덮어줘야 해서 가장자리에 자리 잡았다.
- **캐모마일**: 적은 수를 심어도 순지르기를 통해서 풍성하게 자라게 하고, 떨어진 싹이 다음 해 자연발아할 수 있는 멀칭되지 않은 넓은 공간이 좋다. 장마 중 재배 종료된다.
- **처빌**: 작은 키로 시작하나 더워지면서 성장이 빨라져 키가 커지고, 씨앗이 맺히면 생육이 종료되어 재배기간이 짧다. 씨앗이 떨어지면 자연발아를 하고 연중 파종이 가능하다.
- **파슬리**: 작게 시작해도 점차 풍성해지기 때문에 넉넉한 공간이 필요하다.
- **셀러리**: 첫해는 작게 시작하나 이년생이 되면 크게 자라며 씨앗을 맺는다. 채종 목적인 경우 공간을 확보한다.
- **레몬밤**: 다년생으로 월동이 가능하나 관리가 부족하면 실패한다. 키가 크지 않으나 해를 거듭할수록 많은 가지를 내면서 소복하게 주변을 넓게 장악하며 자란다.
- **콘플라워**: 가장자리나 틈새에 심어 공간을 화려하게 장식해주는 역할이 크다. 봄부터 성장이 활발하고 생명력이 강하며 군락으로 심어준다. 장마 후 재배 종료된다.
- **소렐**: 첫해엔 키가 크지 않으나 이듬해 꽃대가 1m 가까이 크게 올라온다. 씨앗이 떨어져 1년 내내 자연발아해서 수확이 가능하게 해준다. 초겨울까지 생존 가능하다.

- **나스터튬**: 봄부터 성장이 활발하고 크고 화려한 꽃과 앙증스런 잎이 사랑스럽다. 낮고 넓게 퍼져서 두둑을 덮는다. 잘 관리하면 겨울 직전까지 꽃을 계속 피운다. 맨 앞에 자리 잡는다.
- **스테비아**: 봄에 심어 초겨울까지 재배. 키가 50cm 이상 크고 일직선으로 곧게 자라며 더위와 추위에 강하다.
- **보리지**: 봄에 심어 여름에 끝난다. 키가 크고 덩치가 커서 넓게 자리를 차지하는 편이다. 아름다운 꽃이 장관이다. 씨가 떨어져 1년 내내 자연발아한다.

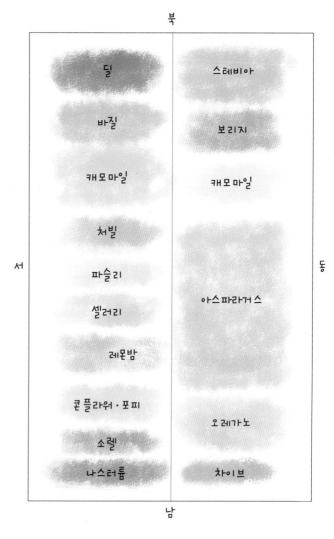

- **오레가노**: 첫해엔 작아도 꽃대가 올라오기 시작하면서 해를 거듭할수록 키도 커지고 지상도 압박한다. 지표면과 지상으로 다른 허브를 압박하므로 주의한다. 월동 가능하니 위치를 잘 잡아야 한다.
- **차이브**: 키가 작으며 조밀하게 밀집한다. 해를 거듭하면서 포기가 늘어난다. 봄에 꽃이 아름다워 맨 앞에 자리 잡는다.

제1허브이랑

제2허브이랑 (2012년~)

비멀칭 상자텃밭으로 좁고 긴 허브이랑입니다. 민트가 포인트인 이랑입니다. 번식에 강한 민트를 심었기에 강한 허브들을 같이 배치했습니다. 그 외 꽃을 주로 감상하기 위한 강하고 키가 큰 허브류를 북쪽에 배치합니다. 벌을 모으는 꽃들을 군락으로 심어서 채소와 허브의 수정을 돕고 밭을 화려하게 하는 관상용 이랑이기도 합니다.

앞쪽엔 나스터튬, 포피, 콘플라워, 야생화 등을 번갈아 바꿔 재배합니다.

- **펜넬**: 두 단계 성장을 하는데, 여름부터는 줄기가 많이 발생하여 크게 자라며 넓은 지상부를 차지한다. 키가 크고 가지가 넓게 퍼져서 다른 허브를 압박한다.
- **베르가못**: 강한 허브로 반듯하게 자라며 화려한 꽃이 핵심이다. 많은 벌을 모으는 역할을 하며 여름까지 꽃과 씨앗을 얻을 수 있다.
- **멜로우**: 강한 허브로 키가 1m 이상 크게 자라며 많은 곁가지로 꽃과 잎을 맺는다. 키가 커서 넘어질 수 있으며 여름 이후엔 기세가 꺾이나 초겨울까지 생존한다.
- **야로우**: 아주 강한 허브로, 작게 시작해도 크게 번창한다. 번식력이 너무 강해 주변을 장악하므로 관리가 필요하고 약한 것과 같이 심지 않는다. 꽃이 매우 화려하고 강렬하며 월동한 다음 해에는 더 강력해진다.
- **민트**: 약한 민트류는 강한 민트류와 격리해서 심는 것이 좋다. 다년생으로 월동 가능하며 해를 거듭할수록 이랑을 장악하기 때문에 약한 것들과 함께 심지 않는다. 페퍼민트, 스피아민트, 코리아민트, 파인애플민트, 애플민트, 페니로얄민트
- **포피**: 봄에 시작해서 여름에 종료되는 허브로 봄에 가장 먼저 아름다운 꽃으로 마음을 즐겁게 해준다.

북

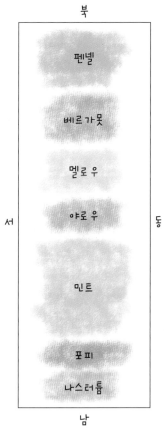

서

동

펜넬

베르가못

멜로우

야로우

민트

포피

나스터튬

남

제2허브이랑

제3허브이랑 (2013~)

건조한 토양을 좋아하고 목질화되면서 크게 자라는 허브들의 이랑입니다. 과습에 약하고 뿌리 발달이 강한 허브들이 장마를 무사히 넘길 수 있도록 상자텃밭으로 두둑을 높였습니다. 키가 크게 자라고 면적을 많이 차지하면서 목질화되고, 씨앗으로 자가 번식하지 않기 때문에 멀칭해주면 별다른 관리가 필요 없습니다. 메뚜기 피해가 커서 한랭사로 공동 대처합니다.

- **파인애플세이지**: 큰 키와 많은 가지로 인해 사방 1m 이상의 공간을 필요로 하며 성장이 빠르다. 월동이 불가능하다.
- **레몬버베나**: 초반 성장이 무척 느리므로 모종을 구해 심는 것이 낫다. 여름이 되면 1m 이상 나무처럼 성장하고 순지르기를 거듭하면 사방 1m까지 차지한다.
- **제라늄**: 50cm 정도의 키에 목질화되며 넓게 퍼진다.
- **커먼세이지**: 초반 성장이 느리나 굵고 넓게 퍼져서 자란다. 월동을 하면 많은 가지를 내며 해마다 더 넓게 주변을 차지한다. 월동하면서 나무처럼 크게 키울 수 있으니 위치를 잘 잡아 심는다.
- **라벤더**: 목질화되며 느리게 성장하게 넓게 퍼진다. 꽃을 피우는 게 필요하므로 햇빛을 충분히 받게 한다.
- **로즈마리**: 성장이 느린 편으로 가지가 곧게 자란다. 월동하게 되면 큰 나무처럼 성장한다.
- **타임**: 키가 작아 맨 앞에 배치하고 주변에 그늘이 드리우지 않게 배치한다. 월동할 수 있다.

제3허브이랑

제4허브이랑 (2014~)

작은 비멀칭 상자텃밭입니다. 소수의 특정 허브를 기르기도 하고, 샐러드, 향신료 허브 위주로 소량으로 재배하는 허브를 기릅니다. 재배기간이 짧으며 수시로 수확하고 수시로 파종하며 작거나 약해서 다른 허브들로부터 보호가 필요한 허브들입니다. 손이 많이 가는 허브들을 모아 관리합니다.

- **캐러웨이**: 작게 시작해 키가 커지나 넓은 면적을 차지하지는 않는다. 장마 때 씨앗을 맺고 재배 종료된다.
- **섬머세이보리**: 성장이 빠르고 키가 크게 자라나 아주 강하지는 않다. 장마 때 채종과 더불어 끝난다.
- **루콜라**: 잎을 수확할 때는 키가 낮으나 꽃대가 올라오면 키가 커진다. 조밀하게 많은 양을 파종하는 것이 좋다.
- **코리앤더**: 성장이 느리고 생육이 약해서 강하고 큰 허브들 사이에서는 씨앗 유실에 생육이 안 좋을 수 있다. 장마 중에 재배 종료된다. 직파로 계속 수확이 가능하도록 한다.
- **셀러리**: 키는 크지 않고 성장이 느리나 1년 내내 재배된다. 이듬해 키가 커져서 씨앗이 맺히니 그늘지지 않은 곳에 공간 확보가 되어야 한다.
- **윈터세이보리**: 다년생으로 추위에 강하며 월동한다. 키가 낮고 단단하게 자라며 성장이 느리다. 월동 후 2년 차부터 서서히 포기가 커지니 공간 확보를 해준다.
- **마조람**: 키가 작고 옆으로 가지가 퍼져나간다. 다년생이나 월동 불가능하다.

북

서

캐러웨이

섬머세이보리

루콜라

코리앤더

셀러리

윈터세이보리

마조람

동

남

제4허브이랑

허브의
번식

식물이 번식하는 방법들

식물 번식은 크게 무성생식과 유성생식으로 나뉩니다. 유성생식은 종자(씨앗)를 이용한 방식으로, 암술과 수술 각각의 유전자가 꽃가루를 통해 수정해서(수분) 이뤄집니다. 그렇게 해서 탄생된 종자를 파종해서 새로운 생명을 탄생시키는 것입니다.

무성생식은 암수의 만남 없이, 즉 생식기관 필요 없이 번식이 일어나는 것을 말합니다. 식물의 경우, 줄기나 뿌리, 잎 등을 이용하여 뿌리를 내려서 새로운 개체를 만들어내는 것으로 삽목(꺾꽂이)이 대표적인 방법입니다.

다양한 허브를 키우려면 어떤 허브에게 어떤 방식의 번식이 가능한지를 알아야 그에 맞는 시작을 할 수 있습니다. 이것을 모르면 직파 성공률이 낮은 허브인데 직파하거나 월동이 가능한 허브인 줄 모르고 매년 다시 모종을 심는 실수를 하게 됩니다.

씨앗을 바로 밭에 뿌리는 '직파'는 가장 손쉬운 번식법인데, 씨앗의 유실이 많기 때문에 발아가 잘되거나 씨앗이 저렴하거나 대량으로 뿌려서 재배해야 좋은 허브들을 주로 합니다. 직파를 해도 잘 올라오는 허브들은 수확을 앞당기기 위함이 아니면 밭에 바로 파종합니다. 또한 많은 양을 파종해야 하는 것들도 직파하는 것이 수월합니다.

소량으로 한두 포기만 기르는 허브는 굳이 씨앗을 사도 남는 것이 많기 때문에 그 비용으로 '모종을 사는 것'이 유리합니다. 거기에 육묘 기간이 길고 초반 성장이 느리기까지 하면 모종 구입이 월등히 유리합니다. 단, 구입이 용이해야 하는데, 시중에 모종으로 판매되지 않는 허브들도 많습니다. 그런 것들은 씨앗을 구해서 직접 '육묘'해야 합니다.

육묘나 파종이 필요 없는 허브도 있습니다. 전년도 기른 자리 주변에 이듬해 봄에 '자생적'으로 새싹이 올라오는 것들입니다. 떨어진 씨앗에서 이듬해 올라오는 힘이 강하면 굳이 채종이나 육묘를 하지 않습니다. 이런 허브들이 있는 이랑은 봄에 갈아엎기를 먼저 하면 씨앗이 파묻혀서 다시 올라오기 힘듭니다. 또한 월동이 가능해서 이듬해 다시 올라오는 다년생은 당연히 육묘가 필요 없습니다.

이 외에, 이미 자라는 허브에게서 무성생식으로 번식을 하는 '삽목'을 통해 개체수를 늘일 수 있습니다. 모종 한 개를 구입한 후 삽목을 통해 여러 개로 늘이거나, 삽수를 다른 사람에게서 얻어서 뿌리를 내려 하나의 개체를 만들어내는 것은 큰 재미입니다.

이렇게 다양한 방식으로 생육, 번식을 하니 각 허브의 특성을 알고 육묘할 것인지, 직파할 것인지, 모종을 구입할 것인지, 삽목할 것인지를 판단하면 됩니다.

- **씨앗 직파**: 나스터튬, 딜, 루콜라, 보리지, 차이브, 처빌, 콘플라워, 포피 등

4월 23일. 나스터튬 직파   파종 2주 후

- **모종 구입**: 딜, 라벤더, 레몬밤, 레몬버베나, 로즈마리, 민트, 바질, 셀러리, 스테비아, 야로우, 오레가노, 제라늄, 캐러웨이, 캣닢, 커먼세이지, 타임, 파인애플세이지 등 대부분의 허브

레몬버베나, 민트, 파인애플세이지 등 구입한 허브들   정식하는 날

- **씨앗을 가지고 직접 육묘**: 나스터튬, 딜, 러비지, 레몬버베나, 마조람, 멜로우, 바질, 베르가못, 보리지, 세이보리, 셀러리, 소렐, 스테비아, 야로우, 오레가노, 처빌, 캐러웨이, 커먼세이지, 코리앤더, 타임, 파슬리, 파인애플세이지, 펜넬, 포피 등 대부분의 허브

• **전년도 재배한 곳에 떨어진 씨앗에서 자연발아**: 딜, 보리지, 소렐, 처빌, 캐모마일, 콘플라워, 펜넬, 포피 등

3월 중순. 캐모마일

3월 중순. 소렐

4월 중순. 처빌

• **월동 후 다시 올라오는 다년생 허브**: 러비지, 민트, 오레가노, 윈터세이보리, 차이브 등

4월 중순. 오레가노

4월 중순. 차이브

4월 초. 윈터세이보리

4월 초. 러비지

직파하기

직파란 육묘를 거치지 않고 씨앗을 바로 밭에 뿌리는 것을 말합니다. 채소 재배에서는 직파를 많이 하는데, 발아력이 좋고 많은 양을 재배하는 아욱, 근대, 시금치, 열무 같은 것들이 이에 해당합니다.

허브 씨앗 중에서는 직파가 가능한 씨앗이 많지 않습니다. 왜냐면 대개가 미세종자이기 때문입니다. 미세종자는 광발아종자가 많아 흙을 덮으면 안 되고, 흙을 안 덮으면 씨앗이 많이 유실되기 때문에 종자가 많이 소모됩니다. 광발아종자가 아니어도 직파 시 성공률이 낮습니다. 초반 성장이 느리고 약하기 때문에 실패율이 높습니다.

6월 8일. 자연발아한 펜넬. 뒤늦게 올라왔다.

계절에 맞추기 위해 일찍 파종하면 아직 늦서리가 남아 있는 3, 4월 경에 싹이 올라오다가 동해를 입고, 5월경에 싹이 올라오면 안전하긴 하나 시기적으로 생육이 늦어지는 것이 문제입니다. 예를 들어, 펜넬을 집에서 육묘할 때는 3월부터 시작해 5월 초에 밭에 아주심기하나, 밭에 직파했을 경우에는 지온이 충분히 올라간 후에 발아하기 때문에 5월이 지나 싹이 올라오거나 심지어 6~7월에 올라오기도 합니다. 잎 수확이 목적이라면 뒤늦게 직파해도 상관없습니다. 그러나 씨앗 수확이 목적인 경우에는 겨울이 되기 전에 씨앗이 영글지 못할 가능성이 높습니다. 이는 우리나라 초봄에 꽃샘추위가 있고 장마가 길며 겨울이 춥기 때문에 있는 어려움입니다.

대량으로 재배하는 것이 유리한 루콜라, 처빌, 차이브, 포피, 콘플라워 같은 허브들은 직파하는 것이 유리합니다. 또한 육묘 환경이 좋지 못한 경우나 육묘 시작 시기를 놓친 경우는 직파합니다. 저는 육묘한 것을 아주심기하고 남은 면적에 2차로 직파해서 기르기도 합니다. 육묘로 다 하기에는 육묘 장소가 좁기 때문이고, 또 성장 시기에 차이를 두어 수확시기를 길게 확보하기 위함도 있습니다.

또한 전년도 겨울에 밭에 미리 뿌려두었다가 땅이 녹으면서 자연적으로 발아하게 하면 육묘할 때보다 오히려 생육이 더 빠른 경우도 있습니다.

10월 17일. 8, 9월부터 꽃을 피우기 시작해 뒤늦게 씨앗이 달려 채종은 불가능하다.

육묘하기

종자의 크기와 빛의 관계

허브 씨앗은 미세종자가 많은데 거의 먼지처럼 작은 것들도 있습니다. 미세종자는 광발아종자로 육묘할 때 까다롭습니다. 다른 씨앗처럼 흙을 덮어줘야만 하는 줄 알고 덮었다가 발아에 실패하는 경우가 많습니다. 광발아종자를 밭에 뿌린다면 수많은 씨앗의 유실을 각오해야 하기 때문에 육묘를 하는 것이 좋습니다.

암발아종자는 보리지나 차이브, 세이지 같이 크고 단단한 씨앗들입니다. 이런 씨앗들은 발아하는 데 시간이 걸리는 경우가 많아 '수건파종'이나 '침종'으로 발아를 앞당깁니다.

광발아종자
발아하는 데 햇빛이 필요
한 종자

암발아종자
발아하는 데 어두워야 하
는 종자

- **광발아종자**: 민트, 스테비아, 오레가노, 캐모마일, 타임, 포피
- **암발아종자**: 나스터튬, 딜, 라벤더, 루콜라, 멜로우, 보리지, 세이보리, 세이지, 셀러리, 차이브, 처빌, 캐러웨이, 코리앤더, 펜넬

발아의 원리

건강한 씨앗은 적당한 수분과 온도, 빛의 조건이 맞으면 발아합니다. 단, 휴면기간이 아니어야 하나 허브 씨앗은 대개 휴면이 없으니 고려할 필요가 없습니다. 잘 여문 씨앗이 적절한 수분을 흡수하면 발아합니다.

'침종'이란 씨가 빨리 싹이 트게 하기 위해 필요한 수분을 종자에 공급하는 일로 종자를 물에 담그는 것입니다. 수분을 흡수하면서 동시에 산소 공급도 되어야 하므로 물에 너무 오랜 시간 침종하면 발아율이 떨어질 수 있습니다. 적당한 수분을 공급한 후 파종합니다.

발아를 촉진시키는 다른 방법은 종자의 싹을 약간 틔워 파종하는 것입니다. 이것은 제가 고안한 방법으로 [수건파종]이라고 이름 붙였습니다. 수건파종은 씨앗이 크거나 발아가 오래 걸리는 씨앗을 빠르고 안정적으로 발아하도록 돕는 방법입니다. 특히 씨앗이 오래되었거나 생명력이 약한 씨앗의 발아율이 확연하게 높아집니다.

수건파종 방법은 용기에 키친타월을 두툼하게 깔고, 물을 분무해 촉촉하게 적신 후에, 씨앗을 놓고 다시 키친타월을 덮어 촉촉이 적십니다. 단단한 씨앗은 몇 시간에서 하루 정도를 침종한 후 수건파종합니다. 용기를 닫고 어둡고 따뜻한 곳에 두면 씨앗

에 따라 하루에서 며칠이면 발아합니다. 싹이 조금 나왔을 때 바로 흙에 옮겨심습니다. 미세종자는 싹이 너무 작기 때문에 수건파종을 할 경우 옮겨심는 과정에서 다칠 수 있으므로 삼갑니다.

육묘 환경

육묘 환경의 기본 조건은 '햇빛, 온도, 통풍'입니다. 이 세 가지를 만족시키는 환경은 쉽지 않습니다. 실내(아파트 베란다 포함)에서는 온도는 안전해도, 햇빛과 통풍 부족의 문제가 있고, 실외는 햇빛과 통풍은 만족해도 온도가 문제입니다.

씨앗이 발아하고 새싹이 안정적으로 자라는 온도는 낮 25~30℃, 밤 18℃입니다. 육묘할 때 이 온도가 유지되어야 합니다. 허브 육묘기간인 2~4월은 기온이 낮고 밤에는 수시로 영하로 떨어지기 때문에 노지에서 육묘하기엔 부적합합니다.

도시인은 아무래도 아파트 베란다나 실내에서 육묘를 많이 하게 됩니다. 이 경우, 햇빛 부족은 피할 수 없는 가장 치명적인 문제입니다. 햇빛이 부족한 곳에서 키우면 연약하게 키만 훌쩍 커지는 '웃자람'이 심해지고, 이후 생육에도 치명적입니다. 특히 하루 중 오전의 직사광선은 생육에 중요합니다.

허브 육묘기간은 어린모를 노지에 옮겨심었을 때 무리 없이 활착할 수 있을 정도까지 키우는 기간으로, 길게는 3개월, 짧게는 1개월 정도 걸립니다. 3개월이 소요되는 허브는 2월 하순부터 시작합니다.

육묘 환경	햇빛	통풍	온도 유지
노지	좋다	좋다	외부기온 영향 100%
베란다(남향, 동남향)	낮 동안 좋다	문제가 있다	안전한 편이다
베란다(동향, 서향)	부족하다	문제가 있다	안전한 편이다
실내	나쁘다	나쁘다	안전하다
온실	좋다	관리하면 좋다	가온해야 안전하다
터널하우스	좋다	적절히 개방해줘야 한다	해가 있을 땐 높고, 해지면 떨어진다

노지 육묘

노지 육묘는 아무런 보호 없이 노지에 씨앗을 파종해서 모를 기르는 것을 말합니다. 포트에 재배하는 것이 아니라 밭 흙에 직파해서 기르는 방식입니다. 육묘 여건이 나쁜 경우에 시도할 수 있는 마지막 방법입니다. 외부 환경에 100% 노출된 환경이기 때문에 초봄에 일찍 시작되는 허브 육묘는 불가능합니다. 그러나 초봄의 추위가 지난 후부터 지역에 따라 4월부터는 노지에서 육묘가 가능합니다. 이경우 밤의 저온을 막아주고, 해충으로부터 보호해주는 것이 필요

합니다. 농사용 부직포나 작은 터널하우스 등을 활용할 수 있는데, 영하의 저온을 막지는 못하고 영상의 저온으로부터 보호하는 것은 가능합니다. 일교차가 큰 시기면 밤의 저온과 강풍을 막아주는 '식물인큐베이터'같은 것을 해주는 것이 안전합니다.

매일 돌보지 못할 경우에도 잘 견딜 수 있는 허브여야 하지만, 대부분의 허브가 온도만 안정적이면 노지 육묘가 가능합니다. 그것은 야생화이기 때문인데, 육묘 초반에 실패율이 높기 때문에 귀한 씨앗은 주의하는 것이 좋습니다. 미세종자의 경우에는 성공률이 낮으니 다수의 씨앗을 파종합니다. 또한 장마철이나 무더운 여름에도 성공률이 떨어지는데 높은 기온과 흐린 날씨 때문입니다.

저의 경우, 초기 육묘를 놓치게 되면 4~5월에 노지에 직파 겸 육묘를 합니다. 노지에 직파를 하고 터널하우스를 만들어서 밤저온과 바람으로부터 보호를 해줍니다. 또는 실내에서 육묘를 하면서 기온이 오르기를 기다렸다가 밤에도 영상기온으로 오르면 노지 터널로 옮겨서 충분한 햇빛을 보게 해주며 육묘를 마칩니다. 노지 육묘 시 포트나 플러그트레이를 사용하면 순식간에 말라 죽을 수 있으니 땅을 파고 묻어줘야 수분 유지가 되어 안정적입니다.

터널하우스

터널하우스란 노지재배 시 활대와 비닐로 작은 터널을 만들어 식물을 보호하는 것을 말합니다. 한 겹의 비닐로 하우스를 만들면 바람과 비에서는 보호가 되나 터널 안 온도를 높이지는 못합니다.

이중터널을 만들면 해가 뜨는 날이면 추운 겨울에도 낮에는 터널 안이 고온이 유지되어 온도 문제가 없습니다. 단 터널 안 기온이 40℃ 이상까지 가온될 수 있습니다. 너

무 고온으로 올라가면 오히려 치명적이 되므로 온습도계를 설치하고 온도가 올라가는 한낮엔 적절히 개방해서 낮춥니다. 해가 지면 급격히 터널 안 온도가 떨어지므로 초봄에는 실내로 옮겨와 보호하고, 해가 뜨면 내다 놓습니다. 4월쯤 되어 밤 기온이 영상이 되면 밤에도 터널 안에 둬도 됩니다.

*1권 211쪽, 2012 올빼미의 육묘기록 참고

이중터널의 장점은 햇빛이 충분해 웃자람이 없다는 것입니다. 수시로 개방하고 관리해야 하므로 노출 베란다나 옥상, 집 앞 정원 등 가까운 곳에 설치해야 합니다.

4월에 들어서서 한낮 기온이 올라가면 이중터널에서 한 겹 비닐로 바꾸고, 더 올라가면 낮에는 비닐을 걷어서 외부 환경에 적응시키다가 노지에 심습니다. 이 모든 것은 반드시 온습도계를 설치해서 진행하는 것이 필요합니다.*

이중터널 만드는 방법

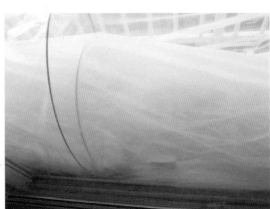

육묘용 이중터널

아파트 베란다 육묘

아파트의 남향 베란다라고 해서 육묘에 충분한 환경은 아닙니다. 하루 중 일정한 시간만 해가 들어오는데 유리창은 자외선 차단율이 높아 육묘에는 부족합니다. 직사광선을 맞는 것과 생육온도를 유지하는 것, 두 가지를 다 만족시키는 것이 성공적인 육묘의 조건입니다. 반드시 온도계를 설치합니다.

우리나라는 겨울에는 해가 길게 실내로 들어오고 봄이 가까우면 해가 짧아져서 실내로 해가 들어오지 않아 오히려 육묘에 지장이 있습니다. 단, 3월부터 해가 일찍 뜨기 때문에 바깥 기온이 올라가면 하루 6~8시간 정도를 외부에 노출해서 해를 보게 하고 해가 지면 실내로 들여오는 방식으로 웃자람을 방지하도록 합니다.

육묘 실전(2014년 허브 육묘 기록)

- **육묘용 상토**: 일반 원예용 흙이 아닌, 어린모를 키우기 적합한 성분으로 구성된 흙이다. 영양 성분이 없으므로 장기간 재배하면 영양부족이 된다.
- **플러그트레이**: 종자를 기르는 용기로 가볍고 장소를 덜 차지한다. 허브에 맞는 크기의 플러그트레이를 구입해야 한다.
- **지피펠렛**: 별도의 상토 없이 작은 허브를 기르는 데 적합하다. 흙 역할을 하는 펠렛을 물에 불리면 몇 배로 부풀어 올라 흙 역할을 한다. 펠렛째 밭에 심는 것이 장점으로 작은 모에 적합하다.
- **지피포트**: 다소 큰 허브를 기르는 데 적합하다. 포트 모양의 육묘 용기로 안을 상토로 채워서 모를 키운 후, 밭에 정식할 때 포트째 심어주는 것이 장점이다. 뿌리 발달이 부족하거나, 늦게 육묘를 시작했을 때 이용하면 아주심기할 때 뿌리가 다치지 않아 유리하다.

플러그트레이와 육묘용 상토   지피펠렛   지피포트

허브 육묘 포인트

① 미세종자는 광발아종자이니 흙을 절대 덮어주지 않습니다.

② 발아가 오래 걸리거나 묵은 씨앗은 수건파종을 해서 성공률을 높입니다.

③ 육묘용 상토나 펠렛 등을 이용하여 육묘 성공률을 높입니다.

④ 싹이 튼 후에는 흙이 항상 젖은 상태로 유지되지 않도록 주의합니다.

⑤ 햇빛을 보는 시간이 오전에서부터 하루 6~8시간 이상 되도록 합니다.

⑥ 발아와 성장에 필요한 온도, 습도를 갖추도록 온습도계를 체크합니다.

⑦ 온도 유지를 위해 하우스 재배를 할 경우, 습도가 높아져 웃자람의 원인이 되므로 통풍에 신경 써줍니다.

⑧ 옮겨심기할 때 절차를 지켜 말라죽는 일이 없도록 합니다.

⑨ 허브별로 소요되는 육묘기간을 알고 제때 시작합니다.

⑩ 각각의 허브에 맞는 플러그나 용기를 사용하고 크게 자라면 중간에 포트를 큰 것으로 바꿔줍니다.

다양한 육묘 방법

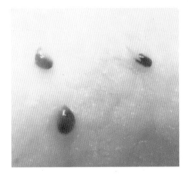

바질 싹 틔우기. 육묘기간이 긴 허브부터 시작한다. 바질이나 세이지는 수건파종한다.

싹이 튼 바질 씨앗을 지피펠렛 안에 넣어주고 흙으로 덮는다.

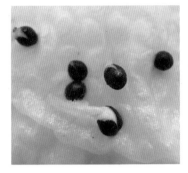

세이지 싹 틔우기. 수건파종

싹이 튼 세이지 씨앗을 지피포트에 심는다.

미세종자 육묘. 펠렛을 충분히 물에 불린 후 윗부분을 이쑤시개로 쑤셔 흙을 부드럽게 해서 씨앗이 안착할 수 있게 한다.

오레가노 씨앗. 지피펠렛 위에 가볍게 얹는다.

2월 26일. 타임 씨앗. 지피펠렛 위에 가볍게 얹어놓은 것이 발아 시작

타임 새싹

지피포트에 심은 타임. 그대로 밭에 심기 때문에 여러 개의 씨앗을 같이 뿌려서 재배하는 작물에 알맞다.

육묘용 상토에 물을 부어서 촉촉하게 적셔준 후 플러그트레이에 흙을 담는다.

미세종자는 종이를 접어서 씨앗을 소량씩 떨어뜨린다.

스테비아 씨앗은 흙 위에 올려놓는다.

손가락으로 살짝 눌러 흙에 고정시킨다. 광발아종자이므로 흙으로 덮어주지 않는다.

스테비아 싹이 뿌리를 내리고 싹이 나오고 있다.

플러그트레이에 심은 스위트바질

다양한 도구로 육묘하는 모습

삽목하기

*삽목(挿木)
꺾꽂이

삽목이 가능한 허브
라벤더, 레몬밤, 레몬버
베나, 로즈마리, 마조람,
민트, 바질, 스테비아,
오레가노, 제라늄, 캣닢,
커먼세이지, 타임 등

식물의 줄기나 뿌리, 잎 등을 통해 번식하는 것을 무성생식이라고 하는데 삽목이 그 대표적인 방법입니다. 삽목*은 나무를 땅에 꽂는다는 의미인데, 식물체의 어느 부분을 땅에 묻고 생육에 적합한 조건을 갖춰주면 식물은 본능적으로 뿌리를 내립니다. 식물은 모든 세포에서 독립체로 성장할 수 있는 능력을 갖고 있기 때문입니다. 무난하게 무성생식이 잘 되는 허브가 있고 까다로운 허브가 있습니다.

거의 대부분의 허브가 가능하지만 차이브, 파슬리, 딜, 펜넬, 코리앤더, 포피, 셀러리, 파슬리 같은 종류는 해당되지 않습니다.

허브 종류에 따라 삽목이 가능한 부위와 방법이 다릅니다.

줄기삽목

줄기(가지)를 잘라내서 뿌리를 내리는 것은 가장 일반적인 삽목 방법입니다. 허브에 따라 쉽게 뿌리를 내리는 것이 있고 오랜 시간이 걸리는 것이 있습니다.

• **녹지삽**: 그해 올라온, 한창 성장 중인 봄, 여름의 부드럽고 싱싱한 초록색 줄기로 뿌리를 내리는 것
• **반경지삽**: 좀더 단단해진 줄기를 잘라서 뿌리를 내리는 것. 여름에서 가을에 걸친 줄기를 이용한다. 주로 성장이 느린 허브나 줄기가 너무 무른 허브일 경우에 해당한다. 줄기가 무른 허브는 단단해진 줄기를 이용해야 실패를 낮출 수 있다.
• **경지삽 혹은 숙지삽**: 가을 후반에 많이 단단해진 줄기를 이용해서 뿌리를 내리는 것. 뿌리를 내리는 데 오래 걸리기 때문에 관리 기술이 필요하다.

허브는 녹지삽이나 반경지삽을 주로 합니다. 전년도 줄기나 단단해진 줄기는 목질화되어 있습니다. 줄기가 목질화되면 겉껍질이 단단해져서 뿌리내림이 어렵습니다. 반면, 파인애플세이지같이 줄기가 부드러운 것은 삽목했을 때 줄기가 잘 무르기 때문에 단단해진 줄기를 삽목을 하는 것이 좋습니다.

삽목은 뿌리내림이 빠를수록 좋습니다. 식물이 빠른 시간 내에 뿌리를 내리는 데 필요한 조건이 있습니다.

삽목 조건

① 평균 20℃ 이상의 적절한 기온

② 햇빛. 광합성을 해서 새 잎과 뿌리를 낸다.

③ 적당한 수분

삽목 준비물

① 삽목 도구: 물이나 깨끗한 모래, 가는 마사토, 거름기 없는 육묘용 상토 중 선택한다.

② 삽수* 채취: 삽목할 줄기는 뿌리를 내릴 부분을 고려해서 15cm 이상을 확보한다.

*삽수(揷樹)
삽목을 하기 위해 모체로부터 분리한 어린 가지나 뿌리

*증산작용
잎의 뒷면 기공을 통해서 물이 기체 상태로 식물체 밖으로 빠져나가는 작용

    삽목은 평균 기온이 20℃이상 되어야 뿌리가 잘 나옵니다. 겨울에 삽목을 하지 않는 이유는 온도 때문이지요. 그러니 따뜻한 곳이라면 계절과 상관이 없습니다. 삽수는 튼튼해야 합니다. 잎이 충분히 붙어있는 넉넉한 길이의 줄기를 채취합니다. 수분 증발을 막을 수 있으면 잎이 많을수록 유리합니다. 삽목용 흙은 거름기 없는 깨끗한 물이나 모래를 사용하고, 절대 비료를 주지 않습니다.

    이 조건이 다 갖춰졌어도 많은 삽수가 말라죽어서 실패합니다. 줄기로는 수분 흡수가 잘 이뤄지지 않는데 반해 잎에서는 계속 증산작용*이 일어나니 삽수의 수분이 빠져나가 줄기가 말라버리는 것입니다.

    이런 이유로 일반적으로 증산작용을 줄이기 위해 삽목할 때 가지에서 잎을 많이 떼어 내라고 합니다. 그러나 식물의 잎에서 광합성이 일어나고, 광합성으로 만들어진 녹말은 뿌리와 새순을 내는 데 쓰입니다. 결국 잎이 부족하면 뿌리와 새순의 발달이 떨어집니다. 식물의 뿌리내림은 빨리 진행될수록 좋고 그러려면 잎이 많아야 유리합니다. 그래서 잎 수를 줄이지 않고 뿌리내림도 잘되게 하고 증산작용이 활발해도 말라죽지 않게 하기 위해 제가 시도하는 방법은 '밀폐삽목, 식물 인큐베이터'입니다.

물이냐 모래냐

삽수를 물에 담가 뿌리를 내릴 때 썩거나 물러서 실패하는 경우가 있습니다. 세균 감염이나 산소 부족 등이 원인입니다. 물을 이용할 때는 뿌리가 빨리 나와야 안전합니다. 뿌리가 내리기까지 시간이 걸리는 종류들은 삽수가 말라죽기 쉽습니다. 물을 사용할 때는 매일 물을 갈아줘야 합니다.

    모래나 마사토를 이용하는 경우에는 삽수에 산소 공급이 가능해서 잘 무르지 않는

것이 장점입니다. 산소 공급이 좋아서 물보다 잔뿌리의 발달이 좋습니다.

밀폐냐 아니냐

- **밀폐삽목 실험 대상**: 레몬버베나, 로즈마리, 단정화

밀폐삽목을 저는 '식물 인큐베이터'라고 부르는데 그 이유는 신생아 인큐베이터처럼 연약한 삽수가 완성체가 될 때까지 안정적으로 살 수 있는 환경이기 때문입니다. 밀폐했기 때문에 햇빛은 통과하되 공기 중 수분은 빠져나가지 못하는 환경입니다. 투명비닐이나 투명컵처럼 투명하면서도 밀폐될 수 있는 것을 이용합니다.

물이나 모래에 삽수를 꽂고 햇빛이 통과하도록 투명한 용기로 덮어줍니다. 잎에서 증산작용이 일어나도 밀폐된 공간 안에 수분이 갇혀 있어 습도가 높아 삽수는 마르지 않고, 햇빛이 통과되어 광합성이 잘 이루어집니다. 이 방법은 특히 뿌리내림이 어려운 허브에게 아주 유리한 방법입니다.

완전밀폐

잎이 큰 식물일수록 증산작용이 활발해서 쉽게 시들기 때문에 밀폐삽목을 하는 것이 유리합니다. 로즈마리처럼 잎이 좁은 것은 증산작용이 덜해서 물꽂이만 해도 가능합니다. 뿌리내림이 오래 걸리고 목질화된 허브들은 물보다 모래를 사용하는 것이 유리합니다. 물을 사용하는 것은 뿌리를 빨리 내리는 민트류에 적합합니다. 밀폐했을 때는 처음에만 물을 주고 다시 주지 않아도 되고, 밑에 배수구멍이 있을 때는 매일 새로 물을 부어줘야 합니다.

완전밀폐

밀폐삽목의 성공 여부는 새순이 나오는 것입니다. 줄기에서 새순이 나왔으면 뿌리도 나온 것이니 뿌리가 나왔는지 확인하지 않아도 됩니다. 새순이 나오면 밀폐한 것을 벗기고 관리합니다. 벗길 때는 한꺼번에 다 벗기면 환경의 변화로 삽수가 말라버릴 수가 있으니 [밀폐 → 반밀폐 → 완전개방], 이런 식으로 순차적으로 외부 환경에 적응시키는 것이 안전합니다.

화분 위에
투명 덮개만 덮기

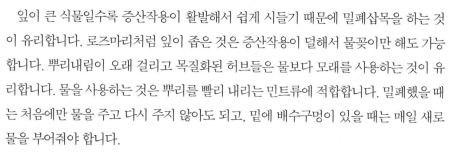

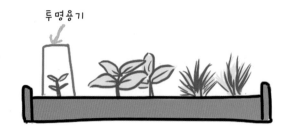

투명용기

물을 사용한 밀폐삽목

스위트바질 물꽂이. 잎이 넓어 밀폐삽목한다.

뿌리내린 바질 줄기

로즈마리 물꽂이. 잎이 가늘어서 밀폐삽목 없이 시도
했다.

뿌리내린 로즈마리 줄기. 그러나 모래삽목이 잔뿌리 발
달에 더 좋다.

밀폐 없이 모래를 사용한 삽목

로즈마리처럼 잎이 가는 허브는 밀폐삽목을 하지 않아도 됩니다. 민트는 뿌리내림이
빨라 밀폐삽목하지 않아도 가능합니다.

로즈마리와 레몬버베나 모래삽목. 밀폐하지 않은 상태
에서 시도했다.

로즈마리는 순조롭게 뿌리가 나왔다. 그러나 레몬버베
나는 말라죽었다.

모래를 사용한 밀폐삽목

레몬버베나는 삽목이 힘든 허브 중 하나입니다. 뿌리내림이 어렵고 잎은 크고 얇아 수분 증발이 많아 쉽게 말라죽습니다. 잎이 많은 레몬버베나 줄기를 선택해서 잎을 하나도 떼지 않고 밀폐삽목을 시도했습니다.

2014년 7월 5일. 모래에 묻힐 부분의 잎을 떼낸다. 화분과 모래를 준비했다.

7월 5일. 물을 주어 흠뻑 모래를 적시고 줄기를 꽂는다. 벌써 줄기가 축 처졌다.

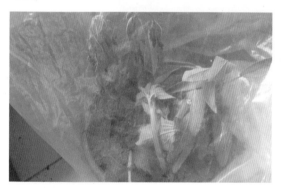

화분을 큰 비닐에 넣어서 완전히 밀폐한다. 그 뒤 수분은 더 공급하지 않는다.

밀폐삽목 포인트

잎이 큰 허브들은 완전밀폐를 하는 것이 좋다. 새순이 나오고 뿌리가 완전히 내린 후에 밀폐를 벗겨주고 옮겨심는다. 비닐로 완전히 밀폐했을 때는 처음에 모래에 물을 흠뻑 적신 후 다시 물을 주지 않아도 된다.

줄기가 안정적으로 유지되면 비닐을 화분 위에만 덮어준다. 위에 덮어주기만 했을 때는 화분 아래로 물이 빠져나가므로 모래가 마르면 하루에 한 번 물을 준다.

새순이 올라오고 성장하면 뿌리내림이 성공했다는 증거이므로 비닐을 걷어서 외부에 적응시키고 그 상태로 잘 자라면 옮겨심어도 된다. 이렇게 서서히 외부 환경에 노출하며 적응시킨다.

8월 19일. 잘 자라고 있는 레몬버베나. 한 장의 잎도 손실 없이 새순을 내며 잘 자라고 있다.

삽목 단계 실험 (단정화)

투명 플라스틱 컵에 물에 적신 가는 마사토를 담고 단정화 줄기를 꽂았다.

관목이므로 밀폐해서 수분 증발을 막는다. 물을 주지 않고 밝은 곳에 둔다.

2주일 후 뿌리가 나왔다.

굵은 마사토가 깔린 야생화단에 꽂았다.(137쪽, 야생화단 만들기 참고)

그 위에 투명플라스틱을 얹었다. 반밀폐를 해서 외부 환경과 접촉을 늘이고 뿌리로 산소 공급을 돕는다.

다시 일주일 후. 뿌리가 많이 발달했다.

이제 독립된 개체로 화분에 옮겨심는다. 안정을 위해 살짝 투명컵으로 일주일 정도 덮어주면 더 좋다.

뿌리삽목(민트, 오레가노)

뿌리삽목은 뿌리에서 순이 올라오는 허브류에서 시도하는 것으로 순이 올라오는 마디 부분을 포함해서 잘라 옮겨심는 번식법입니다. 삽목의 어려운 점인 뿌리내림의 과정이 없어 수분, 양분 공급이 원활해 성장이 빠르고 안정적입니다.

봄에 순이 올라오기 직전이나 봄가을 서늘할 때 뿌리를 캐내서 잘라 이식합니다. 유성생식하는 것보다 성장이 빠르고 강해서 재배와 수확에 훨씬 유리합니다.

① 뿌리줄기로 번식하는 민트

② 뿌리줄기를 꺼내서 마디를 포함해 자른다.

③ 자른 마디를 심어준다.

④ 마디에서 새순이 올라온다.

원줄기가 하나인 허브는 뿌리삽목을 할 수 없다. 원줄기가 잘려서 순이 올라올 마디가 없을 경우, 뿌리에서 간혹 새순을 올리기도 한다.

3월 중순. 땅에서 캐낸 민트의 땅속줄기. 마디마다 뿌리와 순이 있다.

민트 뿌리에서 바로 순을 올린 모습. 순을 포함한 마디를 잘라서 바로 땅에 묻으면 삽목이 완성된다.

4월 중순. 뿌리삽목을 한 오레가노에서 새순이 올라오고 있다.

휘묻이(타임)

휘묻이는 땅속줄기가 아니라 지상 위 줄기를 통해 이뤄지는 번식법입니다. 식물은 삽목을 하지 않은 상태에서도 환경에 맞으면 줄기에서 뿌리를 냅니다. 이 성질을 이용해서 인위적으로 뿌리를 내리는 방법으로 새로운 개체를 만들어낼 수 있습니다.

식물의 줄기를 흙에 묻어주거나 흙에 닿게 하면 줄기는 본능적으로 뿌리를 내리는데, 뿌리가 충분히 내리면 원줄기를 잘라내도 문제없이 생육할 수 있게 됩니다. 특히 삽목 시 뿌리내림이 오래 걸려서 성공률이 낮은 허브의 번식에 아주 좋습니다. 휘묻이를 하면 뿌리를 내리는 동안 원줄기로부터 계속 수분과 영양 공급을 받기 때문에 말라죽을 염려가 없어 안정적입니다. 줄기를 묻어놓고 오랜 시간 방치해도 문제가 없는 방법입니다.

타임 휘묻이

길어진 타임 줄기를 이용한 휘묻이. 타임 줄기의 중간을 땅에 묻었다. 붉은 선은 타임 줄기, 노란 점선은 땅에 묻힌 부분이다.

2달 후에 연결된 줄기를 가위로 자른다.

줄기가 잘렸지만 뿌리가 내려 두 그루가 되었다.

원래의 타임과 분리된 타임 개체. 이제 따로 옮겨심기를 해도 된다. 이런 식으로 순식간에 여러 그루를 만들 수 있다.

북주기(오레가노, 타임)

인위적으로 휘묻이를 하는 것이 아니라, 줄기 아랫부분을 흙으로 두툼하게 덮어서 북주기를 해줍니다. 이렇게 흙으로 덮어주면 흙에 묻힌 줄기에서 뿌리가 나옵니다. 그 줄기를 잘라서 옮겨심거나 그대로 길러도 됩니다. 뿌리가 많아지면 수분, 양분 흡수가 많아져서 포기가 커지고 생육이 더 활발해집니다.

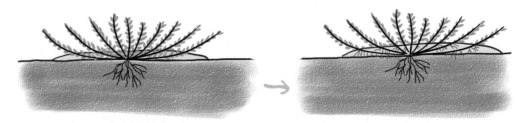

타임 북주기

타임을 북주기한 결과 흙에 닿은 줄기에서 자연적으로 뿌리가 내렸다. 이 부분을 잘라서 옮겨심어도 되고 그냥 놔두면 포기가 커진다.

로즈마리 가장자리 줄기를 흙으로 묻어주니 뿌리를 내렸다. 뿌리를 완전히 내린 후 분리해도 된다.

러너로 뿌리내리기(민트, 오레가노)

민트 같은 포복성 허브*는 러너(runner, 포복경)라는 줄기가 나와 땅 위를 포복하는데, 러너에서 뿌리가 나와 줄기를 잘라도 독자적인 포기를 만들 수 있게 됩니다. 이것은 휘묻이와 같은 원리인데, 러너에서 뿌리가 내리면 허브는 각 뿌리에서 수분과 양분을 공급받으므로 더 성장이 활발해집니다. 민트나 오레가노 같이 생육이 강한 허브들이 이 방식으로 번식하기 때문에 다른 허브들과 비교할 수 없을 정도로 빠른 속도로 밭을 장악해갑니다.

*포복성 허브
덩굴이나 뿌리가 땅 위로 길게 뻗으며 자라는 허브

러너

스피아민트. 줄기가 땅위로 누워서 기듯이 자라며, 줄기에서 뿌리를 내리며 빠른 속도로 땅 위를 잠식한다. 땅에 닿은 줄기에 뿌리가 내리면 줄기가 잘려도 별개의 개체로 자란다.

민트. 러너에서 뿌리가 나온다.

오레가노. 줄기가 땅에 기듯이 자라며 뿌리를 내린다.

땅에 닿은 줄기에서 자연적으로 나온 오레가노 뿌리

*야로우 269쪽, 차이브 288쪽, 타임 338쪽, 포기나누기 참고

포기나누기(레몬밤, 마조람, 민트, 야로우, 오레가노, 차이브, 타임)

허브는 생명력이 왕성해 지상부 못지않게 뿌리도 왕성하게 성장합니다. 원줄기 중심으로 성장하는 레몬버베나, 스테비아, 커먼세이지, 로즈마리 같은 허브와 달리 레몬밤, 민트 등은 뿌리가 늘면서 줄기와 잎도 늘어납니다. 더욱이 월동하면서 뿌리가 더 왕성해져 흙 속이 뿌리로 가득 차면 수분 흡수, 영양분 흡수도 힘들어지고 통기성이 나빠져서 포기 전체가 약해집니다. 이때 포기나누기를 합니다.

　다년생 허브는 이듬해 초봄에 허브를 캐내어 포기를 나눠서 떼어 심어줍니다. 포기나누기(분주, 分株)는 뿌리와 잎이 다 성장한 상태에서 독립시키는 것이므로 어떤 번식 방법보다 유리합니다. 땅에서 포기를 캐내면서 상한 부분은 제거하고 엉킨 뿌리는 정리합니다. 건강한 포기를 나눠 넓게 심어주면 뿌리를 뻗을 공간이 확보되어 생육이 더욱 좋아집니다.

　포기나누기를 하는 허브들은 모종을 심을 때도 크게 자랄 것을 감안하여 큰 모는 처음부터 포기를 나눠서 띄엄띄엄 심어주는 것이 좋습니다. 그렇게 해주면 큰 포기를 심는 것보다 생육이 초반에 조금 떨어지지만, 시간이 흐를수록 생육이 왕성해져 더 크게 자라고 더 많은 수확을 줍니다.

차이브. 쪽을 나눠서 옮겨심는다.

레몬밤. 모종이 좀 커서 포기를 나눈다.

손으로 완전히 분리했다.

나눠서 각각 심었다.

곁순삽목(제라늄)

제라늄을 가지고 실험해본 삽목 방법입니다. 아주 빠르고 안정적으로 독립된 개체를 만들어내는 것에 성공했습니다. 제라늄은 곁순을 내는데 줄기가 부드러워 곁순 전체를 원줄기로부터 떼어낼 수 있습니다. 떼어낼 때는 잎이 분리되지 않게, 곁순 전체를 조심스럽게 떼어냅니다. 원줄기도 크게 상처를 입지 않도록 주의합니다.

*281쪽, 제라늄 삽목 참고

떼어낸 줄기는 육묘용 상토나 상토에 심어주는데, 불안할 때는 위에 가볍게 투명한 컵을 덮어주면 괜찮습니다. 밝은 그늘에 두면 새순을 내는데 그것이 뿌리를 내렸다는 증거입니다. 맑은 날 하는 것이 상처 회복에 좋습니다.

제라늄 곁순. 잎이 여러 장 나왔을 때가 적기

곁순을 통째로 떼어낸 모습. 잎이 낱낱이 해체되지 않도록 조심스럽게 떼어낸다.

화분 옆이나 배양토에 묻는다. 투명한 것을 덮어 보호해주면 더 좋다.

뽑아보니 뿌리가 발달했다. 새 화분에 옮겨심는다.

목질화에 대하여

나무가 아닌데도 줄기가 나무처럼 단단해지는 것을 목질화(木質化) 현상이라고 합니다. 당해 연도에 목질화가 진행되는 경우도 있고, 한 해를 지나야 목질화되는 경우도 있습니다.

목질화되면 줄기가 단단해져서 가지가 많아지고 커져도 무게를 감당할 수 있게 됩니다. 목질화되기 전에 순지르기를 해서 곁순을 발생하게 한 후에 원하는 가지만 남겨서 원하는 수형을 만들 수 있습니다. 모양도 아름다워지고 균형이 잡히며 모든 잎이 햇빛을 골고루 받을 수 있습니다. 목질화된 줄기에선 새순이 잘 나오지 않고 목질화된 줄기로 삽목을 하면 뿌리내림이 어렵습니다.

목질화되는 것은 다년생 중에서는 성장한 그대로의 키를 유지한 채 월동하는 상록 관목인 로즈마리, 세이지, 레몬버베나, 타임, 라벤더, 제라늄 같은 허브들과 멜로우, 세이보리 등입니다. 바질은 일년초여도 목질화합니다. 그러나 캐모마일, 야로우, 딜, 코리앤더, 펜넬, 포피, 셀러리, 차이브, 나스터튬, 파슬리 같은 허브는 목질화되지 않습니다.

레몬버베나. 목질화되지 않은 부드러운 새 줄기

목질화가 진행되고 있는 줄기

목질화가 많이 진행된 줄기

아랫줄기가 목질화되면서 많은 가지와 잎에도 끄떡없이 버틴다.

로즈제라늄, 전년도 줄기는 갈색으로 목질화
되었고 새로운 가지는 녹색이다.

목질화가 많이 진행되지 않은 어린 로즈마리

5년생 로즈마리. 아랫부분은 나무처럼 목
질화되었다.

노지에서
허브 기르기

아주심기

아주심기란 모종을 구입했거나 육묘한 것을 앞으로 자랄 본밭에 옮겨심는 것을 말합니다. 정식, 옮겨심기, 이식이라고 불리기도 합니다. 아주심기에서 주의할 것은, '제때' 심는 것과, '제대로' 심는 것입니다.

제때 심기

추위에 약한 허브들은 반드시 늦서리가 다 지난 5월 초 이후에 심는 것이 안전합니다. 봄에는 낮 기온이 영상 20℃를 넘겨도 밤에는 영하 가까이 떨어지는 날이 잦습니다. 내한성이 부족한 허브들은 하루의 저온에도 냉해를 입습니다. 내한성이 강한 허브들은 영상만 되어도 옮겨심는 게 가능합니다. 더위에 강한 허브들은 늦게 심어도 여름이 되면 성장이 빨라져서 거의 차이가 없기 때문에 조급해할 필요가 없습니다.

　실내 육묘를 한 허브는 대부분 햇빛이 부족한 환경에서 자랐거나 육묘기간이 짧아 성장이 부족한 것이 많습니다. 그럴 때 좀더 육묘해서 더 키운 후에 밭에 옮겨심을지, 좀 이르지만 밭에 옮겨심을지 고민하게 됩니다. 육묘 환경이 아무리 좋아도 노지 햇빛에 비하면 부족하기 때문에 기온만 높이 올라갔다면 아직 어려도 밭에 옮겨 심는 것이 생육에는 훨씬 좋습니다. 단, 주의할 것이 있습니다.

　허브를 심는 날은 해가 뜨고 기온이 오른 맑은 날이 가장 좋은데 그것은 지온 때문입니다. 지온은 땅의 온도로, 어린뿌리가 땅에 정착하려면 땅의 온도가 높을수록 좋습니다. 옮겨심는 과정에서 생긴 뿌리의 상처는 따뜻한 땅속에서는 잘 치료되지만 비에 젖어 차가운 땅속에서는 잘 치료되지 않고 세균 감염에 취약합니다. 그래서 저는 맑은 날이 계속되고 기온이 높은 날 아주심기를 합니다. 높은 지온과 더불어 충분한 양의 햇빛이 식물의 광합성으로 정착을 도와줍니다.

제대로 심기

맑은 날 심어서 모종이 말라죽는 것을 경험한 분들은 비 온 전후가 모를 심기에 가장 안전하다고 생각합니다. '말라죽을까봐' 그러는 것인데, 그것은 오직 흙속의 수분 양만을 생각한 것입니다. 충분한 수분만 흙에 있다면, 맑고 지온이 높은 날이 어린모가 흙에 정착하기에 훨씬 유리합니다.

그것을 위한 제 방법은 이렇습니다. 맑은 날이 한동안 계속 되어 토양 온도가 높은 날에 모종삽으로 심을 곳의 구멍을 파고 물을 흠뻑 부어줍니다. 그러면 마른 흙 속으로 순식간에 물이 스며듭니다. 그러면 다시 물을 부어주고 스며들게 하는 일을 두세 번 더 합니다. 점차 물이 스며드는 속도가 느려지면 주변 흙이 다 물로 젖었다는 것입니다.

이때 부어준 물은 높아진 지온으로 인해 따뜻하게 덥혀져서, 모가 심겨져도 위축되지 않게 합니다. 또한 주변 흙이 다 젖어 있어서 일주일 정도는 물을 따로 주지 않아도 끄떡없습니다. 모를 심은 후에 다시 그 위에 물을 부어서 들뜬 흙을 정착시켜줍니다.

대개는 심기 전에 흙을 적셔주는 과정 없이, 심은 후에 물을 부어주는 것으로 그치는데, 이렇게 하면 지표면만 적셔서 금방 마르거나 주변 흙에 흡수되어 정작 모가 먹을 물은 없게 되는 것입니다.

이 과정을 지키면, 높은 지온과 흙 속의 충분한 수분, 맑은 날씨와 햇빛으로 광합성도 충분해서 어린모는 몸살 없이 정착하고 빠르게 성장합니다.

심은 후 관리하기 (모종 인큐베이터)

약한 모종을 심었거나, 심은 후 기상악화로 보호를 해야 할 때 투명한 페트병이나 병을 덮어주는데 이것을 모종 인큐베이터라고 부릅니다. 어리고 약한 모를 이르게 심었거나 갑작스런 바람, 밤 기온 저하 때 도움이 많이 됩니다.

뿌리가 제대로 정착 못한 상황에 수분 흡수를 못해도 인큐베이터를 해주면, 통 안에 습도가 적절히 유지되어 안정적이고, 밤 기온에 덜 노출되며, 바람막이 겸 지주의 역할도 해줘서 어린모가 안정을 찾게 됩니다. 기온이 올라가면 반 정도를 개방한 반밀폐를 해주다가 벗겨냅니다.

키가 많이 자라고 줄기가 굽은 레몬버베나. 바로 서지 못하고 누워 있다.

페트병의 밑둥을 잘라 길게 세웠다. 패트병 뚜껑을 없애고 개방했다.

페트병 안에 기댔다. 페트병이 지주 역할을 한다.

5일 후 페트병을 벗긴다.

반듯하게 선 레몬버베나. 그 사이 잎이 자라고 건강해졌다.

아래에서 새순도 많이 올라오고 있다.

허브의 상태, 크기에 따라 다양하게 보호한다. 모를 심고 강한 비바람이 왔을 때도 도움이 된다. 더운 5월이라 위가 뚫려 있다.

5월 초에 어린 바질을 보호하기 위한 조치다.

추위에 약한 바질. 바람을 막기 위해 위를 자른 페트병으로 씌웠는데 간밤 추위로 잎이 냉해를 입었다(2014년 5월 18일).

허브 종류별 아주심기

저는 수십 종에 달하는 허브 수백 개를 심어야 하기 때문에 여러 날에 걸쳐 심는 경우가 많습니다. 비가 온 뒤 며칠 지나 땅이 따뜻하고, 심은 후에도 비가 당분간 안 올 때를 정해서 아주심기를 합니다. 하루에 다 심으면 좋고, 그렇지 못하면 심을 만큼만 모를 갖고 나갑니다. 뙤약볕 아래 모판을 놔두면 순식간에 말라버리기 때문입니다. 시간은 한낮에 시작해서 몇 시간 안에 끝냅니다.

심을 자리를 정확히 정해놓고 비슷한 것끼리 심어나갑니다. 허브에 따라 심는 방법이 조금씩 다르며, 허브 상태에 따라 관리가 필요한 것은 좀더 관리를 해줍니다.

심을 때는 크게 자랄 것을 고려해서 재식간격을 지킵니다. 어릴 때는 공간이 넓어보여 조밀하게 심기 쉬운데 그럴 경우 두어 달 후부터 조밀해져서 생육에 좋지 않습니다. 노지에서는 화분재배보다 생육이 왕성하기 때문에 공간을 여유있게 확보해줍니다.

5월 6일. 모종 심은 날

6월 18일. 한 달 후 허브로 가득찬 이랑

뿌리가 깊이 뻗는 허브를 아주심기하는 방법 (레몬버베나, 로즈마리, 커먼세이지)

이 허브들은 포트 하나에 한 모종씩 심겨 있는데, 재식간격을 주고 한 포기씩 심습니다. 자라면서 커지고 목질화되거나 뿌리가 깊이 뻗는 특징을 갖고 있습니다. 초반 성장이 느려서 정식을 서두를 필요는 없고 기온이 충분히 올라간 후 심습니다. 너무 약한 모종이거나 기온이 떨어지면 '인큐베이터'를 해서 당분간 보호해줍니다.

호미로 구멍을 판 후에 몇 번이고 물을 부어 주변 흙을 완전히 적신 후에 모종을 심는다. 그 위에 다시 물을 부어 들뜬 흙을 가라앉힌다.

로즈마리

뿌리가 여린 허브의 아주심기 (처빌, 캐모마일, 코리앤더, 파슬리)

성장이 미미한 허브들이 여기에 해당합니다. 대개 이식을 싫어하고 직파하는 것이 유리한 허브들로 뿌리 발달이 덜해서 포트에서 꺼냈을 때 흙이 부서져 여린 뿌리가 그대로 드러납니다. 이런 허브들은 아주심기 과정에서 뿌리가 잘리거나 말라죽기 쉽습니다. 그러나 절차를 제대로 지키면 무리 없이 활착하여 빠른 성장을 보입니다.

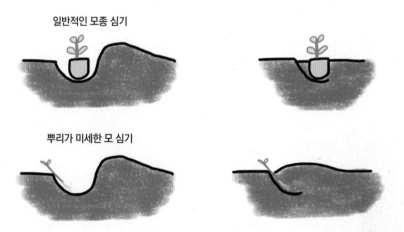

호미로 길게 홈을 판 후에 모를 비스듬히 흙 위에 눕힌다. 바로 세워 심으면 부러지기 쉽다. 기댄 모에 흙을 손으로 밀어 살짝 덮어준다. 굳이 반듯하게 세우려고 애쓸 필요가 없다.

뿌리가 여린 파슬리 모종 아주심기

심을 허브 뿌리에 맞춰 얕게 홈을 팠다.

홈에 물을 붓는다.

해가 뜨거운 한낮에 충분히 여러 번 물을 부어 주변 흙을 적셔준다.

파슬리 모종

물을 충분히 스며들게 한 후에 뿌리가 아주 미세한 파슬리를 눕히듯 놓는다. 그 위를 흙으로 가볍게 덮어서 고정해준다.

심고 나서 물을 조심스럽게 부어 들뜬 흙을 가라앉힌다.

다음 날 강한 햇빛에도 활기찬 파슬리

그 밖의 허브의 아주심기

베르가못 모종. 화분에 직파해 길렀다.

화분에서 통째로 꺼냈다.

뿌리가 다치지 않도록 싹을 분리해 밭에 정식했다.

나스터튬 모종. 화분에 씨앗 여러 개를 뿌려 키웠다.

화분에서 통째로 빼냈다.

나스터튬은 옮겨심는 것을 싫어하니 분리하지 않고 통째로 심는다.

펜넬 모종. 지피포트에 한 개씩 육묘했다.

지피포트째로 심는다.

순지르기

순지르기(적심)란 줄기 끝을 자르는 것으로, 순치기, 순따기라고도 합니다. '순'이란 줄기의 끝을 말하는데 이 부분에는 생장점이 있습니다. 생장점은 식물의 줄기와 뿌리 끝에서 세포를 만들어내는 부분입니다. 이 부분이 잘려나가면 더 이상의 생장을 할 수 없게 된 식물은 생존하기 위해 생장점을 다른 곳으로 돌립니다. 그래서 각 마디에서 곁순이 빠르게 나와서 더 무성해집니다. 순지르기는 번식의 방법은 아니나 포기 전체를 크게 키우기 때문에 번식 효과를 냅니다.

원줄기를 그대로 기르면 하나의 줄기로 모든 양분이 집중되지만, 원줄기가 잘리면 더 많은 줄기가 생겨나기 때문에 더 많은 수확을 할 수 있게 됩니다. 또한 순을 자르면 키가 작아지는 효과도 있어 쓰러짐을 방지할 수 있고 모든 잎이 햇빛을 골고루 받을 수 있습니다. 거의 대부분의 식물에 해당되나 외떡잎식물이나 줄기가 없는 식물에게는 해당되지 않습니다(차이브, 셀러리, 파슬리 등)

끝순을 자르면 그 아래 잎에서 곁순이 나오기 때문에 자를 때는 반드시 아래 잎이 두 장 이상은 되어야 합니다. 순지르기를 활용하는 것이 가장 효과적인 허브는 '캐모마일'입니다. 캐모마일은 초목으로 재배기간이 짧고 목질화되지 않는데, 순지르기를 하면 잎 마디마다 곁순이 나와 무성해지고 그만큼 많은 꽃을 피우게 되어 수확량이 크게 늘어납니다.

또한 관목은 순지르기를 함으로써 수형을 만들 수 있습니다. 원줄기를 자르면 아래에서 새로운 줄기가 여러 개 나오는데, 이때 원하는 줄기는 남기고 나머지는 잘라내면 원하는 형태로 만들 수 있습니다(레몬버베나).

캐모마일 형의 순지르기

한 뼘 정도 자라 잎이 서너 장 이상 나오면 순지르기를 시작합니다. 곁순이 올라와 다시 한 뼘 정도 자라면 그 곁순들을 다시 순지르기를 해주고, 또 나온 곁순을 연속 순지르기를 하면 포기의 크기가 몇 배로 늘어납니다. 캐모마일은 가늘고 키가 크기 때문에 쉽게 쓰러지는데 키를 낮춰서 쓰러짐을 방지하는 효과도 있습니다. 곁순이 많아진 만큼 많은 꽃봉오리를 달게 됩니다.

순지르기를 한 것과 하지 않은 것의 성장 차이

밑에 잎을 남기고 자르면 곁순이 나오지만, 잎이 없는 곳을 자르면 죽는다.

캐모마일 순지르기. 줄기의 끝을 잘라준다. 곁순이 자라면 또 순을 연속해서 잘라준다.

민트 순지르기. 밑에 잎이 여러 장 있는 민트의 끝순을 잘라서 풍성하게 만든다.

바질 순지르기

늘어난 무수한 곁순으로 풍성해진 캐모마일

민트를 순지르기 한 후 줄기가 2개가 됐다.

바질을 순지르기한 지 며칠 후 줄기가 2개가 됐다.

레몬버베나 수형 잡기

레몬버베나는 관목으로서 목질화되는 다년생 허브입니다. 순지르기를 하면 아래 잎에서 세 개의 줄기가 나옵니다. 이 줄기 중에서 원하는 것을 선택하고 나머지를 제거하는 식으로 순지르기를 계속해가면 원하는 형태의 수형을 만들 수 있습니다. 원예용으로 재배할 때는 수형을 잡는 목적으로 하고, 수확용일 때는 여러 번의 순지르기로 많은 줄기를 만드는 데 목적이 있습니다. 제라늄, 세이지 등도 동일합니다.

끝순을 자른다.

순지르기를 하자 바로 아래 잎에서 3개의 줄기가 나온 모습

아래 모든 마디에서 일제히 곁순이 올라온다.

곁순이 많아졌다.

일주일 만에 줄기가 무성하게 자랐다.

레몬버베나 화분. 원줄기를 자른 후 곁순을 내고, 필요한 곁순만 키워 수형을 만들었다.

곁순이 나오지 않는 것은 순지르기가 불가능합니다.

차이브

파슬리

셀러리

꽃 수확이냐 잎 수확이냐에 따른 선택

꽃대란 꽃이 붙게 되는 축을 말하며 꽃을 받친 가지를 말하기도 합니다. 이 꽃줄기가 나오는 것을 추대라고 합니다. 식물마다 꽃대가 올라오는 조건이 있어 조건이 맞으면 꽃대가 올라옵니다. 기온이 적당하거나 일정한 생육시기를 지났거나 해 길이가 바뀌는 등의 조건에 식물이 반응합니다.

허브별로 꽃이 피는 시기가 다른데, 꽃을 수확하는 캐모마일 같은 허브와 채종을 목적으로 하는 코리앤더 같은 허브는 꽃이 피는 것이 중요합니다. 그러나 잎이 목적인 허브의 경우에는 꽃이 피면 잎이 작아지고 줄기는 단단해지며 거칠어집니다. 더 이상의 성장도 없고 잎의 크기나 질감이 나빠져서 꽃대 자체를 제거합니다.

꽃대를 자르면 순지르기 효과를 주기 때문에 곁순이 많아져서 더 무성해지고 새 잎이 계속 나옵니다. 어리고 부드러운 잎을 수확하는 허브는 꽃대가 올라올 무렵에 부지런히 순지르기를 겸한 꽃대 제거를 하면 보다 오래 수확을 할 수 있습니다. 꽃대가 따로 올라오지 않고 마디에서 꽃을 피우는 타임, 로즈마리 같은 허브는 잎 수확이 중요하므로 꽃이 피려고 할 때 줄기째 잘라 수확합니다.

간혹 추대하는 시기가 아닌데 일찍 추대하는 경우도 있는데, 육묘가 제때 제대로 이

뤄지지 않았거나 생육이 좋지 않은 경우, 영양이 나쁜 경우 잘 발생됩니다. 상황이 좋지 않으면 식물은 빨리 자손을 남기려는 위기감에 일찍 추대가 발생된다고 합니다.

캐모마일. 꽃 수확이 목적이므로 더 많은 줄기를 위해 초기에 순지르기한다. 원하는 만큼 곁순이 많아지면 순지르기를 멈추고 꽃이 피도록 한다.

코리앤더. 씨앗 수확이 목적이므로 꽃을 제거하지 않는다.

타임. 꽃이 피기 전에 줄기째 수확한다.

바질 꽃대. 잎 수확이 목적이므로 부지런히 제거한다.

오레가노 꽃대. 꽃대를 방치하면 굵은 줄기로 추대하며 잎 수확에 방해된다.

웃거름 주기

허브는 대개 많은 비료를 원치 않는 편이나 토양이나 작물 상태에 따라 추가로 비료를 줘야 하는 경우도 많습니다. 웃거름을 주는 경우는 밑거름이 부족한 경우, 토양 내 유기물 부족으로 영양분이 쉽게 흙 속으로 빠져나가 영양부족 상태인 경우, 장마 이후 기력이 쇠한 작물을 되살리기 위한 경우, 수확 이후 성장에 탄력을 받게 하기 위한 경우 등이 있습니다.

밑거름으로는 대개 퇴비를 주고, 웃거름은 화학비료나 유기질 비료 등을 다양하게 사용합니다. 웃거름은 빠른 효과를 필요로 하기 때문에 효과가 빠른 속효성비료를 주로 주는데 화학비료가 그것입니다. 화학비료는 작물의 뿌리에 직접 닿지 않게 약간 떨어진 곳에 흙을 파고 살짝 묻어주는데 물에 녹아서 흙에 스며들면 뿌리가 흡수합니다. 물을 주기 전, 비가 오기 전날 주는 것이 효과적입니다.

더 빠른 효과를 보려면 화학비료를 물에 녹여서 잎에 분무해주는 엽면시비 방법이 있습니다. 엽면시비는 잎의 숨구멍으로 바로 흡수하기 때문에 효과가 빨리 일어나고, 적은 양의 비료로도 효과를 냅니다. 장마 후 식물 상태가 안 좋을 때, 뿌리가 힘이 없을 때 잎에 줌으로써 빠른 회복을 기대할 수 있는 방법입니다.

재배 초기에는 질소가 가장 필요하기 때문에 요소비료*를 주로 사용하고, 중반으로 가면 다양한 영양소가 들어있는 복합비료*를 줍니다. 그 외 각종 액비 등을 주기도 하지만 허브는 유기물이 풍부한 토양이라면 밑거름만으로도 충분한 성장을 보입니다.

잘 자라는 허브에는 굳이 웃거름을 줄 필요가 없습니다. 많은 비료는 오히려 웃자람을 초래해서 식물체를 약하게 만듭니다. 겉으로는 왕성하게 성장하고 있는 것 같지만 병충해 공격에 취약하고 장마 때 쉽게 포기가 무르거나 쓰러지기도 합니다.

*요소비료
질소만으로 이뤄진 화학비료

*복합비료
3~4가지 영양소가 섞인 화학비료

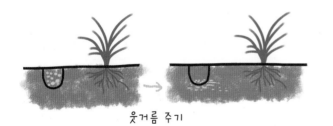

웃거름 주기

엽면시비

해충

허브를 채소와 같이 재배하면 해충을 막아준다거나, 모기를 막아준다 해서 모기 퇴치용으로 제라늄을 구입하기도 합니다. 허브의 독성은 강한 향과 맛 때문인데 이것을 이용해 해충 기피제를 만들 수는 있습니다. 로즈마리, 커먼세이지, 페니로얄민트 등이 이에 해당합니다. 강한 향미는 해충으로 하여금 기피하게 만들지만 그것과 상관없이 해를 가하는 해충도 있고, 자신만 보호하고 주변 식물까지는 보호하지 못하는 정도가 대부분입니다. 고로 '허브는 해충 피해가 없다'는 말을 믿으면 안 됩니다.

노지에서와 실내에서의 해충 발생은 큰 차이가 있습니다. 실내재배 시 가장 큰 문제는 '통풍 부족'인데, 그로 인해 해충의 발생이 심하고 노지에서는 잘 발생하지 않는 해충이 발생합니다. 실내에서는 온실가루이, 개각충, 깍지벌레, 응애, 달팽이가 주된 해충입니다.

노지에서는 지역에 따라 발생되는 해충이 있는데, 벼룩잎벌레, 달팽이, 섬서구메뚜기, 호랑나비, 노린재 등 입니다. 채소에서 발생하는 이십팔점박이무당벌레나 배추흰나비, 배추좀나방 등은 허브에 그다지 피해를 입히지 않습니다. 그러나 채소 없이 허브만 재배할 경우에는 피해를 줄 수 있습니다. 채소와 같이 재배할 때는 우선적으로 채소를 주로 공격하고, 향을 특별히 좋아하는 섬서구메뚜기 정도만 허브에 피해를 입힙니다.

해충은 지상 위에서 발생해서 오는 것과 흙 속에서 발생하는 것이 있습니다. 섬서구메뚜기, 호랑나비, 무당벌레, 달팽이 등은 공중에서 오기 때문에 한랭사를 덮어주면 방어를 할 수 있습니다.

흙 속에서 올라오는 해충들은 굼벵이, 벼룩잎벌레, 땅강아지, 고자리파리, 뿌리혹선충, 무잎벌레(좁은가슴잎벌레) 들인데, 토양에서부터 올라오기 때문에 한랭사로 막을 수 없고 직접 약을 치거나 흙 속의 유충을 없애기 위해 토양을 살충하는 것밖에 방법이 없습니다. 밭에 퇴비를 넣어 이랑을 고른 다음에 두둑 위에 토양살충제를 살포하고 넥기로 고르게 다시 훑어 토양 표면에 살짝 들어가게 하면 이런 해충이 발생하지 않아 추후 농약 사용을 하지 않게 됩니다.

달팽이. 습하고 그늘진 곳에서 많이 발생한다. 한랭사로 방어가 가능하나 넓은 지역에서는 힘들고 한랭사 안에서 발생하면 방어가 불가능하다. 약을 사용해야 한다.

과립형 달팽이약. 흙 위에 뿌려두면 달팽이가 와서 먹고 죽는다.

과립을 먹는 달팽이

달팽이약 주변에 죽어 있는 달팽이들

벼룩잎벌레

진딧물. 친환경 약제로 퇴치가 가능하다.

호랑나비애벌레. 선호하는 허브가 정확하다. 펜넬과 캐러웨이이다. 한랭사나 직접 잡아주는 것만이 답이다.

호랑나비 성충

멜로우의 노린재

포피 씨방의 노린재

섬서구메뚜기. 민트의 잎을 갉아먹고 있다.

메뚜기가 있는 지역은 바질의 피해가 크므로 한랭사를 덮어서 막는 것이 제일 좋다.

수확과 채종

허브별로 잎이나 줄기를 수확하는 것, 꽃을 수확하는 것, 종자를 수확하는 것 등이 있습니다. 시기를 맞춰서 제때 수확해야 하고, 여러 번에 걸쳐 수확하는 허브는 다시 성장할 수 있을 정도로만 수확합니다.

1년 내내 수확 가능한 것이 있고 어느 한 시기에 집중적으로 하는 것이 있습니다. 가장 큰 환경적 변수는 '장마'입니다. 여름에 재배가 종료되는 허브들은 장마가 오면 좋은 품질의 것(꽃이나 씨앗)을 수확하기 힘듭니다. 그래서 장마 전에 수확을 마치는 것이 가장 좋습니다.

하루 중 수확은 아침이슬이 마른 후 오전이 좋은데, 이때가 가장 정유 성분이 많습니다. 비가 온 뒤에는 이삼일이 지난 후에 수확합니다.

*허브 수확에 관한 것은 허브별로 시기, 방법, 횟수 등이 다르니 2부 허브 작물별 재배법 참고

줄기째 잘라서 건조 후 잎을 분리하는 것

레몬밤, 레몬버베나, 로즈마리, 마조람, 민트, 바질, 세이보리, 스테비아, 오레가노, 타임, 파인애플세이지 등

이 허브들은 잎의 수가 많거나 작아서 잎만 따로 떼어 수확하려면 너무 힘이 듭니다. 줄기째 잘라 거꾸로 매달거나 해서 전체를 건조한 후에, 손가락이나 도구를 사용해 줄기에서 잎을 떼어내는 것이 편합니다. 줄기를 자를 때는 성장기간이 남아 있는 상태에서는 줄기에 잎을 여러 장 남기고 그 위를 자릅니다. 그러면 그 부분에서 곁순이 나와서 성장해서 여러 번 수확할 수 있습니다. 목질화된 줄기까지 자르면 다시 성장하는 데 시간이 걸립니다. 월동할 다년생은 월동 한 달 전에 수확을 종료합니다.

- **레몬밤**: 수시로 수확하다가 재배 종료 전에 한꺼번에 수확한다.
- **레몬버베나**: 자주 수확하기보다 재배 종료 전에 한꺼번에 줄기째 잘라 수확하는 것이 좋다. 줄기가 많을수록 수확이 많으므로 수시로 순지르기, 꽃대 제거를 해준다.
- **로즈마리**: 성장이 느리므로 충분히 자란 후 줄기째 잘라 수확한다. 스파이스로는 잎만, 식초나 오일용으로는 줄기째 수확한다.
- **마조람**: 성장이 빠르지 않지만 곁순이 많이 나와 풍성해지도록 한 후 장마 전, 겨울 전에 수확한다.

- **민트**: 성장이 빠르고 회복이 빠르다. 줄기째 잘라서 수확해서 건조 후 잎만 골라낸다. 장마 전, 겨울이 오기 전에 수확한다. 봄에 성장이 왕성하면 장마 전에 2회 수확할 수 있다.
- **오레가노**: 봄에 부드러운 잎이 충분할 때 수확한다. 여름이 가까우면 줄기가 자라면서 목질화되고 꽃이 피어 억세진다.
- **타임**: 성장이 느리므로 충분히 줄기가 자라면 줄기째 잘라 수확한다. 꽃이 피기 직전, 겨울 전에 수확한다.
- **파인애플세이지**: 줄기 성장이 왕성하고 빠르므로 중간 수확보다 마지막으로 줄기째 수확하여 건조한다. 월동이 불가능하므로 겨울 전에 줄기를 잘라 수확한다.

타임 수확

레몬밤 수확

레몬버베나 수확

스피아민트 수확

바질 수확

잎만 잘라 수확하는 것

딜, 루콜라, 멜로우, 바질, 베르가못, 보리지, 셀러리, 소렐, 스테비아, 야로우, 차이브, 처빌, 커먼세이지, 코리앤더, 파슬리, 펜넬 등

이 허브들은 잎이 크거나 생으로 이용되는 경우가 많습니다. 잎이 커서 잎만 따로 수확하기 용이하고, 잎을 수확한 후에도 계속 허브가 생장하여 지속적으로 수확이 가능합니다. 또한 신선한 허브를 요리에 사용할 수 있어서 연중 수확하는 경우도 있습니다. 스테비아, 바질 같은 것은 성장 기간 동안에는 일부 잎만 떼어 활용하거나 갈무리하다가 재배가 끝날 때가 되면 줄기째 잘라서 수확합니다.

바질을 중간 수확할 때는 곁순은 남기고 곁순 아래 잎을 딴다.

- **딜**: 잎과 줄기, 꽃, 종자 수확. 각각 쓰임새가 다르므로 그때그때 수확한다. 꽃을 수확하면 종자 수확이 안 되고, 종자는 장마 전부터 채종 가능하다.
- **루콜라**: 잎, 종자 수확. 재배시기가 짧으므로 제때 수확해야 억세지거나 꽃대가 나오지 않는다.
- **바질**: 잎, 줄기 수확. 재배기간 내내 잎 수확이 가능하고 꽃대가 나오기 전 줄기를 자르면 꽃대 발생이 늦어진다. 재배 종료 전에 줄기째 수확해서 갈무리한다.
- **셀러리**: 잎, 종자 수확. 1년 차일 때 잎을 내내 수확하다가 월동 후 2년 차에서 종자를 얻는다.
- **소렐**: 잎, 꽃 수확. 재배기간 내내 잎 수확이 가능하다.
- **야로우**: 잎, 꽃 수확. 수시로 잎을 따서 수확한다.
- **차이브**: 잎, 꽃, 수확. 수시로 잎을 잘라 수확한다.
- **처빌**: 잎 수확. 재배 시기가 짧으므로 제때 수확해야 부드러운 잎을 수확한다. 꽃대가 빨리 올라온다.
- **커먼세이지**: 잎 수확. 재배기간 내내 잎 수확이 가능하고 꽃대를 제거한다.
- **코리앤더**: 잎과 종자 수확. 잎은 어릴 적 수확하고 장마 전에 종자를 영글게 하여 수확한다.
- **파슬리**: 잎 수확. 재배기간 내내 잎 수확이 가능하다.
- **펜넬**: 잎, 벌브, 종자 수확. 벌브를 수확하면 종자를 포기한다. 벌브는 제때 수확해야 하고 종자가 목적이면 늦게 시작하지 않아야 겨울 전에 수확할 수 있다.

차이브 수확

셀러리 수확. 가장자리부터 잎을 떼어낸다.

소렐 수확

꽃을 수확하는 것

- **꽃만 수확**: 라벤더, 캐모마일, 콘플라워
- **다른 부위와 함께 꽃도 수확**: 나스터튬, 딜, 레몬밤, 로즈마리, 로즈제라늄, 마조람, 멜로우, 민트, 바질, 베르가못, 보리지, 섬머세이보리, 세이지, 야로우, 오레가노, 차이브, 클라리세이지, 타임, 파인애플세이지, 펜넬 등

꽃을 수확하는 것은 꽃이 완전히 개화하기 전에 수확합니다. 아로마테라피를 목적으로 꽃을 수확할 때도 꽃이 완전히 피기 직전이 에센셜오일의 농도가 가장 높습니다. 캐모마일은 개화가 늦어지면 장마와 겹쳐 꽃이 쉽게 상해버리니 재배 시작을 최대한 앞당기는 것이 중요합니다. 꽃 수확을 마치면 재배가 바로 종료되는 캐모마일 같은 것이 있고, 계속 성장하면서 오랜 기간 꽃을 피우는 멜로우 같은 것도 있습니다.

잎이 목적이라면 꽃이 불필요하기 때문에 꽃대가 올라오면 꽃대를 제거하는데, 꽃대도 허브의 향미를 담고 있기 때문에 갈무리로 이용할 수 있습니다. 꽃을 수확할 때는 꽃에 있을 수 있는 작은 벌레를 다 떨쳐낸 후에 수확해야 깨끗한 꽃을 얻을 수 있습니다. 그러지 않으면 세척 시 나오는 날벌레 때문에 많이 씻어야 해서 향이 감소됩니다.

콘플라워

캐모마일 꽃 수확. 전체를 손으로 많이 휘저어서 날벌레를 다 날린다. 그러면 깨끗한 꽃만 수확할 수 있다.

멜로우 꽃 수확. 빨리 시들기 때문에 제때 수확한다.

딜 꽃 수확. 딜은 잎보다도 꽃이 풍성한데, 씨앗 수확 대신 꽃을 선택해서 피클을 담는 데 사용할 수 있다.

나스터튬 꽃 수확

씨앗을 수확하는 것

• **장마 전 수확**: 딜, 셀러리, 캐러웨이, 코리앤더, 포피 등
• **가을 수확**: 나스터튬, 펜넬

종자용이 아니라 향신 재료로 활용하기 위해 씨앗을 수확하는 것을 말합니다. 향신료로 이용되는 허브는 채종이 중요한 수확입니다. 채종할 때는 씨앗이 영근 후 해야 합니다. 씨앗이 많이 달리고 빨리 영글게 하려면 잎 수확을 미루는 것이 좋습니다. 잎을 수확하면 생육이 늦어져서 꽃도 늦게 피고 결실도 늦습니다.

채종의 장해물은 '장마'와 '초겨울'입니다. 여름 채종의 경우 장맛비로 인해 완숙에 많은 시간이 걸려 실패하는 경우가 많습니다. 코리앤더는 종자 수확이 중요한데, 씨앗이 영그는 시기와 장마 시작 시기가 겹치면 종자가 영글지 못하고 그대로 유실됩니다. 씨앗이 어느 정도 영글면 줄기째 잘라서 통풍이 좋은 그늘진 곳에 매달아 후숙시키면 씨앗이 땅에 떨어져 유실되는 것을 방지할 수 있습니다.

가을에 꽃이 피는 경우에는 자칫 씨앗이 영글기 전에 동해를 입을 수도 있습니다.

씨앗이 영그는 데는 좋은 날씨가 중요합니다. 완전히 영근 허브 씨앗은 특유의 향과 맛을 지녀 좋은 향신료, 요리 재료로 이용됩니다.

• **나스터튬**: 익지 않은 것을 재배기간 내내 수확한다.
• **딜, 캐러웨이, 코리앤더, 포피**: 종자 수확시기와 장마가 겹치는 것이 문제다.
• **셀러리**: 2년 차 봄부터 씨앗이 달린다.
• **펜넬**: 종자가 영그는 데 시간이 오래 걸린다. 늦은 파종 시엔 겨울 전에 수확을 못할 수 있다.

셀러리 씨앗

캐러웨이 씨앗

포피 씨앗

딜 씨앗

코리앤더

펜넬 씨앗

실내에서
허브 기르기

허브를 기르기 좋은 실내 환경

다양한 실내 환경

실내재배의 장점은 자연재해로부터 직접적인 피해를 입지 않고 겨울 추위로부터 보호받을 수 있다는 것입니다. 그 외에는 많은 단점이 있습니다. 이 단점을 제대로 알아야만 단점을 보완할 수 있는 방법을 찾을 수 있습니다.

허브를 기르고 싶다고 말하면 제가 반드시 하는 질문이 있습니다.

"어디에서 기르십니까, 햇빛은 잘 들어옵니까, 몇 시간 정도 들어옵니까, 창의 크기는 얼마나 큽니까, 외부 공기가 들어와서 바로 빠져나갈 수 있습니까, 창문은 어느 방향으로 나 있습니까."

이 질문에 대한 답을 듣고서 "그 환경에서는 허브를 기를 수 없습니다."라고 하는 경우가 있습니다.

실내 환경이라 하면 다양한 환경이 있습니다. 아파트 베란다와 사무실, 방 안, 복도 등은 아주 다른 조건입니다. 아파트 베란다는 식물 재배에 가장 많이 이용되는 환경으로 식물 기르기에 좋은 환경이라고 생각합니다. 대부분의 관엽식물은 무리 없이 재배할 수 있습니다. 그러나 베란다 방향에 따라서 햇빛이 들어오는 시간과 양의 차이가 큽니다. 또 몇 층인지, 앞에 건물이나 수목이 있어서 햇빛이 가려지는지 여부에 따라 차이가 큽니다. 정남향에서 재배하다가 동남향으로 조금만 방향이 바뀌어도 햇빛의 양이 달라집니다. 정남향, 정동향, 동남향, 남서향 등 베란다의 방위는 다양한데, 정남향이 낮 동안 해가 들어오는 시간이 가장 길어 생육에 유리합니다. 식물에게는 오후 햇빛보다 오전 햇빛이 광합성에 더 도움이 되므로 서향은 좋지 않습니다. 베란다의 유리는 자외선을 차단하며 충분한 직사광선을 식물에게 주지 못하게 하고 상하좌우가 막혀 있어서 노지에 비하면 햇빛양에서 큰 차이가 납니다. 그래서 가급적 햇빛이 들어오는 시간이 긴 정남향, 동남향이 유리합니다.

사무실, 복도, 집안 실내 등은 허브 재배가 불가능합니다. 간혹 잡지를 보면 거실 텔레비전 위에 허브 화분을 놓았거나, 식사 준비를 할 때 수시로 허브 잎을 잘라 사용할 수 있도록 부엌에 놓고 기르라는 조언도 있습니다. 심지어는 냄새 중화를 위해 화장실에 놓고 기르라거나, 모기를 쫓아준다며 아이들 방에 제라늄 화분을 놓아주라는 내용도 있는데, 모두 허브 생육이 불가능한 환경입니다.

허브 실내재배의 기본 조건

여기에서 말하는 '실내'란 '허브를 재배할 수 있는 조건'을 갖춘 곳을 의미하며, 그 조건은 아래와 같습니다.

허브 재배의 필수적인 조건은 '햇빛, 통풍, 배수'입니다. 이것은 노지재배와 동일한 조건인데, 환경의 차이 때문에 이 조건을 만족시키는 데는 많은 차이점이 있습니다.

햇빛

실내재배에서 가장 큰 문제는 햇빛 부족입니다. 노지에 비하면 아무리 좋은 향의 베란다라고 해도 햇빛양이 절반 이하에 불과합니다. 햇빛을 덜 필요로 하는 음지식물조차도 실내에서는 햇빛 부족에 시달립니다. 특히 허브 같은 야생화는 햇빛의 양에 따라 성장에 큰 차이를 보입니다. 직사광선을 받는 시간을 최대한 늘리고 그늘이 지지 않게 신경 써야 합니다. 화분재배 시엔 해의 움직임에 따라 화분을 이동할 수 있지만 고정화단인 경우에는 시간과 계절에 따라 햇빛의 양이 차이가 납니다. 여름에는 해가 실내로 짧게 들어와서 부족하고, 성장이 둔한 겨울에는 해가 길게 들어오는데 다년생은 겨울에도 계속 성장할 수 있습니다.

통풍

'통풍'은 가장 많이 간과하는 조건입니다. '바람이 통한다'는 말 그대로, 외부의 신선한 공기가 실내로 자유롭게 흐르는 것을 말합니다. 항상 신선한 외부 공기가 흐르는 것은 식물의 건강과 생육에 필수적인 조건입니다. 노지의 최대 장점은 완벽한 통풍입니다. 실내재배에서도 노지에 준하도록 공기 흐름을 신경 써야 합니다.

작은 창문 하나 열어놓고 바람이 잘 들어오니 통풍이 좋다고 하는 경우가 많습니다. '통풍이 잘된다는 것'은 외부에서 공기가 들어와 바로 빠져나가면서 실내에 항상 신선한 공기가 가득한 것을 말합니다. 그러려면 베란다 양끝 창문이 활짝 열려 있어야 합니다. 그래서 낮에 외출 시 창문을 닫아둬야 하는 가정에서는 허브 재배가 어렵습니다. 또한 외부 공기 유입이 안 되는 실내 안쪽 공간에서는 허브 재배가 불가능합니다. 자연광을 대체하는 인공조명으로 실내에서 식물을 재배하는 경우도 있는데, 통풍이 문제가 되기 때문에 가능하지 않습니다. 노지재배에서는 거의 문제가 되지 않는 통풍이 실내재배에서는 아주 까다로운 조건입니다.

통풍 불량 시 식물은 약해지고 병충해 발생이 심해집니다. 통풍이 잘되면 습도 조절이 잘되고 원활한 공기 흐름으로 화분 속 흙의 자연스러운 건조가 이루어져서 과습으로 인한 문제 발생이 현저히 줄어듭니다. 통풍이 되지 않는 곳의 화분 흙은 습한 상태가 오래 지속됩니다.

한겨울에도 기온이 올라가는 낮에는 창문을 열어놓아야 합니다. 그러면 병충해 발생이 낮아지고, 식물이 강해지고 뿌리 발달이 좋아 이듬해 더 좋은 생육을 보입니다. 제가 허브 재배를 빠른 시간에 성공적으로 마스터하게 된 것은 통풍에 신경 썼기 때문입니다.

배수

배수는 '물 주기'와 관련이 있는 사항입니다. 물 주기가 잘못되었을 때 '과습'으로 이어집니다. 과습은 원예재배에서 가장 많은 실패 요인입니다.

과습*과 배수*는 절대적으로 관련이 있습니다. 노지에서는 배수를 위해 이랑과 고랑을 만들어줍니다. 많은 비가 와도 고랑으로 물이 빠져나가 두둑 위의 작물이 물에 잠기지 않게 됩니다. 그래서 노지에서는 이랑 만들기가 배수의 포인트입니다.

흙이 물에 잠기면 흙 속의 공기층은 사라지고, 뿌리는 호흡을 못해 질식하게 됩니다. 화분재배 시 뿌리는 화분 속에서 물을 흡수하는 때와 공기를 흡수하는 때가 확실하고 빠르게 전개되어야 건강하게 발달합니다. 즉 물이 완전히 마른 후 다시 물을 흠뻑 줘서 흙이 젖고 다시 마르는 과정을 반복해야지 바짝 마르는 과정 없이 항상 젖어 있는 상태는 가장 안 좋은 것입니다. 그런데 초보는 자주 물을 줘서 흙이 항상 젖어 있게 만들어 과습을 초래합니다. 과습을 해결하려면 단순히 물 주는 것을 주의하는 것으로 되지 않습니다. 여러 가지 조건이 갖춰져야 합니다.

〔흙, 화분, 물 주는 습관, 기후, 통풍〕, 이 다섯 가지가 배수와 관련한 조건입니다. 물 주기가 힘든 이유는 이렇게 복합적인 이유 때문이고, 이것이 식물을 기르는 데 실패를 거듭하는 이유입니다.

이상적인 흙 상태란

흙에 대해서는 《텃밭가이드 1권》에서 자세히 기술한 바 있습니다.* 흙은 고체(고상), 액체(액상), 기체(기상)로 구성되어 있는데, 고체 50%, 액체 25%, 기체 25%가 이상적입니다. 액체 부분은 뿌리가 물과 영양분을 흡수하는 부분이고, 기체는 뿌리가 호흡을 하는 부분입니다. 화분에 물을 주면 물이 흙속의 공기층을 밀어냈다가 물이 마르면 다

*과습
토양이 아주 습해 산소가 거의 없는 상태

*배수
물빠짐

*1권, 2장 흙 이야기 참고

시 공기가 그 자리를 차지하는데 이 순환이 빨리 이뤄질수록 좋습니다.

고체 부분은 광물질인 흙 알갱이와 유기물질로 이뤄져 있는데, 유기물질은 흙 전체의 3~5% 정도로 적은 부분을 차지하나 굉장히 중요한 역할을 합니다. 좋은 흙은 유기물이 풍부해야 하는데, 유기물은 수분을 흡수하고 흙 속의 통기성을 높이며 영양분을 잡고 있어 식물이 안정적으로 성장하는 데 큰 역할을 합니다. 유기물 함유량이 높으면 흙이 말라도 일정량의 수분을 유지해서 잘 버팁니다. 그래서 자주 물을 주지 않아도 되고 식물은 안정적으로 성장합니다.

실내재배가 노지재배와 다른 점 중에 하나는 '흙'입니다. 식물이 잘 자랐던 밭흙도 화분이나 화단에 넣을 경우 많은 문제점이 있습니다. 해충이 딸려오는 경우가 많고 무겁습니다. 평평한 평지와 화분이라는 공간의 특성이 다름에 따라 생육도 달라집니다.

그래서 원예용 상토를 사용하는 것이 좋습니다. 원예용 상토는 좋은 흙의 기본 요소인 '통기성, 배수성, 보수성, 보비성'을 다 갖추도록 여러 가지 재료를 배합해 인위적으로 만든 흙으로, 가볍고 소독되어 청결합니다. 시중에 판매되는 원예용 상토, 분갈이용 상토 등은 피트모스, 펄라이트, 마사, 부엽토, 질석 등을 섞어 제조한 흙입니다.

대개는 원예용 흙만을 사용해서 식물을 기르는데, 저는 각 허브에 맞게 마사와 부엽토를 추가로 사용합니다. 그 이유는 '화분'과 '식물별 특성' 때문입니다. 화분의 종류와 허브의 종류에 따라 그에 맞도록 흙 배합에도 차이를 주는 것입니다. 마사는 배수성과 통기성을 위해서, 그리고 흙이 굳지 않게 하는 역할을 해주고, 부엽토는 통기성, 보수성, 보비성을 위해서입니다.

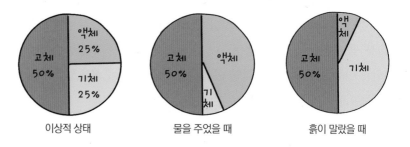

이상적 상태   물을 주었을 때   흙이 말랐을 때

원예용 흙 체험기

원예를 처음 시작한 2003년, 큰 화훼단지에서 추천하는 흙을 사다가 나무도 심고 육묘도 했습니다. 그런데 나무는 분갈이한 날부터 성장이 멈춘 채로 몇 달을 서서히 말라 들어갔고 싹은 거의 나오지 않았습니다. 결국 기존 흙을 절반 정도 퍼내고 노지의 흙을 퍼 와서 화분에 채워주자 죽은 듯이 보였던 나무가 잎이 나오고 싹이 나왔습니다. 그러나 그것도 잠시, 화분에 준 물이 마르면 흙이 돌처럼 단단해졌습니다. 그래서 다시 제대로 된 분갈이용 흙을 사다가 바꿨는데, 더 이상 흙이 굳지도 않고 식물도 잘 자라기 시작했습니다. 원예 초기에 경험한 이 일로 흙마다 큰 차이가 있으며 흙이 식물 성장에 절대적인 영향을 미친다는 것을 깨달았습니다.

흙 보관법

구입한 상토가 남았을 때 잘 보관해야 합니다. 흙은 햇빛에 노출되고 건조되면 생명력을 잃습니다. 남은 흙은 포장된 비닐봉지에 그대로 넣고 입구를 봉하되, 만일 완전히 밀봉되는 비닐이면 연필 등으로 작게 숨구멍을 만들어줘야 합니다. 흙은 너무 오래 두지 말고 빠른 시간 내에 활용하는 것이 좋습니다.

 # 화분

화분의 재질

화분은 왜 배수와 관련이 있을까요? 화분을 선택하는 것은 식물을 위해서 중요한 일입니다. 일반적으로 화분을 선택할 때 모양을 기준으로 많이 선택하는데, 그것은 화분을 장식을 위한 도구로 생각하기 때문입니다. 화분은 흙을 담는 도구입니다. 그 흙은 식물의 뿌리가 수분과 영양분을 흡수하면서 동시에 호흡을 하는 도구입니다. 그래서 흙이 적당한 수분을 유지하면서 배수가 잘되고 공기도 잘 통하도록 돕는 것이 가장 좋은 화분입니다. 만일 이것이 안 되는 화분일 경우에는 식물의 상태가 나빠지므로 화분을 바꾸거나 화분 속 흙의 배합을 조절해야 합니다.

흔히 쓰는 화분 종류는, 플라스틱 화분, 토분, 도기분, 자기분 등으로 크게 나뉩니다. 플라스틱 화분은 깨지지 않고 가벼운 장점이 있습니다. 토분, 도자기분(도기와 자기를 합쳐서)은 흙으로 만들어 구워낸 화분인데 차이점이 큽니다. 토분은 거친 흙으로 만들어져서 낮은 온도에서 구워냅니다. 그리고 표면에 유약을 바르지 않아 통기성이 있고 수분 흡수도 됩니다. 단, 두껍고 무거우며 깨지기 쉬운 것이 단점입니다. 도기분은 1000℃ 이상으로, 자기분은 보다 고운 흙으로 1300℃ 이상으로 구워내 단단하고 흡수성이 없습니다. 그래서 도자기분은 아름다우나 허브 재배에는 적합하지 않습니다.

허브 재배 초기에 사용한 여러 가지 재질로 만들어진 화분들(토분, 옹기분, 자기분들)이다. 통기성이 좋지 않은 화분에 좋지 못한 흙을 사용한 화분은 허브 생육이 좋지 않았다.

토분으로 교체해가며 혼용하던 시기이다. 흙의 건조도, 과습 여부, 식물 성장 등 모든 것이 월등하게 차이가 났다.

입구가 넓은 토분. 여러 개의 허브를 모아 심었다.

토분들

화분 선택하기

화분을 선택할 때는 화분의 크기도 중요합니다. 허브의 성장을 고려하지 않고 작고 이쁜 화분에 재배할 경우 제대로 성장하지 못합니다. 또, 식물 크기보다 너무 큰 화분에 재배하는 것도 좋지 않습니다. 크게 자라는 식물이라고 해도 처음부터 큰 화분에 심는 것보다 자라는 것에 맞춰 화분을 바꿔주는 것이 좋습니다.

화분에는 굽이 있습니다. 굽은 화분 밑 배수구멍으로 빠져나간 물이 받침접시에 차서 올라올 때 배수구멍을 막지 않도록 높이를 준 것입니다. 이 화분굽이 높아야 합니다. 시판 화분 중 많은 화분이 모양을 위해 낮은 굽인 경우가 많습니다. 그럴 경우 약간의 물만 받침 접시에 고여도 배수구멍을 막습니다.

배수구멍이 작은 화분도 좋지 않습니다. 작은 구멍이 여러 개 뚫린 것보다 큰 구멍 하나가 더 좋습니다. 적어도 동전 크기의 배수구멍이 있어야 합니다. 행잉분의 경우에는 화분 전체가 통기성 있는 야자껍질이나 천 등으로 만들어진 것이 많은데 이 경우엔 흙이 쉽게 마르므로 배수구멍은 필요 없습니다. 오히려 흙이 너무 잘 건조되지 않는지를 걱정해야 합니다.

뿌리 발달이 강하고 줄기 번식이 많은 민트 같은 허브는 깊은 화분보다 넓은 화분이 좋고, 위로 크게 자라는 레몬버베나 같은 허브는 깊은 화분이 좋습니다. 뿌리 발달이 강력한 허브의 경우에는 항아리형 화분을 피합니다. 왜냐면 분갈이를 위해 식물을 빼낼 때 항아리형의 경우 쉽게 빼낼 수가 없습니다.

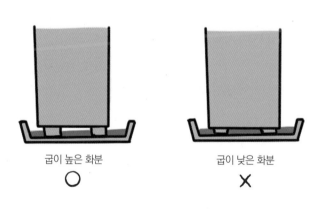

굽이 높은 화분
○

굽이 낮은 화분
✕

굽이 낮은 화분의 경우 이런 받침 위에 얹으면 물빠짐이 좋다. 물받침이 부착된 화분이면 바닥이 깨끗해서 좋다.

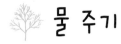 물 주기

물을 제대로 주고 있는가

식물을 잘 죽이는 요인 중에 하나는 '물 주는 습관'이 잘못된 경우입니다. 초보들이 화초를 구입할 때 "며칠 간격으로 물을 줘야 해요?"라는 질문을 많이 합니다. 대개 "이삼일에 한 번이요, 일주일에 한 번이요."라는 답을 듣습니다. 심지어는 구입한 화분에 "일주일 간격으로 물 주세요!"라고 쓰인 것도 있습니다. 초보는 그 말을 그대로 지키려고 달력에 표시까지 해놓고 열심히 지키는데 결국 실패하게 됩니다. 물을 식물의 식량으로 생각하고, 굶주리지 않도록 제때 챙겨줘야 한다고 생각하기 때문입니다.

식물은 뿌리를 통해서 필요한 수분과 영양분을 흡수하며 동시에 호흡합니다. 흙 속에 물이 가득하면 산소가 부족해지고 뿌리는 질식합니다. 물은 식물의 생육에 중요한 조건이지만 동시에 흙 속에서는 뿌리호흡을 방해하는 요인입니다. 그래서 필요한 만큼 뿌리가 충분히 흡수한 후에는 뿌리가 호흡할 수 있도록 공기에게 자리를 내어줘야 합니다. 화분 속에서 이런 순환이 원활하게 이뤄지도록 하는 것이 '물 주기 기술'입니다.

물을 줄 때는 반드시 화분 속 흙 전체가 다 젖도록 흠뻑 줍니다. 화분 밑으로 물이 새어나오는 것을 확인합니다. 새어나오지 않는다면 화분 전체 흙이 다 젖은 것이 아닙니다. 물을 부어주면 바로 배수구멍으로 빠져나올수록 좋은 흙 상태입니다. 분갈이한 지 오래된 화분일수록 화분 밑으로 물이 빠져나오는 시간이 오래 걸리는데, 그것은 화분 속에 식물의 뿌리가 가득 찼다는 것이고, 흙이 굳어 있다는 것으로 '분갈이를 할 때'라는 것입니다. 이렇게 물을 주면서 화분 속 상황을 파악할 수 있습니다.

물 주는 가장 나쁜 습관은 '수시로 조금씩 주는 것'입니다. 이러면 화분 위의 흙만 젖고 아래는 건조하거나, 아니면 항상 흙이 젖어 있는 상태가 됩니다. 이런 습관이 '과습'을 초래합니다.

흙이 다 마른 것을 확인할 때까지는 절대 물을 주지 않는 습관을 들여야 합니다. 혹여 말라죽을까봐 걱정해서 자꾸 미리 물을 주게 되는데, 그것이 오히려 독이 됩니다. 식물은 흙이 완전히 바짝 말라도 일정 시간은 버팁니다. 그리고 그 동안 오히려 더 강해집니다. 아직 싱싱해 보이는 상태는 물이 부족한 상황이 아닙니다. 물이 완전히 부족하면 보이는 증상은 잎과 줄기가 축 처지거나 잎이 얇아지는 것입니다. 이때 물을 주면 열심히 물을 빨아들이고 바로 회복됩니다.

물 주기 간격

그럼, 물은 며칠에 한번 줘야 하나요?

물을 주는 간격은 '며칠 간격'이 아니라 '화분 속 물이 마를 때'입니다. 다만, 그 간격이 열흘 이상으로 길면 좋지 않습니다. 물을 주는 간격이 길다는 것은 흙이 마르는 데 오래 걸린다는 것이니, 화분이 안 좋거나 흙의 배합이 안 좋은 것입니다. 또한 하루이틀에 흙이 다 마르면 너무 배수력이 강하므로 허브의 상태를 잘 확인해야 합니다.

물을 줄 때 보통 "겉흙이 마르면 주라"는 말을 많이 듣습니다. 그러나 겉흙은 마른 듯해도 속흙이 젖어 있는 경우도 많습니다. 흙에 나무 이쑤시개를 꽂아두었다가 이쑤시개의 젖은 상태를 보고 흙의 건조도를 알아보거나 손가락을 찔러 넣어 확인하라고도 합니다.

제 경험상 그것은 정확한 것이 못되고 오히려 조급해져서 물을 자주 줄 확률이 높습니다. 그보다는 처음 물을 준 후에 식물이 물 부족으로 축 처지기까지 얼마나 걸리는지를 확인해본 후에 이를 기준으로 주기를 정하는 것이 좋습니다.

이 주기는 계절과 기후의 영향을 받는데, 장마철에는 습도가 높아서 흙이 거의 마르지 않아 물 주는 주기가 길어지고, 겨울에는 성장이 느려지거나 멈춰서 더 길어집니다.

흙이 바짝 말라 잎과 줄기가 축 늘어진 민트

흙이 말라 줄기가 축 처진 스테비아

실내재배의 가장 큰 실패 원인은 '과습'

식물이 병든 것처럼 이상해지고 약해지는 등의 원인은 상당 부분 '과습'입니다. 고로 과습하지만 않아도 대부분의 이상 증상이 사라집니다.

• 흙이 마르는 데 영향을 미치는 요인

화분의 종류, 흙의 배합, 계절과 습도, 통풍, 물 주는 습관

• 과습을 막기 위한 올빼미의 방법

① 토분을 쓴다.

② 흙의 배합을 화분 종류별로, 허브별, 화분 깊이별로 다르게 한다.

③ 통풍을 완벽하게 한다.

④ 화분 내 흙이 마르고서도 하루 이틀 후에 물을 준다.

파인애플민트. 재배 초기 배수가 좋지 못한 일반 흙에 도자기 화분을 쓰고 자주 물 주는 습관 등으로 과습된 상태다.

과습의 전형적인 모습. 이 상태로는 거의 회복이 불가능하다.

다른 물 주기 방법들

간혹 잎과 줄기에 물을 뿌려주는 경우도 있는데, 로즈마리 같이 것은 뿌리 흡수가 좋지 않을 경우 줄기에서 뿌리가 나올 수도 있으니 삼가야 합니다.

'저면관수'는 물이 담긴 그릇에 화분을 담가서 빠른 시간 내에 흙 속으로 물이 침투하게 하는 것입니다. 대개 바짝 마른 화분을 빠른 시간에 적시기 위한 응급처방으로 이용합니다. 평상시에 저면관수할 때는 오래 두지 않는 것이 좋습니다.

'엽면시비'는 공중 습도를 높여주는 효과가 있습니다. 식물의 잎 뒷면은 기공이 있어서 그곳으로 수분과 영양분을 흡수할 수 있습니다. 물에 비료를 녹여서 잎에 분무하면 뿌리가 쇠약해진 식물의 경우 빠른 회복에 도움이 됩니다.

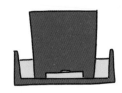

저면관수

분갈이 준비

분갈이는 언제 할까

분갈이란 화분갈이, 즉 좀 더 큰 화분으로 바꿔서 옮겨심는다는 뜻이나, 포괄적으로는 기존 흙을 버리고 새 흙으로 바꿔준다는 의미입니다. 식물에 따라 분갈이는 최소한 1년에 한 번은 해주는 것이 좋습니다. 초보 분들은 분갈이를 두려워하는 경우가 많은데, 분갈이를 한 후에 식물이 죽는 경우가 있기 때문입니다. 그러나 그런 일은 사실 많지 않으며 제 경험으로는 분갈이 후에 오히려 식물이 잘 자라서 장점이 많습니다.

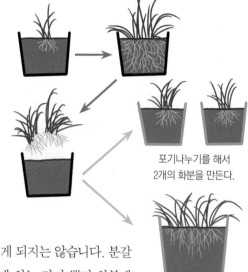

포기나누기를 해서
2개의 화분을 만든다.

포기를 갱신해서
큰 화분에 옮긴다.

분갈이는 봄가을에 하라고 하지만 현실적으로 항상 그렇게 되지는 않습니다. 분갈이가 필요한 때에 하면 되고, 가급적 기온이 높고 맑은 날에 하는 것이 뿌리 회복에 도움이 됩니다. 분갈이를 해줘야 하는 때는 모종을 사왔을 때, 화분을 옮겨심어야 할 때, 화분 흙을 바꿔줘야 할 때입니다.

화원에서 모종을 사오면 제일 먼저 하는 것이 분갈이입니다. 그런데 많은 분들이 사온 포트에 그대로 기릅니다. 포트에 담긴 흙은 육묘용 흙으로, 판매 시점까지만 유용한 흙입니다. 이 시기가 지나면 본격적인 성장을 위해 영양분을 필요로 합니다. 육묘용 흙은 영양분이 없기 때문에 분갈이용 상토로 바꿔주고 동시에 더 큰 화분으로 옮겨심어야 합니다. 그대로 기르면 누렇게 뜨면서 생육이 불량해집니다.

또 성장 중에 분갈이가 필요한 시기는 분갈이한 지 1년 이상 된 화분, 화분에 물을 주었을 때 바로 밑으로 물이 빠져나오지 않는 경우, 물을 줘도 쉽게 스며들지 않는 경우, 흙이 돌처럼 단단해진 경우, 생육이 저조한 경우 등입니다. 분갈이한 지 오래되어 화분에 뿌리가 가득 차면 물이 스며들지 않아 물이 빠져나오는데 오래 걸리고, 물이 화분 벽을 타고 내려가서 뿌리는 물 부족에 시달립니다.

분갈이를 하면서 더 큰 화분에 옮겨심거나, 화분은 그대로여도 새 흙으로 바꿔줍니다. 식물체가 너무 무성해졌는데 기존보다 큰 화분으로 옮기지 않는다면, 포기를 나누거나 기존 뿌리를 정리해줘서 화분에 여유 공간을 만들어줍니다.

분갈이 준비물

분갈이용 상토, 마사, 부엽토

분갈이용 상토는 시중에 다양한 것이 나와 있습니다. 간혹 육묘용 상토와 혼동하는 경우가 있으니 겉포장을 꼭 확인합니다. 육묘용 상토는 포장지에 반드시 쓰여 있습니다.

분갈이용 상토

분갈이용 상토

부엽토. 유기물을 더 추가하려고 할 때 사용한다.

마사. 입자가 대·중·소로 나뉘는데, 하나만 구입한다면 중 입자를 구입한다. 내 경우, 화분 바닥에 깔 때는 대 입자를, 상토와 섞을 때는 중·소 입자를 다 이용했다.

마사 대 입자와 소 입자 비교

마사 사용하기

마사는 산모래라고도 하는데, 흙과 섞어 사용하면 화분재배 시 가장 문제가 되는 과습, 통기성 문제의 해결에 도움이 되고 흙을 굳지 않게 합니다. 화분 밑에 깔면 공기층이 생겨 물빠짐이 잘됩니다. 화원에서 화분을 샀을 때 화분 밑에 무거운 마사 대신 스티로폼 같은 것으로 채워 무게를 가볍게 하는 경우가 많은데, 가정에서는 마사로 채우면 좋겠습니다.

마사는 통기성이 좋아 뿌리를 무르게 하지 않아 삽목을 할 때도 이용하고 야생화단에도 아주 쓸모가 많습니다. 마사는 진흙 성분이 묻어 있기 때문에 사용하기 전에는 반드시 세척해서 사용하도록 합니다. 물을 채운 함지박에 마사를 넣은 후 쌀 씻듯이 해서 진흙을 떨어내고 마사만 채에 걸러냅니다. 걸러낸 물은 하수구에 바로 버리면 막힐 수 있습니다. 놔두면 진흙은 그릇 밑에 가라앉고 맑은 물만 위로 뜨는데, 그 물은 따라 버리고 바닥의 진흙은 바짝 말려서 밖에 버립니다.

마사의 진흙을 씻어내지 않고 화분에 넣으면 물을 주면서 밑으로 빠져나간 가는 입자의 진흙이 화분 바닥에 깔려 배수를 막고 흙을 단단하게 만듭니다.

분갈이 실전

- **준비물**: 흙을 혼합할 대야, 분갈이용 상토, 마사(세척한 것), 화분, 화분 구멍 막는 것(부직포)
- **순서**: ① 화분 준비하기 ② 식물 준비하기 ③ 화분에 흙넣기 ④ 식물을 넣고 흙으로 채우기 ⑤ 분갈이 후처치

화분 준비하기

화분 구멍을 막기 위해서는 다양한 것을 사용할 수 있습니다. 보통 플라스틱으로 된 망을 쓰고, 양파망도 사용합니다. 제가 많이 사용하는 것은 부직포입니다. 플라스틱 망은 성글어서 흙이 빠져나와 바닥을 지저분하게 합니다. 부직포는 통기성과 물빠짐이 좋고 흙이 빠져나오는 것을 막아줘서 바닥도 깨끗합니다.

화분에 맞게 부직포를 자른다.

밑바닥 전체에 딱 맞췄다.

구멍만 막았다.

식물 준비하기

구입한 모종 분갈이 준비

모종을 사왔으면 포트에서 모를 꺼낸 후 뿌리가 감고 있는 흙은 최대한 떨어냅니다. 일반적으로 초보들은 뿌리가 다쳐서 죽을 것을 염려해 포트에서 빼낸 그대로 새 화분에 옮겨심습니다. 분갈이의 중요한 목적은 더 큰 화분으로 옮기는 것도 있지만, 새 흙으로 갈아주는 것입니다. 기존에 살았던 흙은 이미 영양분이 없어 부적합하니 새 흙으로 완전히 교체해주는 것이 훨씬 좋습니다.

저는 이렇게 합니다. 포트에서 모종을 빼낼 때는 모종의 아래줄기 부분을 왼손으로 잡고 포트를 뒤집은 뒤 가볍게 줄기를 당기거나, 포트 아래를 치면 쉽게 빠져나옵니다. 뿌리가 거의 발달되지 않은 미숙한 모종이라면 조심해서 당겨야 하지만 판매되는 대부분의 정상적인 모종은 뿌리가 잘 발달되어 있습니다. 뿌리가 잘 발달된 모종은 뿌

리가 흙을 단단하게 잡고 있습니다. 뿌리가 다치지 않고 흙만 제거하려면 줄기 쪽의 뿌리 부분부터 손가락으로 조물조물 주무릅니다. 대개 윗부분이 단단해져 있기 때문인데 인내심을 가지고 계속 부드럽게 주무르면 단단하게 뭉쳤던 흙이 부서지면서 뿌리 사이로 빠져나옵니다. 이때 흙은 젖지 않고 마른 상태일 때가 좋습니다.

모종에 여러 개의 줄기가 있는 경우도 많습니다. 한 화분에 심으면 화분도 더 커야 하고 금방 포화 상태에 이릅니다. 그럴 때는 포기를 나눠서 여러 화분에 나눠심습니다. 뿌리가 서로 엉켜 있기 때문에 양손가락으로 줄기를 각각 잡고 인내심을 가지고 흔들어주면 뿌리가 자연스럽게 풀립니다. 끝내 안 풀리는 것은 가위로 잘라냅니다.

뿌리가 잘 발달된 로즈마리 모종. 흙을 단단히 감고 있다.

조물조물해서 뿌리를 감싼 흙을 떨어냈다.

흙을 다 떨어내고 뿌리만 남은 모습. 뿌리가 거의 다치지 않았다. 포기가 여러 개이니 나눠서 각각 심어줘도 좋다.

포화 상태의 화분 분갈이 준비

포화상태에 이른 화분은 반드시 분갈이해줘야 합니다. 분갈이 시기를 놓치면 생육에 지장이 생깁니다. 흙이 단단히 굳어 있으면 화분에서 잘 빠져나오지 않는 경우가 있습니다. 뿌리와 일체가 되어 돌처럼 굳은 흙은 쉽게 풀어지지 않습니다. 기존 흙을 다 떨어내기 위해서 물을 붓거나 물을 담은 통에 통째로 담가서 흙을 불리면 보다 쉽게 떨어낼 수 있습니다.

분갈이가 늦어져서 흙과 뿌리가 단단히 굳어버린 로즈마리

물을 뿌려서 흙을 떨어내고 있다.

다. 떨어지지 않는다고 그대로 다시 화분에 심는다면 분갈이 효과가 전혀 없습니다.

화분에 흙넣기

분갈이용 상토로만 채울 수도 있지만 마사를 섞어주면 생육에 훨씬 좋습니다. 마사를 섞는 비율은 허브와 화분의 종류에 따라 다르게 합니다.

- 수분을 좋아하거나 생육이 강한 허브는 마사의 양을 줄입니다(민트, 바질, 셀러리, 파슬리 등).
- 과습에 약하고 건조에 강한 허브는 마사의 양을 늘립니다(로즈마리, 라벤더, 세이지, 타임 등).
- 통기성이 나쁜 도자기분이거나 깊이가 깊은 화분은 마사의 비율을 높입니다.
- 통기성이 좋은 토분이거나 깊이가 얕은 화분은 마사의 비율을 낮춥니다.
- 습하거나 통풍이 안 좋은 환경이면 마사의 비율을 높입니다.

허브 중 실패율이 높은 것이 로즈마리, 라벤더입니다. 다른 허브와 동일하게 물을 줘도 잘 죽는 이유는 과습 때문입니다. 흙을 배합할 때 마사를 다른 화분보다 50% 이상 더 넣어주면 실패율을 낮출 수 있습니다. 특히 물 조절을 잘 못하거나 자주 주는 습관이 있으면 반드시 마사의 비율을 높입니다.

허브를 건강하게 기르는 비결은 다소 건조한 흙에서 기르는 것입니다. 물빠짐이 잘 돼야 뿌리 발달이 잘되고 건강하게 자랍니다.

① 굵은 마사를 화분 밑에 두툼하게 깔아줍니다. 화분이 크거나 깊으면 1/4~1/5까지도 깔아줍니다. 굵은 마사를 깔면 화분 밑으로 공기 흐름이 좋아져서 뿌리 발달이 좋아지고, 물빠짐이 좋습니다.

세척한 굵은 마사를 화분 밑바닥에 두툼히 깐다.

화분 밑에 마사토 깔기   일반 허브 화분   로즈마리 화분

←마사토→

←마사토 1/4

←마사토 1/3

←마사토 1/2

←마사토 100%

② 화분 아래쪽부터 흙을 채운다. 아래는 마사 비율을 더 높여 흙과 섞어 채웁니다. 그
　위는 마사 비율을 줄여 흙과 섞은 후 화분을 채웁니다.

분갈이 흙과 마사를 혼합한다.

혼합한 흙을 화분에 채운다.

화분 깊이에 따라 몇 단계로 나눠 흙을 배
합해 채운다.

③ 맨 윗부분은 마사를 안 섞거나 소량만 섞어서 화분에 채웁니다.

식물을 넣고 흙 채우기

로즈마리 모를 옮겨심는다.

빈 공간을 흙으로 채운다.

분갈이 후처치

물을 화분 밑으로 새어나올 정도로 흠뻑 부어주는데 이것은 뿌리와 흙 사이에 들뜬 흙
을 가라앉혀 밀착시키기 위함입니다. 또한 수분 공급을 하기 위함입니다. 그 뒤 춥지
않고 바람 잘 통하며 직사광선이 들어오지 않는 밝은 곳에 안정을 찾을 때까지 이삼
일 둡니다. 참고로, 화분 위에는 조개나 굵은 마사, 이끼 등을 덮지 않는 것이 좋습니
다. 특히 초보는 흙의 건조 정도를 확인하기 어렵기 때문에 도움이 되지 않습니다.

계절에 따른 실내재배

봄

유박비료. 질소비료로 화분 위에 한두 개 얹어놓는다.

봄에는 한해 성장을 준비해서 분갈이나 흙갈이를 하고 웃거름을 주는 시기입니다. 분갈이한 화분은 웃거름(비료)을 줄 필요가 없습니다. 그러나 바질, 셀러리 같은 허브는 비옥한 것을 좋아합니다. 퇴비는 냄새가 적고 잘 부숙된 비료를 씁니다. 최근엔 유기질비료같이 사용하기도 편하고 냄새가 없는 제품도 많습니다.

초봄에 꽃샘추위가 있을 수 있으니 방심하고 열어놓은 창문으로 냉해를 입는 일이 없도록 기온을 체크합니다. 반드시 온습도계를 설치하는 게 좋습니다.

여름

무덥고 습도가 높고 햇빛은 깊숙이 들어오지 않습니다. 물을 주지 않아도 토양 수분이 건조되지 않아 과습의 우려가 있습니다.

야생화단처럼 마사로만 이뤄진 화단은 매일 물을 주지 않으면 고온에 말라죽을 수 있으니 토양에 따라 건조 상태를 확인하는 것이 필요합니다. 습해서 병충해 발생이 심해지는 시기이니 통풍이 원활하도록 해야 합니다. 수시로 식물을 세세히 살펴보아 병충해 발생 여부를 확인하고 조기 대처해야 합니다.

가을

서늘하고 건조합니다. 장마를 무사히 넘기면 생육이 좋은 시기입니다. 분갈이를 해야 할 수도 있습니다. 겨울이 되기 전에 수확하는 허브는 열심히 수확해서 갈무리합니다.

겨울

겨울에는 햇빛이 깊숙이 들어옵니다. 그러나 창문을 닫아놓는 경우가 많아 통풍이 나빠집니다. 이 시기에 너무 따뜻하게 겨울을 보내면 허브는 성장할지 모르지만 병충해 발생이 높아져서 이듬해 약하게 성장합니다.

낮에 기온이 영상으로 올라가면 창문을 열어 통풍을 충분히 시키고, 적당히 저온을 경험하게 해서 내한성을 기르는 것이 좋습니다. 겨울을 따뜻하게 보낸 다음 해보다 차가운 겨울 공기에 매일 노출시켜 강하게 기른 다음 해에 훨씬 병충해가 적고 잘 자랐습니다.

겨울에는 물 주는 것을 주의합니다. 저온일 때 주지 말고 기온이 올라갔을 때 흠뻑 주고 물을 준 후에는 외부 창문을 닫아서 얼지 않게 주의합니다.

 ## 해충과 생리장해

실내재배에서 발생하는 해충

실내재배 시에는 통풍 문제로 인한 해충이 많습니다. 통풍이 문제가 되지 않는 노지와 발생하는 해충이 다릅니다. 실내재배에서의 주된 해충들은 진딧물, 응애, 개각충, 깍지벌레, 온실가루이, 달팽이 등입니다.

실내재배 시 가장 많이 발생하는 해충은 진딧물인데, 통풍이 좋으면 덜 발생하나 통풍이 좋아도 발생을 합니다. 어린모에서부터 언제든지 발생하는데, 초기에 발생했을 때 천연약제를 써서 없애는 것이 좋습니다. 진딧물은 해충 중에서 가장 박멸이 쉬운 편이 속하나, 너무 늦게 발견하고 대처하면 되살리기 어렵습니다. 몸이 크고 다리가 짧아 물엿희석액, 비눗물, 우유, 제충국 등의 천연약제로도 쉽게 없앨 수 있습니다. 심해지면 그을음 같은 흔적이 생겨 보기 좋지 않고 식용할 수 없습니다.

응애는 통풍이 안 좋을 경우 잘 발생합니다. 거미줄 같은 작은 실이 식물 전체를 감아서 고사시키는데, 초기 발견이 늦고 방제도 까다롭습니다. 하나의 약제로는 내성이 생기기 때문에 여러 가지를 돌려서 사용해야 합니다. 통풍에 24시간 신경 쓰면 거의 발생하지 않습니다.

온실가루이는 일조량이 부족하고 통풍이 안 좋으며 습하면 잘 발생되는데, 작고 하얀 날개를 가지고 날아다닙니다. 가장 많이 발생하는 해충으로 잎의 뒷면에 붙어 있어 잎을 흔들면 날아갑니다. 잎의 즙액을 빨아먹으면서 그을음을 만들고 변질시켜 잎의 품질을 떨어뜨립니다.

달팽이는 대개 모종을 구입했을 때나 화분을 외부에서 들여왔을 때 따라와서 급속도로 번집니다. 흙 속이나 그늘지고 습기 있는 곳에서 숨어살며 밤이면 나와서 식물을 먹습니다. 번식력이 막강하여 한두 마리만 들어와도 엄청난 수로 번식하는데, 발견하기도 어렵고 적용 약제도 적습니다. 유인살충제를 화분 위나 바닥에 뿌려서 먹고 죽게 합니다.

개각충은 주로 관엽식물에 많이 발생하는데 잎이나 줄기 등에 붙어서 피해를 입힙니다. 무심히 보아 잘 발견 안 되는 경우도 많고 한번 발생되면 쉽게 사라지지 않습니다.

솜깍지벌레는 작은 솜뭉치 같은 것이 표면에 발생합니다.

이들 해충이 일단 유입되면 약제로 처리할 수 있으나 지속적으로 발생하는 것이 문제입니다. 가장 좋은 해결책은 예방입니다. 노지와 비슷한 환경으로 관리하면 덜 발생하고, 발생해도 식물체가 튼튼하면 타격이 적습니다. 그러기 위해서는 항상 신선한 외부 공기가 들어오고 나가도록 창문을 개방합니다. 화단은 다소 건조하게 관리합니다. 또한 겨울에도 식물이 얼지 않을 정도의 외부의 서늘한 공기를 접하도록 합니다.

민달팽이

초기에는 오이로 유인해 민달팽이를 잡을 수 있다.

개각충

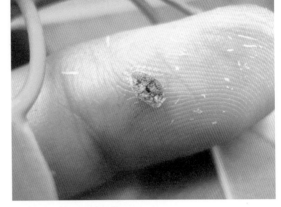

개각충

개각충

온실가루이

솜깍지벌레

진딧물

허브가 이상할 때의 원인과 증상

원인	증상
1. 햇빛양이 부족	마디 사이가 길어지고 줄기가 가늘고 길게 웃자란다. 꽃봉오리가 잘 안생기고 꽃이 피지 않거나 잎만 무성하다. 잎이 떨어지고 줄기가 말라간다.
2. 영양분이 부족	줄기가 길고 연약하다. 아래 잎은 노랗고 시들어간다. 잎이 오그라들거나 갈색 테두리가 생긴다.
3. 물이 부족	웃자라며 잎과 줄기가 연약하고 잘 자라지 않는다. 잎의 일부가 시들어 떨어지고 줄기가 말라가고 새순이 시든다. 포기 전체가 갑자기 시들기도 한다.
4. 통풍이 너무 부족	잎새에 반점이 생기고 전체적으로 약해진다.
5. 실내 습도가 너무 부족	잎새 끝이 누렇게 말라가고 포기 전체가 갑자기 시든다.
6. 햇빛이 너무 강함	아래 잎이 말리고 새 잎은 작아진다. 잎의 일부가 시들거나 전체가 갈색으로 변한다.
7. 비료가 너무 과다	줄기가 가늘고 길게 웃자라고 연약하다. 잎새 끝이 갈색으로 마르거나 포기 일부 또는 전체가 시든다.
8. 물이 과다	잘 자라지 않고 잎이 시들거나 노랗게 말라가거나 떨어지고 줄기가 말라들어 간다. 전체가 갑자기 시들기도 한다.
9. 실내 습도가 너무 높음	잎새에 반점이 생긴다.
10. 화분 속에 뿌리가 꽉 참	아래 잎이 마르고 시든다.
11. 화분 안에 염분이 축적	잎새가 오그라들거나 말리며 끝이 갈색으로 마르거나 테두리가 생긴다. 화분 표면에 하얀 것이 낀다.
12. 동해를 입음	잎의 일부가 시들거나 점차로 잎이 떨어지고 줄기가 말라간다. 갑자기 전체 잎이 떨어지거나 갈색으로 변한다.
13. 병에 걸림	잎새에 반점이 생기거나 무른다.
14. 해충이 발생	잎이 말리면서 시들어가거나 화초에 그을음 같은 것이 생긴다. 끈끈한 액체나 작은 솜덩어리, 거미줄 같은 것이 있다. 화초 전체가 갑자기 시들거나 잎이 떨어진다.

　식물의 상태가 나빠질 때, 그 원인을 찾는 것은 쉽지 않습니다. 표의 1~5번과 6~9번은 서로가 상반된 환경입니다. 그런데도 증상이 비슷하게 보입니다. 또한 여러 가지 원인이 비슷한 증상으로 보이기도 합니다.

　예를 들면 잎이 시들기 시작한다면, 너무 물을 안 줘서 그렇거나 지나친 과습으로 인해 뿌리가 상했거나 급격한 환경 변화, 햇빛 과다, 실내 습도 부족, 동해 등 다양한 원인이 가능합니다.

"우리집 허브가 이상해요. 갑자기 시들고 누렇게 변하고 있어요."라고 질문할 때, 정확한 답을 말할 수 없는 것이, 상반된 원인인데도 비슷한 증상이 많기 때문입니다.

그럴 때, 저는 이렇게 말합니다. "정확한 원인은 본인이 제일 잘 압니다."

왜냐면, 본인이 기른 방식에서 병든 원인이 있기 때문입니다. 다음 질문에 답해 보십시오.

• 통풍은 잘 해주나요?
• 햇빛은 하루 몇 시간, 얼마나 많이 들어오나요?
• 화분은 어떤 걸 사용하나요? 며칠 지나면 화분 속 흙이 마르나요?
• 물은 며칠 간격으로, 화분 흙이 마른 것을 확인하고 주나요?
• 분갈이를 언제 했나요?
• 최근 비료를 많이 주지 않았나요?
• 재배하는 곳의 온도, 습도는 어떤가요?
• 해충을 본 적이 있나요?

이 질문에 답해보면 문제의 원인을 거의 알 수 있습니다. 원인을 알고 나면 그것을 해결하는 방향으로 재배 방식을 바꾸면 예방이 가능해집니다. 열심히 통풍시켜주고, 물 주는 습관을 바꾸고, 온도와 습도를 체크하면 그때까지 나타나던 증상들이 안 나타납니다. 이것만으로도 이상 증상이 나타날 여지를 70~80%까지 없앨 수 있습니다. 그 뒤에도 이상 증상이 나타나면 답을 찾는 것이 쉬워집니다.

허브의 병

허브에 주로 발생하는 병은 흰가루병, 검은무늬병, 잿빛곰팡이병, 입고병, 잎썩음병, 연부병, 모자이크병 등이 있습니다. 병은 해충보다 더 무서운데 해충은 약을 사용하면 대개 처리가 가능하지만, 병은 발생한 원인을 제거하지 않으면 안 되고 병든 허브는 쉽게 회복되지 않습니다. 또 포기 전체를 죽이기 쉽고 반복적으로 발생합니다. 그래서 해충보다 더 힘든 것이 병이며, 약제가 필요합니다.

해결책은 까다로우나 예방은 의외로 간단합니다. 원칙대로 관리하는 것입니다. '통풍'을 잘 시키는 것이 최고의 예방책입니다. 또한 시든 잎은 부지런히 제거하고 비료를 과용하지 않아야 합니다. 잘 자라게 하겠다고 주는 비료가 병을 불러오는 경우가 많습니다. 그것은 대개가 질소비료이기 때문이고, 질소 과용은 식물의 성장을 빠르게 해서 조직이 약해지고 병에 취약하게 합니다.

병이 발생한 부위는 제거해서 번지지 않게 하고 포기 전체에 발생하면 흙도 버립니다. 병든 포기가 자란 흙은 재활용하지 않습니다. 이 병들의 대부분은 흙 속 곰팡이가 원인인데, 곰팡이는 습기 속에서 번식하기 때문에 흙이 과습되지 않도록 하는 데 주력합니다. 그러려면 물 주는 습관을 바르게 하는 것이 중요하고, 통풍에 신경 써서 흙이 잘 건조되게 하고, 식물을 건강하게 만들어서 병의 발생을 막고, 식물 스스로가 병을 이겨내게 하는 것이 최선입니다.

 ## 실내 화단 만들기

가정에서 할 수 있는 여러 가지 종류의 화단과 그 관리 방법을 소개하겠습니다. 각 화단은 장단점이 있습니다. 예를 들어, 화분 선반은 좁은 공간에 화분을 많이 수용하는 방법입니다. 전면 유리창 앞에 진열하면 햇빛을 많이 받을 것 같지만 아파트 베란다에서는 아래쪽 단은 햇빛을 받아도 위쪽 단은 그늘집니다.

화분 선반

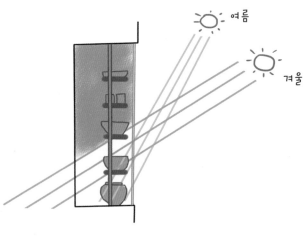

실내 화단 만들기의 기본

화단이 없는 실내에 최저의 비용으로 화단을 만들 수 있습니다. 마당같이 바닥이 흙인 곳은 땅속으로 물이 스며들기 때문에 화단 가장자리에 테두리만 두르면 되지만 물이 스며들지 않는 실내, 베란다는 원칙대로 만들어야 합니다.

텔레비전에서 옥상에 벽돌로 테두리만 두르고 그 안을 흙으로 채운 화단을 소개하는 것을 봤는데 그렇게 하면 100% 식물이 죽습니다. 비라도 한번 오면 물에 잠기고 바로 끝납니다. 이것은 배수를 간과한 것으로, 화분과 마찬가지로 화단에서도 배수가 제일 중요합니다.

실내 화단의 기본 원리는 항상 같습니다. 여기에 어떤 자재를 쓰고 고급스럽게 만드느냐에 따라 수십, 수백만 원짜리 화단이 됩니다. 여기에서 소개하는 것은 반드시 지켜야 하는 화단의 원리이고 기본적인 형태입니다. 이를 응용해서 다양한 화단을 만들면 됩니다.

- **준비물**: 배수판, 테두리 재료, 비닐, 부직포, 흙
- **배수판**: 실내화단에서 가장 중요한 재료. 단단한 것을 고르되 자르기 힘들므로 적합한 사이즈를 고르거나 그 사이즈에 맞춰 화단을 만든다. 인터넷으로 구할 수 있다.
- **비닐**: 베란다 같은 곳은 없어도 되나 방수가 안 된 곳, 배수 구멍이 없는 곳, 실내는 물이 외부로 빠져나가지 않도록 하기 위해 필요하다. 베란다 전체를 감쌀 만큼 큰 것이 좋다.
- **부직포**: 흙이 배수판 아래로 빠지는 것을 막는다. 문구용이 튼튼하다.
- **테두리**: 각목, 벽돌 등 다양한 것을 사용할 수 있다.

배수판이 없는 경우: 물을 부으면 흙이 물에 잠긴다.

배수판이 있는 경우: 물이 배수판 아래로 빠져나가 과습되지 않는다.

배수판

배수판 사이즈에 맞춰 테두리를 두른 후, 비닐이 필요한 곳이면 비닐을 깐다. 비닐은 배수판 위까지 올려서 물과 흙이 빠져나오지 않게 한다. 베란다에서는 비닐을 깔 필요가 없다.

물이 빠져나갈 곳을 만들어도 좋으나 사실상 물고임은 거의 없다.

배수판을 깐다.

부직포를 깐다.

마사를 깐다.

마사를 깔고 그 위에 화분을 올려놓은 모습

야생화분을 마사화단에 올려놓으면 바닥에 놓는 것보다 깔끔하고, 배수가 잘되고 습기도 유지되어 생육이 좋다. 화분 받침이 필요 없다.

직접 화초를 기르기 위해 흙으로 채우는 화단

씨앗을 뿌리니 싹이 바로 올라온다.

구근과 화초를 심어도 잘 자란다.

섬초롱과 카라같이 키 큰 식물과 키 작은 화초가 같이 자라고 있다.

아파트에 설치된 노출 화단의 경우

아파트 베란다에 화단이 만들어져 있는 경우가 있습니다. 섀시 안에 만들어져 있거나 섀시 밖에 만들어져 있는데, 밖에 만들어진 노출형은 추위, 더위에 다 노출되어 있습니다. 통풍, 햇빛 등에 문제가 없으니 식물 재배에 아주 좋은 환경입니다.

베란다 유리창 안쪽에 노출 화단이 만들어진 경우, 추위와 장맛비를 막아줄 수 있는 것이 장점이며, 단점은 통풍과 햇빛 부족입니다. 이곳에 직접 파종하거나 모종을 옮겨 심어서 재배할 수 있고 화분보다 물 관리가 편합니다. 흙의 배합만 잘해서 채운다면 화분보다 재배가 용이합니다.

노출형이어도 채소재배엔 노지에 비해 부족함이 있어 허브나 그늘에서 잘 자라는 식물에 적합합니다. 처음 시공된 곳은 대개 펄라이트로 채워져 있어 식물이 자라기에는 부적합합니다. 불필요한 것은 퍼내고 식물이 살 만한 흙으로 채워줘야 합니다. 그러면 실제 노출화단을 만드는 과정을 보겠습니다.

1. 화단이 바크(나무껍질조각)로 덮여 있는 모습

2. 바크로는 식물을 재배할 수 없으므로 걷어낸다.

3. 바크 밑에 펄라이트가 가득하다. 화단이 깊은 경우 흙으로 채워야 할 부분이 많으므로, 흙을 채워야 하는 높이만큼만 퍼낸다. 10~20cm 높이면 적당하다.

4. 펄라이트 밑을 확인하면 부직포가 깔려서 펄라이트가 밑으로 빠지는 것을 막고 있다. 부직포 밑에 배수판이 깔려 있으면 배수는 걱정이 없다. 안 깔려 있다면 배수판을 깔고 부직포를 깔아줘야 한다.

5. 펄라이트는 가벼워 먼지가 많이 날린다. 불필요한 양을 퍼낸 후 물을 뿌려서 가라앉힌다.

6. 펄라이트 위에 흙을 채운다. 분갈이용 상토, 부엽토, 퇴비, 마사를 혼합한다.

흙으로 채워진 화단. 봄에 씨앗을
뿌리고 모종을 사다 심는다.

초봄에는 터널하우스를 만들어 육묘 장소로 쓴다. 직
사광선이 들어오고 통풍이 좋으며 관리하기 쉬워 육
묘로는 최적의 조건이다.

키친가든으로 그에 맞는 식물 위주로 재배하는
경우

야생화와 허브 위주로 재배하는 경우

관상 위주의 화단

베란다 전체를 화단으로 만들기

베란다 전체를 마당처럼 만드는 화단입니다. 여러 가지 방식으로 변형할 수 있습니다.

1. 가장자리를 경계목으로 테두리를 한다. 배수판을 고정하고 흙이 고정되는 게 목적이다. 방수 처리된 바닥일 경우 비닐을 깔지 않는다.

2. 각목을 테두리로 이용한 경우, 이음새를 고정해주는 것이 좋다.

3. 바닥에 고정되도록 실리콘으로 쏘아 안정시킨다. 테두리 밖으로 물이 빠져나가는 것을 막는 역할도 한다.

4. 배수판 위에 부직포를 깐다. 나무마루를 깔아도 좋다.

5. 세척한 마사나 자갈을 위에 깐다. 사람이 밟고 다닐 경우엔 마사는 부서지니 적합하지 않고 자갈은 괜찮다. 마사를 깔면 화단으로 이용하기 좋다.

6. 식물을 심을 곳에 흙을 쌓아 올리고 심는다.

야생화단 만들기

다소 척박한 환경을 만들어서 식물을 작고 단단하게 키우기 위해 만든 곳이 야생화단입니다. 수분 공급은 최저이지만 과습의 걱정이 없어 오히려 안정적으로 성장할 수 있는 환경입니다. 과습과 통풍 문제가 까다로워 실내재배 시 실패하기 쉬운 야생화를 위한 공간입니다.

통풍이 잘되는 곳에 1m 이상 높은 다리에 녹슬지 않는 철판을 놓아 책상처럼 만들었습니다. 난간 높이 10cm에 이음새가 완벽하지 않아 가장자리로 물이 빠져나갑니다. 안은 굵은 마사만으로 채웠고 흙은 전혀 없어 돌과 돌 사이에 틈새 공간이 많습니다. 그래서 당연히 물을 간직하지 못하므로 매일 아침 물을 충분히 뿌려줍니다. 영양분을 간직할 흙이나 유기물이 없어 박한 환경이며, 봄에 화단 위에 유박비료를 여러 개 놓아주는 것이 전부입니다.

환경이 사막처럼 척박해서 식물이 잘 자라지 못할 것이라는 예상과는 달리, 식물들이 아주 잘 자랐습니다. 흙에 심긴 것보다 성장은 느리고 키는 작지만 뿌리 발달이 놀랍고, 건조에도 강하게 자랐습니다. 관엽식물의 줄기를 잘라서 심어놓으면 뿌리 발달이 잘되어 삽목에 아주 용이한 장소입니다.

이 화단은 실제로 식물을 키우는 것 외에도 삽목 같은 번식용으로, 또 성장이 느린 식물을 방임하듯이 기르는 곳으로, 허약한 식물의 요양처로 다양하게 활용됐습니다. 관엽식물과 다육식물, 야생화 등이 잘 자랐고, 이곳에서 싹을 틔운 나무가 크게 성장하기도 했습니다.

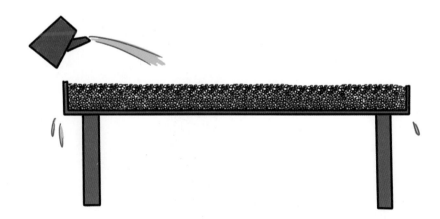

초기 모습

화분을 엎어 놓으면 배수, 통풍이 좋고 습기도 적당히 유지되어 잘
자란다.

야생화를 심은 모습

키가 크게 자라지는 않지만 꽃을 피우고 강하게 자란다.

고사리, 트리안, 석곡 등은 강하게 잘 자란다.

다육 위주로 기를 때

뿌리가 없는 잘라진 나뭇가지 삽목

그냥 놔두면 말라죽지만 인큐베이터를 해주면 안정적으로 뿌리를 내린다. 뿌리를 내리고 새순이 올라오면 벗긴다.

관엽식물 줄기삽목 성공.
마사 속에서 줄기가
무를 걱정 없이
뿌리 발달이 잘되었다.

행잉분 매달기

바닥이 포화 상태일 때, 바닥에 화분을 놓을 수 없을 때, 보다 입체적인 환경을 만들고 싶을 때 화분을 공중에 매다는 것을 생각하게 됩니다. 행잉분은 천장에 매다는 것과 벽걸이로 매다는 것이 있습니다.

천장에 매달 때는 화분 무게를 감당할 수 있도록 안정적이어야 합니다. 천장이 가벼운 합판이나 석고보드로 된 경우에는 무게를 감당하기 힘듭니다. 양구를 천장에 고정해서 파이프를 건 후 화분 여러 개를 매달거나 바로 양구에 매달 수 있습니다.

화분은 행잉분을 사서 매다는 것도 좋고, 가벼운 플라스틱 화분이나 다양한 도구를 행잉분으로 만들어도 됩니다. 화분을 그냥 매달 경우, 물을 주거나 분갈이 등을 할 때 어려움이 있습니다. 저는 화분을 감싸도록 공예용 와이어로 틀을 만든 후에 그 안에 화분을 넣습니다. 그러면 화분만 빼낼 수 있어 관리가 편합니다.

양구를 이용한 행잉분 걸기. 양구는 양쪽에 구멍이 난 걸게로, 못으로 박아 천장이나 벽에 고정한 후 가운데 봉을 걸거나 행잉분을 매단다.

공예용 와이어는 일반 철사보다 잘 휘어져서 다루기 쉬우면서 가볍고 튼튼합니다. 두꺼운 와이어로 화분 겉을 둘러서 형태를 만들고 이은 후, 화분을 넣고 원하는 곳에 매답니다. 공예용 와이어를 사용하면 다양한 용기를 행잉분으로 만들 수 있습니다. 행잉분은 가벼워야 하는 것이 첫 번째 조건이기 때문에 오히려 화분보다 다른 용기가 더 좋은 것이 많습니다. 또한 흙만 잘 갖추면 생육도 좋습니다.

시판 행잉걸게에 화분을 넣을 수도 있고, 안쪽에 부직포를 씌워 바로 흙을 담아도 됩니다. 부직포는 흙을 담는 역할을 하는데, 통기성이 너무 좋아 흙이 쉽게 마르는 것이 장점이자 단점이 됩니다.

공예용 와이어. 굵은 것과 가는 것을 각각 준비하고 테두리용은 굵은 것을 쓴다.

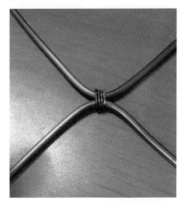

밑발친 부분. 이음 부분이 고정되도록 가는 와이어로 감아준다.

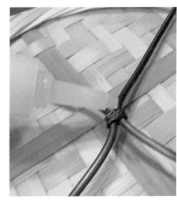

이음 부분을 한 번 더 접착제로 붙인다.

대나무 바구니 테두리에 맞게 형태를 만든다.

흙이 새지 않도록 부직포로 안을 감싸고 고정한다. 바느질을 하거나 접착제로 붙인다.

완성된 대바구니 행잉분

벽걸이용으로 쓸 행잉분. 시판되는 걸게를 이용한다.

배수구멍 없이 부직포로 안을 감싼다.

부직포에 바로 흙을 채우고 식물을 심었다.

화분걸게로 만들어진 것을 부직포로 감싸 행잉분으로 만들었다.

와이어로 화분 틀을 만든다.

아파트 베란다 창틀 안쪽에 거는 행잉화분

도기분에 심은 호야

대바구니에 방울비짜루를 심은 행잉분

접란

나스터튬

주의할 점

행잉분에 담는 흙은 건조가 아주 빠르므로 일반 분갈이용 상토로는 수분 유지가 안 됩니다. 그래서 육묘용 상토처럼 가볍고 수분함유율이 높은 흙을 사용합니다. 단, 물이 빨리 마르므로 매일 물을 주고, 영양분이 없으므로 비료를 줘야 합니다.

1. 접란. 분갈이용 상토로 심은 후 수분 부족으로 오히려 잎이 줄어들고 있다.

2. 육묘용 상토로 바꾼 후 수분 유지가 되자 새순이 올라왔다.

3. 새순이 자라 무성해진 접란

2부

허브 작물별
재배법

허브 재배에 들어가기 전에

▶ 노지에서 허브를 기를 때는 사실상 허브마다 적절한 토양, 환경을 만들어주는 것이 힘듭니다. 그러나 허브는 야생화라서 특별한 종류를 빼고는 비슷한 환경에서 대개 잘 자랍니다. 양토에 유기질이 넉넉한 토양, 배수가 잘되는 토양이면 혼잡해서 키워도 큰 무리가 없습니다. 그러나 허브마다 주의해야 할 재배 특성, 작물 특징은 분명히 있고 그것을 잘 알아야 성공적인 재배를 할 수 있습니다. 여기에서는 우리나라 노지에서 재배하는 방법 위주로 재배 포인트와 활용 방법을 기술했습니다.

▶ 각 허브 작물마다 그 허브의 주된 '활용 방법'이 적혀 있습니다. 허브를 활용하려면 먼저 그에 따른 갈무리를 거쳐야 하는 것이 대부분입니다. 갈무리 방법에 대해서는 〈3부 허브 활용〉을 참고하십시오. 허브에게서 필요한 용도를 먼저 정한 뒤 인퓨전, 인퓨즈드오일, 팅크처 등의 방법으로 갈무리를 한 후 내게 맞는 생활방식에 적용합니다. 아로마테라피에 대해서는 가정에서 간단하게 만들어 쓰는 것을 기준으로 했습니다. 농도가 약하기 때문에 시판 에센셜오일 원액의 사용 방법과는 차이가 있으나 원액도 많이 희석해서 사용하기 때문에 사용 효과는 크게 부족하지 않습니다. 허브는 즉각적인 효과를 내기보다는 일상성을 회복하고 건강을 유지하는 것을 목적으로 활용하는 것이 옳습니다.

▶ 허브 활용도에 따른 분류

 허브차: 차, 음료로 활용되는 허브

 향신료: 건조해서 요리의 향신료로 이용되는 허브. 잎, 씨앗, 뿌리를 활용한다. 오일, 식초 등을 이용해서 다양한 양념을 만들 수 있는 것도 포함한다.

 요리: 요리에 이용되는 허브. 요리에는 생허브를 많이 이용하며, 다양하게 가공해서 요리 재료로 이용한다.

 샐러드: 신선한 상태에서 먹는 허브. 잎, 꽃을 활용한다.

 아로마테라피: 물, 오일, 알코올, 식초, 꿀 등을 이용해 허브의 유효성분을 추출해서 이용한다. 마사지, 흡입, 습포, 목욕 등의 다양한 방식으로 가정의약, 생활용품으로 이용한다.

 관상: 아름다운 면이 두드러져서 관상의 목적이 큰 허브이다.

▶ 작물의 난이도

• **재배난이도**: 재배 방법에 있어서의 어려움에 대한 정도
• **해충피해**: 병충해 피해가 심한 정도
• **추천도**: 모든 활용도를 고려해 주관적으로 판단한 정도

▶ 재배력

• **육묘파종**: 육묘를 위한 파종을 시작하는 것이 가능한 시기
• **직파**: 밭에 바로 파종을 하는 것이 가능한 시기
• **아주심기**: 육묘한 것을 옮겨심는 시기

▶ **재배 환경**

• **노지 텃밭 재배**: 서울 경기이북 기준

• **노출 베란다 재배**: 건물 밖 외부에 만들어진 베란다

• **아파트 베란다 재배**: 정남향에 통풍이 좋은 환경

▶ **재배와 관련한 기본 용어**

곁순: 식물의 잎겨드랑이에서 생기는 싹

내병성: 병을 견디는 힘

내한성: 추위를 견디는 힘

모종: 아주 자랄 곳에 옮기기 위해 기른 씨앗의 싹, 모

밑거름: 이랑을 만들 때 기본적으로 넣어주는 퇴비

배수: 물이 빠지는 것

본잎: 떡잎 뒤에 나오는 정상 잎

북주기: 흙으로 작물의 줄기 아래를 덮어주는 것

삽목: 꺾꽂이. 식물의 줄기를 물이나 모래에 꽂아 뿌리를 내리는 번식 방법

순: 식물의 눈이나 잎, 새싹이나 줄기 및 꽃 등

순지르기: 적심. 생육 중인 작물의 줄기 또는 가지의 끝, 생장점을 자르는 것

아주심기: 정식. 육묘한 것을 재배할 곳에 옮겨심는 것

웃거름: 재배하면서 추가로 주는 거름. 화학비료 포함

육묘: 종자를 일정 기간 동안 밭에 옮겨심기에 가장 적합하도록 키우는 제반 과정

재배력: 식물을 재배하는 데 기준이 되는 시기별 재배과정표

재식간격: 줄간격, 포기간격

추대: 꽃대가 올라오는 현상

▶ **허브의 효능과 관련한 주요 용어**

강장: 몸에 활력을 줌

거담: 가래를 없앰

건위: 소화기능을 강하게 함

구강청정: 인류전을 입에 넣어 구강의 세균을 제거하는 것

구풍: 소화기에 찬 가스 배출

구충: 해충이나 기생충을 없앰

발한: 땀을 내서 체온을 낮추는 것

살균: 세균을 죽임

수렴: 이완된 것을 수축하는 것

이뇨: 소변이 잘 나오게 함

정장: 장을 깨끗하게 함

진정: 격앙된 감정이나 아픔 따위를 가라앉힘

진통: 통증을 진정시키는 것

통경: 월경을 촉진시켜 규칙적으로 하게 하는 것

해열: 몸에 오른 열을 내리게 함

나스터튬 ⁰¹ *Nasturtium*

이용 부위 잎, 꽃, 씨앗

재배난이도 ★★☆☆ **해충피해** ★★★☆ **추천도** ★★☆☆

★ 남아메리카 원산으로 전 세계에 퍼져 있습니다. 다년초이나 우리나라에서는 월동이 안 돼서 일년초로 키웁니다.

★ 키는 30cm정도이나 덩굴이 1m 이상 뻗어나가는 모습이 풍성하고 아름다운 허브입니다.

★ 잎은 연잎을 닮아 물방울이 잎 위를 굴러다니는 모습이 아름답고, 꽃은 크고 풍성합니다.

★ 나스터튬은 관상이 주목적인 허브이지만 후추 맛을 가진 잎과 꽃을 이용해서 각종 요리에 활용합니다. 꽃이 크고 화려해서 맛은 물론 장식용으로도 뛰어납니다. 생식으로 먹는 샐러드나 비빔밥, 음료에 장식으로 쓰입니다.

★ 덜 여문 씨앗으로 케이퍼를 만들어 쓰는데, '가난한 자의 케이퍼'라고 불립니다.

	1월	2월	3월	4월	5월	6월	7월	8월	9월	10월	11월	12월
	상 중 하	상 중 하	상 중 하	상 중 하	상 중 하	상 중 하	상 중 하	상 중 하	상 중 하	상 중 하	상 중 하	상 중 하

파종 아주심기 개화 채종 잎·꽃수확

파종과 육묘

나스터튬은 씨앗이 커서 다루기 쉽고 발아도 잘 되는 편입니다. 이식 재배를 싫어하기 때문에 본밭에 바로 직파하는 것이 좋습니다. 추위에 약해서 늦서리가 지난 후에 파종해야 합니다. 너무 늦게 파종하면 발아와 성장이 늦어져 개화도 늦어지고 장마 때까지 꽃을 보는 시간이 짧아지거나 미숙해서 장마를 못 이겨낼 수도 있습니다.

육묘 시에는 씨앗을 하룻밤 물에 담가서 불렸다가 파종하면 발아가 더 잘됩니다. 플러그에 하는 것보다 지피포트를 활용하면 옮겨심기할 때 뿌리가 다치지 않아서 무리가 없습니다. 플러그는 가장 큰 것을 사용하는데, 한 달이면 아주심기할 만큼 자랍니다. 추위에 약해서 모종을 정식한 후에 늦서리가 오면 냉해를 입는 경우가 많으니 충분히 기온이 오르면 밖에 심습니다.

4월 23일. 나스터튬 씨앗 밭에 직파

5월 12일. 직파한 씨앗의 발아

3월 29일. 지피포트에 육묘한 지 한 달째. 이른 육묘 시작으로 충분히 자랐으나 밭에 아주심기하기에는 아직 날이 춥다.

충분히 자랐으나 아주심기하기에 기온이 아직 낮을 때는 큰 화분에 옮겨심는 것이 좋다. 포트에 그대로 두면 성장에 지장이 있다.

재배

나스터튬은 생육이 좋고 재배기간이 깁니다. 6월에 꽃이 피기 시작하면 추워질 때까지 계속 꽃을 피워서 오래 관상하기 적합한 식물입니다. 꽃과 잎이 크고 무겁고 줄기는 가늘어 넝쿨처럼 늘어지는 것이 멋스러워 주로 행잉화분에 재배합니다.

토양에 질소비료를 많이 주거나 비옥하면 잎이 너무 무성해져서 꽃이 잘 피지 않습니다. 배수가 잘되고 건조하며 척박한 토양을 좋아합니다. 배수가 안 되면 생육이 나빠지는데 장마 때 물빠짐까지 나쁘면 포기 전체가 죽어버리기도 합니다.

장마는 나스터튬에게 가장 힘든 시기로, 장마기간 동안 배수와 흙물의 튐을 관리해야 장마 이후로도 꽃을 계속 볼 수 있습니다. 또 잎이 커서 수분 증발이 많으므로 가물 때는 물을 잘 줘야 합니다.

7월 초면 씨앗이 맺히기 시작하고 이때부터 덜 여문 씨앗 수확이 가능합니다. 장마가 시작되면 씨앗이 잘 여물지 않으니 채종은 포기하고 덜 여문 씨앗을 수확하는 것이 낫습니다.

5월 9일. 텃밭에 가져가 화분을 쏟아서 지피포트째로 옮겨심었다. 밭에 직파한 것보다 성장이 빠르다. 옮겨심을 때 뿌리가 다치지 않도록 주의한다.

6월 7일. 본격적인 개화가 시작되었다.

종자 꼬투리

7월 초. 씨앗 첫 수확

7월 20일. 장마 중 쇠약해져 거의 죽어간다.

7월 30일. 긴 장마 동안에 쇠약해진 나스터튬

8월 20일. 장마 이후 회복되어 많은 잎이 올라왔다

9월 20일. 다시 꽃이 피기 시작한다.

10월 중순. 덜 여문 씨앗 수확 중

10월 하순. 아직 꽃을 피운다.

추위, 해충 피해

나스터튬은 추위에 약하므로 초봄과 늦가을의 추위를 신경 써야 합니다. 초봄에는 아주심기 시기를 잘 정하고 늦가을에는 수확을 제때 합니다. 잎이 크고 부드러워 잎을 공격하는 해충에 취약한데 봄에 해충 피해를 막아주기 위해 한랭사를 씌우거나 농약을 사용합니다.

4월 13일. 육묘 중 해충 피해를 입은 나스터튬 잎. 진딧물 약으로 퇴치했다.

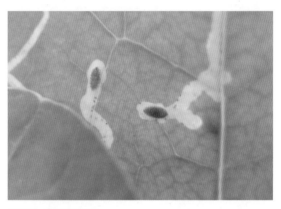

6월 7일. 굴파리의 피해

5월 초. 본밭에 옮겨심은 후, 늦서리로 잎이 동해를 입어서 부직포로 보온하고 있다.

10월 말. 하룻밤 새 서리에 죽은 나스터튬

활용

나스터튬은 비타민C, 철분이 풍부해서 괴혈병 예방에 효능이 있고 감기 예방에 효과적이나 요리용으로만 사용될 뿐입니다. 하루에 너무 많은 양을 먹지 않도록 합니다. 나스터튬은 말려서 사용할 수 없고 생으로만 사용하기 때문에 사용 폭이 넓지 않습니다.

나스터튬의 꽃과 잎은 후추 맛이 나기 때문에 장식 겸 샐러드로 이용됩니다. 허브 비빔밥이나 꽃밥, 샐러드 등에 이용됩니다.

화려한 나스터튬 꽃을 화이트와인식초에 담가서 꽃 색으로 물들여서 요리에 이용할 수 있습니다. 병에 가득 꽃을 채우고 시원하고 직사광선이 없는 따뜻한 곳에 두고 매일 흔들어줍니다.

나스터튬 꽃 식초

종자는 꼬투리의 녹색이 사라지기 직전에 수확해서 케이퍼* 대용으로 이용합니다. 비싼 케이퍼를 대신한다고 해서 '가난한 자의 케이퍼'라는 불리며, 샐러드, 파스타, 타르타르 소스 등 케이퍼가 사용되는 곳에 씁니다.

*케이퍼
꽃봉오리로 만든 피클. 겨자 같은 매운 맛과 상큼한 향으로 육류나 생선의 비린내를 없애주고 요리의 맛을 돋우는 향신재료

나스터튬 케이퍼

① 씨앗을 씻은 후 소금물에 하룻밤 담가둔 후 건져낸다.
② 소독한 유리병에 씨앗을 넣고, 끓인 절임물을 붓고 밀봉한다.
③ 병에 코리앤더, 로즈마리, 타임 등의 허브를 넣거나 후추, 건고추, 마늘, 월계수잎 중 택해서 1~2개를 추가로 넣어주면 더 좋다.
④ 일주일 후부터 먹을 수 있고 냉장보관한다.

• 소금물: 천일염을 사용하고 5~10%의 염도
• 절임물: 식초 1에 설탕 1/20~1/40 정도의 비율

딜 02 *Dill*

이용 부위 잎, 줄기, 꽃, 씨앗
재배난이도 ★★☆☆　**해충피해** ★☆☆☆　**추천도** ★★★★

★ 지중해 연안이 원산으로 생육이 강한 미나리과 일년생 허브입니다. 키우기가 쉬운 것이 장점입니다.

★ 딜은 키가 1m까지 자라고 부드럽고 사랑스런 잎이 숲처럼 펼쳐지며, 우산처럼 피는 노란 꽃이 사랑스러워 관상용으로도 좋습니다. 가지를 많이 쳐서 주변에 그늘을 만들고 잎은 가늘고 섬세하며 줄기는 비어 있습니다.

★ 딜은 활력의 상징으로, 특히 씨앗 속의 정유는 소화, 진정, 최면 효과가 뛰어나고 구취 제거, 동맥경화 예방, 당뇨병과 고혈압 환자에게 저염식의 요리용으로 쓰입니다.

★ 5천 년 전부터 사용 기록이 있는 약초이자 향신료로 잎보다 씨앗의 향미가 강하며, 딜 잎과 씨는 서로 호환되지 않습니다. 꽃과 씨앗은 피클에, 씨앗은 향신료로 이용되며, 줄기는 생선요리와 피클, 샐러드, 채소요리에 폭넓게 이용됩니다.

★ 딜과 펜넬은 잎과 꽃의 모양이 유사한데 서로 가까이 재배하면 교잡이 일어나니 반드시 멀리 떨어뜨려 재배합니다. 딜 잎은 잡초 비슷하게 생겨서 딜잡초(딜위드, dill weed)라고도 불립니다.

★ 딜의 에센셜오일은 씨앗에서 추출합니다.

	1월			2월			3월			4월			5월			6월			7월			8월			9월			10월			11월			12월		
	상	중	하	상	중	하	상	중	하	상	중	하	상	중	하	상	중	하	상	중	하	상	중	하	상	중	하	상	중	하	상	중	하	상	중	하

육묘파종　직파　개화　아주심기　종자수확

파종과 재배

딜은 옮겨심는 것을 싫어해서 직파하는 것이 가장 좋습니다. 생육이 강한 허브이기 때문에 직파해도 발아가 잘되며 성장이 빠릅니다. 조밀하게 파종해서 솎아내면서 잎을 수확하고 마지막으로 25cm 재식간격을 맞춥니다. 씨앗을 목적으로 할 때는 좀 더 넓게 확보합니다. 성장이 빨라 5월에 직파해도 좋으나 겨울 직전에 밭에 뿌려두면 이듬해 4월에 싹이 올라와 훨씬 수월합니다.

발아적온은 20~25℃로 따뜻해야 발아하므로 파종 후 투명비닐을 덮어주면 일찍 올라옵니다. 흙은 두껍게 덮지 말고 수분 유지만 지속되면 쉽게 발아합니다.

태풍에 넘어지기 쉬우니 여름이 되면 지주를 해주는 것이 좋습니다. 딜의 줄기는 속이 비어 있어서 장마 중에 녹아버리기 쉬운데, 7월에 씨앗이 영글면 포기째 잘라내야 유실되지 않습니다. 포기째 자른 씨앗을 건조하며 후숙합니다.

유기질이 많고 비옥하면서 보수력이 좋은 양토를 좋아하는데 물빠짐이 좋은 땅이면 잘 자랍니다. 양지와 밝은 그늘을 좋아합니다.

2012년 3월 17일. 3월 초에 파종한 딜

3월 23일

5월 24일. 육묘한 딜. 성장이 조금 빠르다.

5월 24일. 직파한 딜의 성장

5월 30일. 육묘한 딜이 잘 자라고 있다. 5월 30일. 직파한 딜은 느리지만 잘 자라고 있다.

6월 10일. 왕성하게 자라는 딜 6월 13일. 꽃이 피기 시작했다.

6월 28일

7월 1일. 키가 너무 자라 강한 바람에 쓰러졌다. 지주를 빨리 세워줘야 한다.

7월 19일. 덜 여문 딜 씨앗

7월 21일

7월 27일. 수확기가 된 딜 씨앗

노출 베란다 재배

노지와 시간 간격을 두고 6월 초 직파했습니다. 노지와 다름없는 노출 베란다지만 그
늘이 져서 꽃이 제대로 피지 못하며 씨앗도 쭉정이가 많기 때문에 채종 목적이 아니라
잎 수확을 목적으로 해야 합니다.

2013년 6월 17일

6월 25일

7월 28일

수확과 갈무리

딜은 잎과 줄기, 씨앗을 모두 이용합니다. 잎은 꽃망울이 생기기 전까지는 수시로 수확이 가능한데 주로 포기째 베어서 바람이 잘 통하는 그늘에 말려두고 사용하거나 냉동해두고 사용합니다. 잎이 목적일 때는 꽃 피기 전이 가장 향미가 좋습니다.

씨앗은 개화 후 40~50일경이면 여무는데 황갈색이 되면 송이째 잘라 바람이 잘 통하는 그늘에서 완전히 후숙 건조시킨 후 수확합니다. 여문 씨앗은 쉽게 떨어져나가므로 제때 수확하고, 오전에 일찍 채종하는 것이 좋고 꼬투리째 봉지에 담아 유실되지 않게 합니다.

줄기째 잎 수확   꽃 수확   씨앗 수확

활용

딜은 활력의 상징으로 위장 기능을 강화하고 소화불량을 치료해 몸 안의 가스를 배출해주는 작용이 뛰어납니다. 잎은 새콤한 맛이 특징이며 씨앗은 펜넬과 비슷하며 잎보다 더 풍미가 강해 향신료로 이용됩니다.

 신선한 딜 잎은 재배기간 내내 수확해서 드레싱으로 사용하며, 곱게 다져서 샐러드에 뿌려 먹습니다. 소스, 수프, 샌드위치 등으로 먹고, 딜 꽃도 샐러드로 먹거나 식초에 담가 드레싱으로 이용하면 좋습니다.

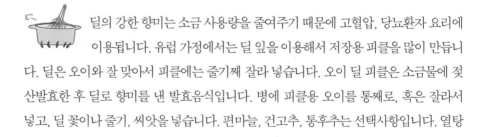 딜의 강한 향미는 소금 사용량을 줄여주기 때문에 고혈압, 당뇨환자 요리에 이용됩니다. 유럽 가정에서는 딜 잎을 이용해서 저장용 피클을 많이 만듭니다. 딜은 오이와 잘 맞아서 피클에는 줄기째 잘라 넣습니다. 오이 딜 피클은 소금물에 젖산발효한 후 딜로 향미를 낸 발효음식입니다. 병에 피클용 오이를 통째로, 혹은 잘라서 넣고, 딜 꽃이나 줄기, 씨앗을 넣습니다. 편마늘, 건고추, 통후추는 선택사항입니다. 열탕

소독한 병에 끓이지 않은 2% 소금물을 부어서 밀봉한 뒤 서늘한 곳에 둡니다. 3일 후 거품이 올라오면 젖산발효가 시작된 것으로 1주일 후 거품이 멈추면 냉장보관합니다.

딜은 비린내를 제거하기 때문에 생선소스에 많이 이용됩니다. 씨와 잎을 모두 사용하며 뜨거운 요리에는 마지막 단계에 넣어야 향이 유지됩니다. 연어와 특히 잘 맞아 연어회에 딜 머스터드 소스*를 곁들여 먹습니다. 요리에 이용할 잎은 끓는 물에 살짝만 데친 후 적당히 잘라 냉동하거나, 자른 잎에 물을 부어 얼려서 얼음 조각으로 보관했다가 요리에 넣습니다.

*딜 머스터드 소스
디종머스터드 3T, 꿀 1T, 식초 1T, 올리브오일 2T, 다진 딜 잎 1 1/2T, 소금, 후추

 씨앗은 피클에는 원형 그대로 넣고, 요리, 베이킹, 카레 등에는 분쇄해서 씁니다. 오일이나 식초에 씨앗이나 잎을 넣어 조미료를 만들어서 요리에 이용합니다.

 달인 차는 어린이 소화불량, 유아 배탈에 많이 이용됩니다.

오이 딜 피클. 딜 꽃과 줄기, 씨앗을 넣어 만든다.

적당히 짭짤하고 오이지 비슷한 맛의 깔끔한 피클이다.

딜 씨앗

딜 종자 식초

라벤더 **03** *Lavender*

이용 부위 **꽃**

재배난이도 ★★☆☆   해충피해 ★☆☆☆   추천도 ★★★★

★ 원산지는 지중해 연안으로 30~80cm 정도의 키에 목질화되는 다년생 상록 관목입니다. 서늘하고 건조한 기후를 좋아해서 우리나라의 고온다습한 여름 장마를 잘 넘기는 것이 중요합니다. 성장이 느리기 때문에 첫해에 꽃을 수확하기 원하면 모종을 구입하는 것이 좋습니다.

★ 라벤더는 잡종이 무척 많은데 아무 종류나 활용이 가능한 것은 아닙니다. 주로 많이 이용하고 안전한 오피셜 라벤더(Official lavender)는 '잉글리쉬 라벤더'라고 불리는 종으로, 우리나라에서 가장 대중적인 라벤더입니다.

★ 프랑스의 화학자 가트포스가 심한 화상을 라벤더 에센셜오일로 완치하면서 라벤더의 효능이 확인되었습니다. 그 뒤 가트포스는 아로마테라피라는 단어를 만들어 널리 알렸고, 지금도 라벤더는 아로마테라피에서 가장 많이 이용됩니다. 라벤더의 장점은 독성과 자극이 없어 모든 사람에게, 모든 증상에, 전신에 이용 가능합니다.

★ 꽃을 이용하는 허브이기 때문에 많은 꽃이 달릴 수 있도록 재배합니다. 화분재배가 가능하고, 중부지방에서는 노지 월동이 안 되기 때문에 겨울에는 실내 베란다로 옮긴다면 10년 동안 꽃 수확이 가능합니다. 질소비료 사용을 삼가는 것이 좋습니다.

	1월			2월			3월			4월			5월			6월			7월			8월			9월			10월			11월			12월		
	상	중	하	상	중	하	상	중	하	상	중	하	상	중	하	상	중	하	상	중	하	상	중	하	상	중	하	상	중	하	상	중	하	상	중	하

파종   아주심기   꽃수확

재배

라벤더는 영양분이 많으면 오히려 생육이 좋지 않고 꽃이 잘 피지 않습니다. 습하거나 기름지지 않은 토양이 적합하며 장마기간 동안 과습하지 않도록 높은 두둑과 배수를 신경 써줘야 합니다.

화분재배가 적합한 허브로, 통기성이 좋은 토분이 가장 좋고, 흙도 로즈마리와 같은 수준으로 배수가 잘되도록 마사토를 많이 섞어주고 화분 밑에도 마사토를 두툼히 깔아주면 잘 자랍니다.

번식은 씨앗과 꺾꽂이로 하는데, 파종해서 기르기에는 시간이 많이 걸리고 꽃을 보기까지 이삼 년 기다려야 하니 모종을 구입해서 기르면 첫해 꽃을 볼 수 있습니다. 포기를 늘리려면 우량한 포기를 골라 꺾꽂이로 번식하는 것이 변종 발생 걱정이 없어 좋습니다. 꺾꽂이는 삽목 원칙을 그대로 따르도록 하는데, 로즈마리 번식을 참고로 하면 됩니다.

원줄기를 그대로 기르면 키가 커지고, 원줄기 끝을 순지르기 해주면 곁순이 많이 나와 무성해지고 꽃대가 많이 올라옵니다.

성장이 느리기 때문에 성장을 독촉하기 위해 질소비료를 많이 주면 오히려 말라죽을 수 있습니다. 많은 꽃을 원한다면 인산, 칼리비료를 주는 것이 좋습니다. 씨앗으로 시작했을 때, 첫해엔 개화하지 않고 3년째부터 개화합니다. 한번 꽃이 피면 10년간 꽃 수확이 가능합니다.

라벤더의 종류

라벤더는 전 세계에 30여 종이 있는데 그중 중요한 것은 4종 정도이다. 가장 안전하고 많이 활용되는 것이 잉글리쉬 라벤더이다.

Lavender vera: 잉글리쉬 라벤더라고도 불리며 지중해 연안이 원산. 키는 1m, 흰털로 덮여 있고 잎은 가늘고 두꺼우며 흰 색을 띤 짙은 녹색이다. 꽃은 보라색이며 라벤더 중 가장 좋은 향유를 갖고 있다. 원예종이 많고 꽃 색도 다양하다.

Lavandula hidcote: 반왜성종이고 조생종이며 L. Munstead는 보라색 꽃이 핀다.

Lavender folgate blue: 스파이크 라벤더(Spike lavender)라고도 한다. 생육이 빠르며 키는 60cm에 지중해 원산이다.

Stoechas lavender: French lavender, Spanish lavender라고도 한다. 키는 1m에 스페인 원산이다. 18세기까지 약용으로 이용된 라벤더이다.

갈무리와 활용

꽃은 한 달간 피는데 개화하기 직전 맑은 날 한낮에 수확하는 것이 에센셜오일 함량이 가장 많습니다. 수확한 꽃은 바람이 잘 통하는 그늘에서 완전히 건조해서 보관합니다. 꽃의 유효성분으로는 리나롤이 40%, 리나릴 아세테이트가 50% 정도입니다. 리나롤은 방부성분이 뛰어나고, 리나릴 아세테이트는 항스트레스 성분이어서, 라벤더는 심리적으로나 신체적으로 모든 방면에 영향을 미칩니다. 라벤더는 몸 전체의 이완과 균형을 잡도록 도와줘서 모든 증상에 다양하게 이용할 수 있습니다.

 라벤더는 인체에 다양하게 영향을 미칩니다. 꽃에서 추출한 성분은 차가워서 열이 나는 증상에 효과적입니다. 몸에서 열이 나는 증상과 심리적으로 열이 나는 증상 모두에 다 적용됩니다.

상피계에서는 열을 내려서 통증을 줄이고 감염예방과 방부성, 진통성에 세포를 재생하는 능력이 있어 화상에 효력이 있습니다. 일광화상과 일사병 치료에도 효과가 있으며 페퍼민트 오일과 섞어 마사지를 하면 좋습니다.

건성, 지성, 복합성 모든 타입의 피부에 사용 가능하고 여드름, 벌레 물린 곳, 피부염, 건선 등 모든 피부 증상에 효과가 있습니다.

근골격계에는 열이 나는 관절염, 류머티즘, 삔 곳, 좌골신경통, 염증으로 인한 통증에 이용할 수 있습니다.

신경계에는 특히 효과가 뛰어난데, 스트레스를 가라앉히고 마음과 정신을 편하게 하며 우울증인 상황에 정신을 고무시킵니다. 스트레스로 인한 불면증에 좋으며 편두통과 두통에 좋습니다. 인퓨전으로 두피 마사지를 통해 효과를 볼 수 있습니다.

생리전 통증, 생리통, 통증 완화에 하복부 마사지나 온습포가 효과가 있습니다.

심장을 진정시키는 작용이 있어서 고혈압을 낮추고 불면증을 효과적으로 치유합니다.

호흡기에도 좋으므로 인후염, 감기, 천식, 인후감염에 흡입 방법으로 이용하면 좋고, 공기 정화 효과가 있으니 공중 분무로 호흡기 치료에 도움이 됩니다.

라벤더는 마조람과 혼합하면 효능이 더 높아집니다.

사용하는 방법은 알코올 팅크처나 인퓨즈드오일을 만들어서 목욕, 습포, 마사지, 연고 등으로 이용합니다. 또 화장품 같은 생활용품에 섞어서 사용하거나 흡입하는 방법도 좋습니다. 임신 초기에는 사용을 삼갑니다.

순지르기 한 후 곁순이 많이 나오고 있다.

러비지  04 Lovage

이용 부위 **잎줄기, 뿌리, 씨앗**
재배난이도 ★☆☆☆ 해충피해 ★☆☆☆ 추천도 ★☆☆☆

★ 지중해, 유럽남부 원산으로 전 세계에서 야생으로 재배되고 있습니다. 우리나라에서 노지 월동이 가능한 강한 다년생 허브로 키가 1~2m까지 자라 위치 선정을 잘해야 합니다.

★ 식물 전체에 향기가 있어 잎, 뿌리, 씨앗이 모두 활용되는 유용한 식물입니다.

★ 왜당귀, 유럽당귀라고도 불리는데, 잎의 모양이 당귀와 흡사하며, 줄기는 셀러리와 비슷하고 허브와 채소의 특성을 모두 갖고 있습니다.

★ 뿌리도 유용한 식물이므로 토심이 깊고 비옥하면서 배수가 잘되고 보습력이 좋은 토양에서 재배해야 잘 자랍니다.

★ 냄새 제거와 이뇨 작용이 있고 소화와 구풍 작용이 있어서 차나 요리, 향신료, 목욕제로 다양하게 이용됩니다.

1월			2월			3월			4월			5월			6월			7월			8월			9월			10월			11월			12월		
상	중	하	상	중	하	상	중	하	상	중	하	상	중	하	상	중	하	상	중	하	상	중	하	상	중	하	상	중	하	상	중	하	상	중	하

육묘파종 아주심기 수확

파종과 육묘

발아에 10일 정도 소요되며 초기 성장이 느립니다. 과습하지 않도록 주의를 기울이면
무난하게 자랍니다.

3월 11일(2월 28일 파종)

3월 28일

5월 7일

5월 17일. 밭에 아주심기

재배

아주심기할 때는 위치 선정을 잘해야 합니다. 첫해엔 30cm 이내로 키가 크지 않으나
월동한 후 2년 차부터는 성장이 빨라지고 많은 줄기가 올라옵니다. 노지 월동이 가능
해 한번 심으면 매년 같은 자리에서 성장해서 1m 이상, 원산지에서는 2m까지 키가
클 수 있으니 뒤에 그늘이 져도 무리가 없는 자리를 잡아줍니다.

토양은 토심이 깊고 유기질이 풍부하고 비옥한 곳이 적합하고 재식거리는 50cm 이상을 줍니다. 너무 습해도 뿌리가 썩고 건조하면 잎의 성장과 질이 나쁘니 토양의 수분이 적절하게 유지되게 해줘야 합니다. 즉 토양의 유기물이 풍부한 것이 가장 좋습니다. 그렇지 못한 토양이면 멀칭해줍니다.

한여름 무더위와 장마기간을 다소 힘겨워하나 봄가을은 잘 자랍니다. 한번 심으면 거의 관리가 필요 없을 정도로 편한 작물입니다.

번식은 파종과 포기나누기로 합니다. 봄에 육묘를 해서 어느 정도 키운 후에 장마를 맞도록 합니다. 추위에 강해서 경기도 북부 파주에서도 무사히 노지 월동을 했습니다. 겨울에는 지상부에서 완전히 사라졌다가, 이듬해 봄 4월에 불쑥 새순이 올라오면서 빠르게 성장합니다. 5월이면 본격적인 성장을 하면서 수확이 가능합니다.

2년 차부터 많은 포기가 올라오니 포기나누기해서 나눠 심습니다. 이른 봄에 싹이 올라올 무렵이나 늦가을에 포기를 파내서 쪼개 심습니다. 해를 거듭하면서 뿌리가 굵어지고 포기가 늘어납니다.

6월 12일

6월 19일

8월 23일. 장마 이후 상태가 좋지 않다

9월 11일. 가을이 되며 다시 회복되었다

11월 5일

이듬해 3월 30일. 사라진 지상부에서 새순이 불쑥 올라왔다.

4월 10일. 열흘 만에 맹렬하게 성장했다.

[비교] 1년생. 8월 중순 줄기 두께

굵은 줄기가 올라왔다. 여러 개의 순이 발생했다. 1년생일 때와 줄기의 굵기가 확연히 다르다.

5월 18일. 수확 적기

새순이 올라오는 모습

6월 8일. 꽃대가 올라오면서 1m 이상 커졌다.

수확

러비지는 2년생 봄부터 수확을 본격적으로 할 수 있습니다. 뿌리에서 새순이 계속 올라오므로 바깥 줄기부터 수확합니다. 잎은 꽃이 피기 전에 수확해서 이용하고 냉동해서 보관할 수 있습니다. 뿌리를 수확할 때는 봄에 싹이 올라오기 전에 파냅니다. 씨앗은 영글면 수확해서, 수확이 없을 때 대신 사용할 수 있습니다.

갈무리와 활용

수확한 잎은 젖은 물수건으로 닦아 말려서 신선한 잎을 쓰거나 건조해서 보관합니다. 건조한 잎은 차로 이용할 수 있고 향신료처럼 향미를 높이는 데 이용할 수 있습니다. 뿌리는 주로 약용으로 이용되어 왔는데 당근처럼 요리해 먹기도 합니다. 건조한 잎을 인퓨전으로 우려내어 차나 목욕제, 건강용으로 이용합니다.

 살균, 발열 효능이 있어 러비지 차는 목의 통증, 기관지염, 감기에 좋고, 소화, 구풍에도 효과가 있습니다. 뿌리를 끓인 물은 이뇨, 발한, 해열에 이용합니다.

 잎은 샐러드에 넣어먹기도 합니다.

 독특한 맛이 있어 육수, 생선, 고기요리에 넣어 향미를 돋우는 요리용 허브입니다. 볶거나 끓이는 요리에 적합합니다.

러비지의 줄기는 수프를 끓일 때 샐러드처럼 사용하는데, 많이 가열해도 향미가 사라지지 않아 좋습니다. 양파처럼 넣어 버터에 볶다가 육수를 부어 끓인 후 믹서에 갈면 수프가 됩니다. 식욕부진, 소화불량, 복통 등에도 도움이 됩니다.

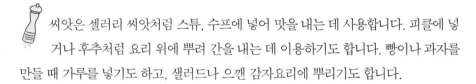 씨앗은 셀러리 씨앗처럼 스튜, 수프에 넣어 맛을 내는 데 사용합니다. 피클에 넣거나 후추처럼 요리 위에 뿌려 간을 내는 데 이용하기도 합니다. 빵이나 과자를 만들 때 가루를 넣기도 하고, 샐러드나 으깬 감자요리에 뿌리기도 합니다.

 러비지는 소화계에는 강장약으로, 여성에게는 생리통을 완화하고 월경을 촉진하며, 이뇨를 돕고 방광염에 효과적입니다. 임산부는 사용을 삼갑니다.

건조한 잎의 살균력을 이용해서 인퓨전으로 가글하면 구강 질환, 기관지 염증, 인후염, 편도선염을 가라앉히는 데 도움이 됩니다.

냄새를 제거하는 능력이 있어서 잎, 뿌리를 끓인 물을 목욕제로 사용하면 몸의 냄새를 없애는 데 도움이 될 뿐 아니라 혈액순환에도 좋습니다.

레몬밤 **05** *Lemon Balm*

이용 부위　**잎, 꽃대**
재배난이도 ★★☆☆　해충피해 ★★☆☆　추천도 ★★★★

★ 레몬밤은 지중해 연안이 원산지로 성장이 빠르고 레몬향이 풍부한 다년생 허브입니다.

★ 내한성이 있어 월동이 가능합니다.

★ 레몬밤은 직사광선보다는 밝은 그늘을 좋아하는 편이고 다습한 곳을 좋아합니다.

★ 레몬향이 있는데다가 비밤(bee balm)이라는 별명을 가질 만큼 벌을 끌어들이는 밀원식물입니다.

★ 레몬밤은 꺾꽂이나 포기나누기로 번식이 가능한데, 꺾꽂이할 때 줄기가 약해서 실패하는 경우가 많은 편입니다. 봄가을에 포기를 나누는 것이 가장 안정적이며 씨앗이 떨어져 자연발아한 것을 옮겨심는 것도 좋은 방법입니다.

★ 레몬밤 차는 뇌의 활동과 기억력을 높여주어서 학생들을 위한 차로 많이 이용됩니다. 불안과 우울증에 잘 듣는 약초로, 해열, 발한 작용이 있어서 감기, 피로할 때 효과가 있습니다. 소화와 식욕을 촉진하는 효과도 있어서 식전 식후 음료로도 적합합니다.

	1월			2월			3월			4월			5월			6월			7월			8월			9월			10월			11월			12월		
	상	중	하	상	중	하	상	중	하	상	중	하	상	중	하	상	중	하	상	중	하	상	중	하	상	중	하	상	중	하	상	중	하	상	중	하

　　　　　　　　　　　　　　　　　　　　　　　육묘파종　아주심기　수확

작물의 특성

레몬밤은 강한 허브임에도 불구하고 원예재배할 때 실패율이 비교적 높은 허브 중 하나입니다. 다른 허브들과 조금 다른 특성을 갖고 있는 것이 그 이유가 아닌가 합니다. 그러나 노지에서는 실패율이 낮고 오히려 거친 환경에 잘 적응하는 허브입니다.

레몬밤은 비옥하면서도 다습한 흙을 좋아하고, 박토이거나 건조한 토양에서는 잎색이 누렇게 되고 거칠어집니다. 양지바른 곳보다도 밝은 그늘이 더 잘 자라나 그늘진 곳은 좋지 않습니다. 유기물이 풍부한 흙에서 재배하면 포기가 풍성하게 자랍니다. 월동도 가능하나 중부이북에서는 월동 성공률이 떨어집니다.

잎이 무성하게 자라면 수확하는데, 꽃이 피는 봄에 1차 수확합니다. 꽃이 피려고 하면 잎이 작아지기 때문에 줄기를 잘라줌으로써 수확을 연장시킬 수 있습니다.

레몬밤은 잎과 줄기가 무성하면서도 부드러워 장마 때 통풍이 안 좋으면 잎이 썩거나 무릅니다. 가지 정리 겸 수확으로 통풍이 잘 되게 해서 무사히 여름을 나도록 합니다. 레몬밤은 월동이 되면 해를 거듭하면서 뿌리가 깊이 땅에 내려 더 강해지고 생육이 왕성해집니다.

레몬밤은 씨앗과 포기나누기를 통한 번식이 가장 좋습니다. 이듬해 봄에 싹이 올라오기 전에 포기를 캐내어 쪼갠 후 50cm 정도의 간격을 띄워 다시 심어줍니다.

재배 1년 차

포기가 큰 모종일 경우에는 포기를 나눠서 심으면 더 많은 수확을 할 수 있습니다.

순지르기. 여린 순을 수확하면서 자연적으로 순지르기가 되어 줄기의 수가 늘어나고 풍성해진다.

2012년 6월 18일. 맹렬하게 자라는 레몬밤. 꽃을 피우려고 하면서 잎이 줄어들고 있다. 이때 1차 수확을 겸해서 꽃대를 제거해준다.

9월 21일. 장마 이후 다시 무성하게 자란 레몬밤

10월 2일. 기온이 떨어지면서 붉어지는 잎이 생기기 시작했다.

10월 25일. 월동을 위해 수확하며 줄기를 정리한다.

10월 25일. 떨어진 씨앗에서 자연적으로 올라온 레몬밤 새싹들. 화분에 옮겨 실내에서 월동이 가능하다.

10월 25일. 줄기 정리 후. 월동 전에 짚 등을 덮어 보온해주면 좋다.

재배 2년 차

2013년 6월 15일. 전년도 재배한 레몬밤이 긴 월동을 마치고 다시 살아났다.

8월 7일. 섬서구메뚜기 피해가 심해져서 한랭사로 보호했다.

8월 11일. 무더위에 힘찬 성장하고 있는 레몬밤. 싱바노 끄떡없이 넘겼다.

8월 11일. 수확

8월 28일. 잘라낸 줄기 아래에서 새순이 무성하게 다시 올라온다.

10월 16일. 수확 후 다시 성장한 레몬밤. 본격적인 겨울이 올 때까지 성장한다.

2년생 레몬밤은 잎이 더 단단하다.

11월 16일. 추워지면서 월동에 들어갈 준비하는 레몬밤

12월 4일. 붉게 변색되고 있다.

건조한 레몬밤

수확

잎은 수시로 수확이 가능한데 꽃이 피기 시작할 때가 에센셜오일이 가장 많습니다. 꽃대가 올라왔으면 그때 일제히 수확 겸 순지르기를 합니다. 포기 밑쪽으로 잎 몇 장을 남기고 한꺼번에 베어서 매달아 건조합니다. 잎이 얇아 건조가 잘 되는 편이어서 자연건조가 좋습니다. 고온에 건조하면 향기가 사라지고 잎의 색이 변합니다.

활용

레몬밤은 향이 빨리 사라지기 때문에 생허브로 여러 가지 가공을 해서 유효성분을 활용하는 것이 제일 좋습니다. 건조하면 생허브 때의 유효성분이 많이 줄어드니 빠른 건조를 해서 밀폐보관하거나 냉동보관합니다. 달콤한 레몬향이 나는 잎을 이용하여 허브차와 음료는 물론이고, 요리, 팅크처나 인퓨즈드오일 등으로 만들어 활용합니다.

 레몬밤은 항균작용이 뛰어나 건강차로 마시면 예방에 좋습니다. 연한 레몬맛과 감칠맛, 쓴맛, 단맛이 모두 들어있는 차로 다른 허브와 블렌딩해서 마시는 것도 좋습니다. 머리를 맑게 해서 기억력을 증진시키기 때문에 '학자의 허브'로 유명하며, 학생들에게 좋은 차로 알려져 있습니다.

해열, 발한 작용이 있어 열감기에 효과가 있고, 피로회복에도 좋아 지친 여름에 청량음료로 유용합니다. 신경성 위염, 대장염 같은 신경성 소화 장해에 좋습니다.

불면증에 좋아 신선한 허브차를 잠자기 한 시간 전에 마시면 도움이 됩니다. 진정효과가 있어 정신적으로 불안할 때 마시면 안정을 찾게 해줍니다. 마음을 진정시키고 활력을 찾게 해주는 차로 건강을 유지하기 위해 일상적으로 마시는 것도 좋습니다.

레몬밤 차를 매일 아침 마시고 장수했다는 일화가 많으며, 프랑스에서는 소화를 돕고 식욕을 촉진하며 위장의 강장제로 유명해서 식전 식후 음료로 마십니다. 한 잎씩 손으로 찢어서 향을 낸 후에 물을 부어 얼음을 얼린 후 음료에 띄워서 사용하는 것도 좋은 방법입니다.

- **레몬밤 시럽**: 물 1컵, 설탕 1컵의 비율로 끓인 후 생레몬밤 잎을 충분히 넣고 끓으면 불을 끈다. 식으면 잎을 건져내고 밀봉해 보관하면서 물이나 탄산수에 타서 마신다. 타임이나 로즈마리 등을 같이 넣어도 좋다.

샐러드, 디저트에 곁들이거나 요구르트, 드레싱, 소스, 마요네즈 등에 생잎을 넣어 향미를 높이는 데 사용합니다.

'갈멜워터'는 17세기 프랑스의 갈멜수도회가 처방한 것으로, 레몬밤이 주성분입니다. 로즈마리로 만든 '헝가리워터'와 같이 알코올에 레몬밤을 담가 만듭니다. 두통, 신경통, 노화방지에 효과적으로, 화장수나 목욕제로 이용합니다. 그 외 생잎을 식초, 오일에 담가 목욕제로 만들어 불면증이나 불안증에 이용하면 좋습니다. 베개 속에 넣어서 진정효과를 볼 수 있습니다.

갈멜워터

레몬버베나 **06** *Lemon Verbena*

이용 부위 **잎, 꽃대**

재배난이도 ★★☆☆　　해충피해 ★★★☆　　추천도 ★★★★

★ 레몬버베나는 남미, 칠레 원산으로 다년생 낙엽성 관목입니다. 우리나라 노지에서는 월동할 수 없어 실내로 옮기거나 매년 다시 심어야 합니다. 제주도는 월동 가능합니다.

★ 봄에 노지에 아주심기해서 기르고 추워지면 화분에 옮겨서 실내에서 겨울을 나게 하면 오랫동안 재배가 가능합니다.

★ 레몬 향이 나는 허브 중 가장 강한 레몬 향을 가지고 있습니다. 건조한 잎은 향미가 3~4년 지속되어 갈무리하기 좋습니다. 향과 맛이 상쾌해 차나 허브식초, 포푸리, 입욕제로 인기가 좋습니다.

★ 햇빛을 좋아하고 건조한 토양을 좋아하며 배수가 잘되는 유기물이 풍부한 토양이면 잘 자랍니다.

★ 병에 강하지만 해충의 피해가 많은 편이고 실내에서는 온실가루이, 진딧물 등의 해충 발생이 잘되어 관리가 필요합니다.

★ 실내재배 시에는 다소 생육이 느린 편이나 노지에서는 한여름이면 1m 이상까지 빠르게 성장해서 충분한 수확이 가능합니다.

★ 화분재배를 많이 하는 허브로 통풍 좋은 화분에 건조하게 토양을 유지해야 잘 자랍니다.

	1월			2월			3월			4월			5월			6월			7월			8월			9월			10월			11월			12월		
	상	중	하	상	중	하	상	중	하	상	중	하	상	중	하	상	중	하	상	중	하	상	중	하	상	중	하	상	중	하	상	중	하	상	중	하
														노지																						

육묘파종　아주심기　수확

재배

레몬버베나는 다년생이라 온화한 기후에서는 8m까지 자랍니다. 우리나라에서는 월동이 힘들어 실내 화분재배 시엔 50cm 남짓이고 노지에서는 사방 1m 이상 자랍니다. 많은 순지르기를 통해 가지를 늘이면 포기가 커지므로 재식간격을 50cm 이상 넓힙니다.

봄에 모종을 심었을 때 노지가 실내보다 훨씬 크게 성장하고 잔가지도 무성하게 발달하여 한 그루에서도 넉넉히 수확할 수 있습니다. 6월경부터 꽃을 피우는데 잎을 이용하려면 꽃을 제거합니다. 또 목질화되기 때문에 순지르기를 통해 아름다운 수형을 직접 만들어볼 수 있습니다.

추위에 약하므로 겨울에는 실내로 옮겨오는 수밖에 없으나 그것이 힘들 경우에는 일년생으로 재배하고 봄에 모종을 새로 구입해 심습니다. 그렇게 해도 노지재배가 실내재배보다 열 배 이상의 잎을 더 수확할 수 있으니 훨씬 장점이 많습니다.

레몬버베나는 건조한 토양을 좋아합니다. 화분재배 시엔 마사토를 30% 섞어주고 토분에서 재배하면 건강하게 잘 자랍니다.

순지르기와 번식

순을 자르면 3개의 줄기가 나오기 때문에 가지를 많이 발생시킬 수 있고, 바로 아래 잎뿐 아니라 그 아래 잎들에서도 일제히 곁순이 올라와 울창해집니다. 순지르기 하는 시기는 모종이 밭에 정착한 후인 5월 말부터 합니다. 일찍 하는 것이 전체적으로 균형을 잡는 데 좋습니다. 한참 자란 후에 하면 가분수가 되어 밑의 줄기가 울창한 가지와 잎을 감당하기 힘듭니다.

1 5월 24일. 정식하다.
2 줄기 끝을 잘라낸다.

3 자른 줄기와 잎 사이에서 세 줄기가 나온 모습
4 줄기의 마디마다 곁순이 나오고 있다.
5 5월 말. 많은 곁순으로 가지가 많아졌다.
6 꽃을 피우려고 하고 있다.
7 꽃대를 자르면서 1차 수확한다.

8 장마 이후 8월 중순. 더위에 더 무성해졌다.
9 9월 초. 나무처럼 거대하게 자랐다.
10 9월 말. 계속 꽃대를 제거한다.
11 10월 19일. 가을 수확

병충해

레몬버베나는 원예재배 시에는 온실가루이, 진딧물, 깍지벌레 등의 발생이 많습니다. 통풍을 신경 쓰고 해충이 발생하면 조기에 천연농약으로 퇴치하는 것이 좋습니다.

노지에서는 진딧물이나 다른 해충의 피해는 발견되지 않는데 유독 섬서구메뚜기의 피해가 심한 편입니다. 레몬향이 강해 해충을 끌어들이나 통풍이 잘되고 햇빛이 많은 노지에서는 잎 수확을 포기하게 하는 해충의 피해는 별로 없습니다.

베란다에서의 온실가루이, 진딧물 피해

노지 텃밭. 섬서구메뚜기가 순식간에 잎을 모두 먹어치웠다.

섬서구메뚜기를 차단하고자 한랭사를 씌웠다. 4일 후 한랭사 덕택에 깨끗한 새잎이 자라고 있다.

수확과 갈무리

잎, 꽃이 달린 줄기, 꽃대를 수확합니다. 잎은 쉽게 마르고, 건조해서 밀폐보관하면 3~4년은 향이 유지되는 것이 장점입니다. 레몬향이 나는 식물 중 가장 레몬 향과 가깝고 달콤한 허브로 인기가 높습니다.

재배기간 내내 신선한 잎을 수확할 수 있고, 유효성분을 추출하고자 할 때는 개화 직전에 수확하면 향이 가장 강합니다. 신선한 잎이나 건조한 잎이나 모두 향과 맛을 갖고 있어서 활용하기에 좋습니다. 레몬버베나의 향미는 상쾌하면서도 짙고 깔끔해 향수 재료로도 인기가 있습니다.

묶어서 매달거나 채반에 널어 말려도 쉽게 마른다.

마른 후, 줄기를 손으로 훑으면 쉽게 분리된다.

활용

레몬버베나는 해열, 소화, 구풍, 건위, 진정, 방부, 항경련에 효과가 있습니다.

레몬버베나 오일의 향기는 상쾌함과 긍정적인 활기를 줍니다. 피로를 덜어주는 오일이며, 무기력, 무감각, 무의욕을 일깨우는 오일로 정신을 번쩍 나게 합니다.

불안, 불면, 스트레스, 신경 긴장 등의 증상에 이용하면 좋습니다. 그래서 향수나 화장수에 넣어서 사용해서 생활에 활력을 줍니다.

오일은 무독성이나 피부에 자극이 있을 수 있으니 주의합니다.

레몬버베나 차

 식욕이 부진할 때 좋은데, 소화기와 관련된 신경성 질환을 위한 약제로도 사용됩니다. 새로운 활력을 주어 여름 음료에 적합합니다. 프랑스에서는 저녁에 마신다하여 이브닝티라고 불립니다.

 육류에서 잡내를 없애는 재료로, 과일이나 주스, 젤리, 샐러드에 향을 더하는 재료로 쓰입니다. 향이 좋아 핑거볼*로 많이 이용됩니다.

*핑거볼은 식사 중 손가락 끝을 씻기 위한 물을 담은 그릇. 보통 레몬조각을 띄운다.

 불안, 스트레스, 긴장을 완화하는 데는 차와 오일이 효과가 있고, 인퓨전은 목욕제로도 사용됩니다.

레몬버베나 실내 화분재배

로즈마리 ⁰⁷ Rosemary

이용 부위 잎, 꽃
재배난이도 ★☆☆☆ **해충피해** ★☆☆☆ **추천도** ★★★★

★ 지중해 원산으로 소나무 같은 외형에 목질화되는 다년생 상록 관목입니다.

★ 허브 재배는 로즈마리로 시작한다고 할 정도로 유명하며 향목으로 인기가 높습니다. 강한 향과 특유의 맛이 있어 해충 피해가 거의 없습니다.

★ 4년 이상 되어야 꽃이 피고, 2m까지 자랄 수 있으며 줄기가 많이 나와 키가 클수록 넓은 공간을 요구합니다.

★ 실내재배 시 가장 많이 시도하나 가장 실패율이 높은 허브로 유명한데, 실패 원인은 과습입니다. 원예식물에 준해 기르면 실패하고 나무에 준해 길러야 실패가 줄어듭니다.

★ 음이온 배출이 많다는 산세베리아보다 2배가량의 음이온을 배출합니다. 직립형과 포복형이 있는데 포복형(클리핑 로즈마리)이 추위에 더 약하나 향이나 약효 차이는 없습니다.

★ 중부지방에서는 노지 월동을 못하는 것이 문제이며, 장마철 고온다습한 환경도 극복해야 합니다.

★ 향이 강해서 올리브오일, 식초 등에 넣어서 허브오일이나 허브식초를 만들고, 각종 고기요리와 스튜, 수프 등에 주로 사용됩니다.

★ 고대부터 약초로 이용되어온 허브로 살균, 두통, 모발, 혈액순환 등 건강을 위한 용도로 사용도가 넓은 허브입니다.

	1월			2월			3월			4월			5월			6월			7월			8월			9월			10월			11월			12월		
	상	중	하	상	중	하	상	중	하	상	중	하	상	중	하	상	중	하	상	중	하	상	중	하	상	중	하	상	중	하	상	중	하	상	중	하

육묘파종 아주심기 수확

화분재배

로즈마리는 건조에 강한 작물로, 화분재배 시 월 1회 정도의 물 주기만으로도 잘 자랍니다. 특히 여름 장마와 겨울은 더욱 물을 삼가고 통풍이 잘되는 곳에서 기릅니다. 애정을 가지고 물을 잘 주면 오히려 실패하고, 물 주는 것을 잊으면 잘 자랄 정도로 과습에 약한 허브입니다. 과습 시에는 서서히 말라죽는 것처럼 시들어 가는데, 이것이 마치 물이 부족한 것처럼 보여 더 열심히 물을 주다가 죽이는 경우가 많습니다. 로즈마리 잎은 가느다란 침처럼 생겼는데, 물이 부족하면 그 잎이 더 얇아지는 변화를 보이므로 그것으로 물 주는 시기를 가름할 수 있습니다.

로즈마리는 적당한 화분에 1년에 한 번 분갈이가 필수입니다. 물을 자주 주더라도 죽지 않게 배수와 통기성이 좋은 굵은 마사토를 흙에 많이 섞어주면 도움이 됩니다. 분갈이하지 않고 한 화분에 오래 기르면 화분에 뿌리가 가득 차 배수가 나빠지고 뿌리 호흡도 나빠지게 됩니다. 거기에 공중 습도까지 높으면 가지 사이에 부정근(不定根)* 이라는 뿌리가 나오고, 이 상태가 진행되면 전체 포기의 상태가 나빠집니다.

부정근(不定根)
① 뿌리 이외의 기관에서 2차적으로 형성된 뿌리. 꺾꽂이한 삽수로부터 생긴 뿌리가 이에 속한다. ② 줄기의 위나 잎 등 정근 이외의 자리에서 생기는 뿌리

화분재배

부정근

2012년 5월 9일. 로즈마리 모종 심는 날. 밭에 아주심기 며칠 전부터 물을 안 줘서 수그러든 로즈마리

구덩이를 파고 물을 흠뻑 부어주어 완전히 스며든 것을 보고 모종을 심는다.

노지재배

노지에서 로즈마리는 물빠짐이 좋고 유기물이 풍부한 사양토에서 잘 자랍니다. 물빠짐이 안 좋은 곳이면 고랑의 높이를 높여 여름 장마를 잘 넘기게 해줘야 합니다.

거름은 많이 주지 않으며 웃거름도 필요치 않습니다. 밭 흙이 너무 비옥하면 오히려 힘들어하며 잎 끝이 타는 수가 있습니다.

여러 해 동안 로즈마리도 세이지, 타임과 같이 에어캡으로 월동 실험을 했으나 월동에 성공하지 못했습니다. 중부이북에서 노지 월동은 불가능하나 남부지방에서는 완충제를 이용해 보온해주면 가능할 수 있습니다.

그러나 실내재배보다 노지재배 시에 성장이 훨씬 빠릅니다. 노지에서 일년생으로 기른다 해도 수확량은 더 많습니다.

5월 16일. 아주심기 일주일 째. 완전히 기력을 찾았다.

8월 16일

9월 3일

10월 22일

줄기를 잘라 수확한다.

번식

육묘한 것은 4년, 꺾꽂이한 것은 3년이 되어야 꽃이 피기 때문에 종자 확보도 힘들고 초반 성장이 느려 모종을 사서 재배하는 것이 가장 경제적입니다. 가장 좋은 번식은 꺾꽂이를 통한 방법인데, 로즈마리는 뿌리내림이 잘되어 한여름을 빼면 언제든지 가능합니다. 목질화된 줄기 말고 그해에 나온 부드러운 가지로 한 뼘 정도 잘라서 합니다. 오래된 가지는 뿌리내림이 힘듭니다.

잘라낸 가지는 물이나 배양토, 모래 등에 꽂습니다. 잎이 얇아 수분 증발이 적어 삽수가 말라죽는 일이 드뭅니다. 그래도 안정적인 뿌리내림을 원하면 비닐을 덮어 밀폐 삽목을 합니다. 겨울에도 할 수 있으나 추우면 뿌리가 안 나오니 최저 15℃ 이상은 유지되게 해줍니다.

*80쪽, 북주기 참고   노지재배 시에는 줄기 아랫부분을 북주기*로 덮어주면 아래줄기에 뿌리가 발달됩니다. 그렇게 해서 포기를 크게 해주거나 뿌리가 나온 줄기를 잘라 옮겨심으면 안정적으로 삽목이 됩니다.

물꽂이를 해서 뿌리내린 모습

모래에 삽수를 꽂아 삽목했다.

뿌리가 잘 나왔다.

뿌리내린 로즈마리를 화분에 옮겨심었다.

수확과 갈무리

로즈마리는 필요할 때마다 줄기를 잘라 수확합니다. 겨울이 다가오면 잎의 색이 변하므로 월동에 들어가기 전 가을에 한꺼번에 수확하는 것이 가장 좋고 향도 가장 진합니다.

노지재배를 할 경우, 월동을 포기할 경우에는 쓸 만큼 다 수확하고, 월동할 계획이면 밑에 새순이 올라올 수 있도록 약간의 줄기를 남겨놓고 수확합니다.

잎은 그늘지고 바람이 잘 통하는 곳에서 말리되 고온에서 건조하면 향이 약해지니 상온 건조합니다. 줄기째 말린 후에 잎만 분리해서 향신료로 쓰거나 줄기째 밀폐보관합니다. 생잎이나 건조 잎이나 향의 차이는 거의 없으며 건조해도 향이 오래 유지됩니다.

줄기째 건조   줄기에서 잎을 분리한다.

활용

로즈마리는 향이 강해서 항균성도 강합니다. 호흡기에 좋고 혈액순환을 도와줘서 손발이 찬 데 도움이 됩니다. 로즈마리 에센셜오일은 살균, 소독, 방부, 방충 작용이 있어 오래전부터 생활 속에서 이용되어왔습니다.

로즈마리와 라벤더는 원산지와 생육조건이 거의 유사하지만 성질은 완전히 반대입니다. 로즈마리는 식용이 가능하고, 따뜻한 성질에 저혈압에 도움이 되고 통증에 효과가 크고 방부효과가 크고 잎과 꽃을 이용합니다. 라벤더는 아로마테라피 위주로 찬 성질이며 고혈압에 도움이 되고, 방부효과가 적고 꽃을 이용합니다.

잎에 2.5%의 에센셜오일을 함유해 다른 허브에 비해 식물체 전체가 갖고 있는 에센셜오일의 함량이 높습니다. 로즈마리 오일의 중추신경 자극 효과는 유명해서 뇌자극제로 알려져 있는데, 집중력 부족과 신경쇠약에 효과가 있습니다.

로즈마리 차는 몸과 마음을 자극하는 차로 정신적 각성을 돕고 집중력, 기억력 증진에 도움이 되어 수험생의 차로 알려져 있습니다.

　나른함, 우울함, 무기력, 어지러움 등에 효과가 있으며 두통에 특히 좋습니다. 신경통과 감기에도 좋고 소화, 강장, 구풍 작용과 항균작용이 있어 좋습니다.

　로즈마리는 강한 향과 쓴맛이 있습니다. 건조허브나 생허브를 오일이나 식초에 담가 향신조미료를 만들어 요리에 사용하면 좋습니다. 이탈리아에서 로즈마리는 중요한 향신료로 모든 고기요리에 거의 빠짐없이 들어갑니다.

　로즈마리는 오래 가열해도 향이 사라지지 않아서 요리 시 처음부터 넣어서 사용합니다. 줄기째 넣어 사용하거나 잎을 떼어내고 난 가지를 바비큐에 넣어서 향을 내게도 합니다. 육류요리에 사용하면 육류 특유의 좋지 않은 향은 감추고 좋은 향을 더해 풍미를 높입니다.

　로즈마리의 강한 향은 고기의 냄새를 제거하는 역할을 하며 동시에 좋은 향을 배게 합니다. 생줄기나 건조 잎을 고기 사이에 넣고 굽고, 조리 후 빼냅니다.

　육류를 불에 익히면 나오는 발암물질을 로즈마리가 막아주는 기능을 합니다. 또한 채소보다 항산화 능력이 강해 건강에 도움이 됩니다.

　분말은 요리에 손가락으로 한 꼬집 정도 양으로 넣습니다. 생허브 1큰술(1T)이면 건조허브 1작은술(1t)의 양과 같습니다.

　로즈마리의 효능은 다양해서 하나의 용도로 사용해도 복합적인 효과를 볼 수 있습니다. 로즈마리를 수확하면 식초, 알코올, 올리브오일을 이용해서 팅크처와 인퓨즈드오일을 만들어 저장해두고 다양하게 사용할 수 있습니다.

　로즈마리는 '모발'에 많이 이용되는데, 모발의 생장을 자극하고 윤기 있게 합니다. 대머리 예방 효과도 있고 비듬 방지용으로 이용됩니다. 기존 샴푸, 린스에 로즈마리 팅크처나 인퓨즈드오일을 넣어서 사용하고 두피를 마사지합니다. 인퓨전이나 식초 팅크처에 오일을 섞어서 모발에 수시로 분무하거나 린스를 만들어 사용합니다.

　로즈마리 오일은 수렴 효과가 뛰어나서 '피부 미용'에도 이용됩니다. 인퓨전을 목욕물에 넣으면 몸의 통증, 신경통에 효과가 있고, 항균작용과 피부 탄력에 도움이 됩니다. 팅크처나 인퓨즈드오일을 바디오일, 마사지오일, 화장수로 만들어 사용합니다.

로즈마리의 방부, 살균, 항균 효과를 이용해서 인퓨전을 만들어 구강청정제로 사용하면 좋습니다.

로즈마리는 '심장'의 기능을 강화해서 혈액순환을 증진시키는 효능이 뛰어납니다. 강심제나 심장자극제로서 저혈압을 정상으로 높여주고 손발이 찬 데 도움이 됩니다.

무엇보다도 심리적으로 '뇌'에 에너지를 공급하고 활기를 줘서 두뇌를 맑게 하고 기억력을 증진시키며 무기력에 효과적이고 피곤할 때 활력을 줍니다. 신체적으로도 감각기관을 소생시켜주고, 두통과 편두통을 없애주는데 특히 위장과 관련된 증상에 더 효과적입니다.

현기증 치유에 도움이 되고 신경자극제가 되어 통증완화에 도움이 됩니다. 류머티즘, 관절염, 과로한 근육의 치료에 좋습니다. 목욕, 마사지나 연고 등을 이용하면 좋습니다.

로즈마리 에센셜오일은 무독성, 무자극성, 무민감성으로 안전하지만, 임신부나 고혈압, 간질환자는 이용을 하지 않는 것이 좋고, 에센셜오일 원액은 먹으면 안 됩니다.

헝가리워터 만들기

• **헝가리워터(Hungary water)**[*]: 꽃이 핀 로즈마리를 에틸알코올에 담가서 만든 오데코롱(방향성 화장품)이다. 목욕제로 주로 이용하고 통풍, 신경통에 좋다.

[*]헝가리워터 만드는 방법은 401쪽 참고

루콜라 ⑧ *Rucola*

이용 부위 어린 잎, 씨
재배난이도 ★★☆☆   해충피해 ★★★☆   추천도 ★★★☆

★ 지중해 원산으로 이탈리아에서는 루콜라 (Rucola), 영어로는 아루굴라(Arugula), 프랑스어로는 로켓(Rocket)이라고 불리고, 우리나라에서는 루콜라(루꼴라)로 불립니다.

★ 일년생 샐러드 채소로 어린잎, 꽃, 씨를 먹으며 매콤한 후추 같은 맛이 강합니다. 이탈리아와 남부 프랑스에서 많이 이용하는데 최근엔 한국에서도 인기입니다.

★ 햇빛이 강한 곳보다 약간 그늘진 곳의 잎이 부드럽습니다.

★ 잎이 크면 뻣뻣해지니 어릴 때 부드러운 잎을 먹는 것이 제일 좋고, 꽃대가 올라오지 않게 계속 제거해주면서 기르되, 억세지면 꽃대를 키워 씨앗을 받을 수 있습니다.

★ 꽃대가 올라오면 30~80cm까지 자라며 토질, 환경에 따라 5월부터 개화가 시작될 수 있습니다.

★ 배추과(십자화과) 식물로, 열무 재배와 유사한 성장을 보이는데 피해 해충도 열무와 같습니다.

★ 품종에 따라 여러 가지 꽃 색이 있으나 백색이 가장 많고, 꽃잎에 붉은 선이 있는 것이 특징입니다.

	1월			2월			3월			4월			5월			6월			7월			8월			9월			10월			11월			12월		
	상	중	하	상	중	하	상	중	하	상	중	하	상	중	하	상	중	하	상	중	하	상	중	하	상	중	하	상	중	하	상	중	하	상	중	하

직파   수확

파종과 재배

루콜라는 샐러드나 피자 위에 얹어먹는 채소로 많이 이용되기 때문에 채소로 생각하고 재배합니다. 루콜라는 육묘를 추천하지 않고 직파하는 것이 제일 좋으며 성장이 빠릅니다. 줄파종을 하는데 흙을 많이 덮어주지 않고 수분을 유지해주면 빨리 싹이 올라옵니다. 추위에 약해 서리를 피하는 것이 좋습니다. 늦서리가 지나서 파종하고, 자라는 대로 어린잎부터 수확해서 먹습니다.

루콜라는, 어린잎은 부드러우나 성장이 빨라 수확기가 짧고, 자랄수록 억세지고 꽃대도 빨리 올라오기 때문에 한꺼번에 많이 파종하는 것보다 2주 정도의 간격을 두고 파종하는 게 좋습니다. 계속 수확하려면 꽃대를 제거해줍니다.

한여름이 되어 강한 햇빛 아래에서 자라면 억세지고 꽃대도 빨리 올라오니 30% 정도 차광망을 해줍니다. 가을에 재배할 때는 초겨울 첫서리가 오기 전 비닐하우스로 서리를 막아주면 좀더 오래 수확할 수 있습니다.

루콜라는 엇갈이배추, 열무를 키우는 정도의 실력과 관리면 재배가 가능하며, 잎채소를 노리는 해충의 피해를 동일하게 받습니다. 어릴 때 벼룩잎벌레의 피해를 가장 많이 받습니다. 이를 막으려면 밭을 만들 때 토양살충제를 뿌려줘야 합니다. 벼룩잎벌레는 한랭사로 막을 수 없습니다. 샐러드용으로 쓰이기에 일반 농약을 사용하지 않는 것이 좋습니다.

2014년 5월 17일. 그 뒤 두둑을 짚으로 덮었다.

5월 27일. 잎 수확 적기. 왕성하게 성장하고 있다.

5월 31일. 꽃대가 올라온다. 잎이 작아지고 억세지고 쓴맛이 강해진다.

6월 8일. 개화

6월10일. 또다른 루콜라. 잎이 크다.

6월 18일. 꽃이 핀 루콜라

씨앗이 영글고 있다.

루콜라 씨앗

베란다 재배

루콜라는 반그늘에서도 잘 자라니 어린잎채소를 목적으로 하면 베란다 재배가 가능합니다. 병충해가 발생할 수 있으니 빠른 시일 내에 수확합니다.

베란다에서 플러그트레이 재배

어린잎채소로 먹어도 좋다.

갈무리와 활용

생잎으로 사용하는 채소이므로 수확해서 사용할 때까지 수분이 마르지 않게 해줘야 합니다. 신문지나 면포로 싸서 밀봉해서 냉장보관하면 신선함이 닷새는 유지됩니다.

비타민C와 칼륨, 미네랄의 함유량이 많아 지중해 연안 지역에서 비타민C 공급 채소였습니다. 이뇨작용과 위통을 진정시키는 효과가 있습니다. 씨앗은 지방유가 많이 함유되어 있어 이집트, 로마 등지에서는 기름을 짜서 겨자유로 사용하기도 합니다.

치즈와 잘 어울려 피자의 토핑 재료로 많이 쓰이며 루콜라의 이름을 딴 피자도 나오고 있습니다. 샌드위치에는 그 어떤 채소보다 잘 어울리고, 샐러드용으로 부드러운 맛의 다른 채소들 속에서 강한 맛으로 자극을 줍니다. 발사믹 소스와 잘 어울립니다. 이뇨작용과 위통 진정 효과가 있어 샐러드지만 약용으로 이용하기도 합니다. 어린잎의 톡 쏘는 매운 맛에 참깨 같은 향미가 있습니다.

생채소를 오래 먹기 위해서 페스토를 만들어 먹을 수 있습니다. 바질 페스토*를 만드는 방법과 같으며 잣 대신 파스타치오를 사용해도 좋습니다.

*426쪽 참고

마조람  **09** *Marjoram*

이용 부위 꽃, 잎
재배난이도 ★☆☆☆ 해충피해 ★☆☆☆ 추천도 ★★★☆

★ 원산지는 지중해 동부로 오랫동안 오레가노와 같은 작물로 취급되기도 했지만 마조람(Sweet majoram)은 별개의 허브입니다.

★ 타임, 오레가노와 비슷한 향과 맛을 가졌으나 타임보다 단맛이 강하고 오레가노보다 향이 약합니다. 포기 전체에선 달콤한 향이 나나 맛은 약간 쓴 편으로 조리 마무리 단계에 넣거나 가열을 오래하지 않는 요리에 사용합니다.

★ 바질, 오레가노와 같이 이탈리아요리에 특히 많이 이용됩니다. 피자, 파스타 등 대부분의 토마토 요리에 들어갑니다.

★ 생육이 좋아 짧은 기간에 무성하게 자라지만 고온다습에 약해 물빠짐이 나쁘면 뿌리가 썩기 쉽고 포기 전체가 약해집니다. 뿌리를 땅속 깊이 내리지 않아 가뭄에 취약합니다. 노지 월동은 불가능합니다. 실내로 옮겨 화분에서 월동시키면 연중 수확이 가능합니다.

★ 다년생으로 부드러운 잎과 목질화되는 줄기를 갖고 있습니다.

★ 키가 20~30cm 정도로 작으나 생육이 좋아 줄기가 풍성해지기 때문에 소담하고 보기 좋은 허브입니다.

	1월			2월			3월			4월			5월			6월			7월			8월			9월			10월			11월			12월		
	상	중	하	상	중	하	상	중	하	상	중	하	상	중	하	상	중	하	상	중	하	상	중	하	상	중	하	상	중	하	상	중	하	상	중	하

실내파종 육묘파종 아주심기 수확

번식

마조람의 번식 방법은 파종과 꺾꽂이, 포기나누기입니다. 발아가 잘되는 편이고 생육이 왕성해 육묘 두 달이면 충분한 크기로 성장합니다. 씨앗은 작으나 미세종자는 아니므로 흙을 가볍게 덮어주고 수분 유지를 해주면 잘 발아합니다. 수건파종은 할 필요가 없습니다. 생육이 까다롭지 않아 아주심기의 순서를 잘 지키면 무리 없이 활착합니다. 봄가을에 포기를 캐내서 몇 포기로 나눠 심으면 쉽게 포기를 늘일 수 있는데 2년 간격으로 포기나누기로 포기를 갱신하면 항상 건강합니다.

노지재배

마조람은 부드러운 작은 잎이 사랑스런 허브입니다. 햇빛을 좋아해서 날씨가 맑으면 빠른 시간 내에 무성하게 자랍니다.

뿌리가 얕게 내리는 허브여서 건조에도 약하고 장마 때 많이 고사합니다. 노지에서는 유기물을 넉넉히 넣어주면 토양 내 통기성과 보습성이 좋아져 긴 장마와 가뭄도 잘 넘깁니다. 배수가 잘되게 두둑을 높이고, 두둑이 낮은 저지대라면 유기물의 함량을 높이는 것이 중요합니다.

한여름 강한 햇빛에 취약해서 반그늘을 만들어주는 것도 좋고, 건조를 대비해 지표면에 풀을 덮어주는 것도 좋습니다. 질소비료를 많이 주면 웃자라고 쓰러지기 쉽습니다.

2014년 3월 초. 플러그트레이에 파종한 마조람

4월 초. 지피포트에 파종한 마조람의 성장

5월 17일. 밭에 정식한 마조람

5월 18일. 두둑 위에 짚을 덮어 봄 가뭄으로부터 보호한다.

5월 31일. 맹렬하게 성장하는 마조람

6월 중순. 순지르기를 해줘서 더 풍성하게 만든다.

6월 12일. 더워지자 빠르게 성장하는 마조람. 1차 수확하고 장마를 대비한다.

8월 중순. 장마를 무사히 넘기고 맹렬하게 성장하고 있다. 토양이 좋아야 한다.

[비교] 2011년 8월 중순. 토양 문제와 2개월 간의 장맛비로 죽은 마조람

가을 실내재배

마조람은 노지 월동이 불가능하고, 장마의 고온다습과 겨울의 추위를 넘기기 어려워 화분재배가 용이합니다. 화분은 통기성이 좋은 것을 선택하고 흙을 건조하게 유지합니다.

다음은 겨울에 수확이 힘든 마조람을 화분에서 재배하는 모습입니다. 8월에 파종해서 겨우내 실내재배합니다. 장소는 노출 베란다와 실내 베란다이며, 직사광선을 받게 해주고, 기온이 오르면 외부에 놓아 통풍을 신경 써주니 한겨울에도 무성하게 자랐습니다.

8월 중순. 월동을 위한 2차 파종

8월 중순. 화분에 옮겨심어 베란다에 두었다.

12월 초순. 낮 기온이 20℃ 이상 올라가면 밖에 내놓고 햇빛을 보게 한다.

12월 말. 기온이 떨어지면 비닐터널을 만들어 터널 안 온도가 영하로 떨어질 때까지 둔다.

다음 해 1월 초순. 한겨울에도 무성하게 자랐다.

수확한 후의 마조람

마조람은 줄기가 목질화된다.

수확과 갈무리

마조람은 꽃이 피기 시작할 때 한꺼번에 줄기를 잘라 수확합니다. 잎과 꽃이 같이 올라오니 줄기째 잘라내되, 줄기 아래에 잎 여러 장을 남기고 베어내면 다시 곁순이 올라옵니다. 노지재배 시에는 월동 전에 다 수확하는데 10월까지도 수확이 가능합니다.

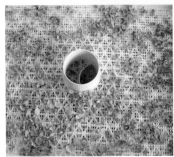  

건조기에 건조하는 모습　　　　줄기째 건조한 후에 잎을 분리한다.　　　마조람 향신료. 분리한 잎을 그대로 사용하
　　　　　　　　　　　　　　　　　　　　　　　　　　　　　　　　거나 가볍게 분쇄해 사용한다.

활용

마조람은 차와 향신료, 요리, 포푸리나 드라이플라워, 아로마테라피까지 다양하게 활용되는 허브입니다. 고대 이집트 때부터 이용된 허브로 행복을 상징하는 향초입니다. 고대 그리스와 로마에서는 신랑신부의 결혼식에서 화관으로 쓰였습니다.

마조람이 가진 가장 큰 효능은 진정작용, 항경련성입니다.

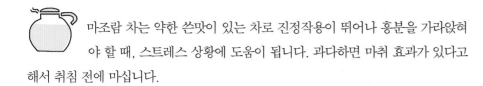

마조람 차는 약한 쓴맛이 있는 차로 진정작용이 뛰어나 흥분을 가라앉혀야 할 때, 스트레스 상황에 도움이 됩니다. 과다하면 마취 효과가 있다고 해서 취침 전에 마십니다.

이탈리아 요리, 육류요리에서 중요한 향신료입니다. 향은 강하지 않아서 요리 마무리 직전에 넣거나 오래 가열하지 않는 요리에 사용합니다. 바질, 오레가노와 같이 피자, 파스타 등의 대부분의 토마토 요리에 들어갑니다. 돼지고기, 채소요리, 수프, 소스, 스튜 등 다양하게 쓰입니다. 잎이 부드러워서 샐러드에 생잎을 넣기도 하고 드레싱에도 사용합니다.

마조람은 편안하게 해주는 성질을 갖고 있어서 스트레스나 근육 긴장, 흥분을 가라앉힙니다. 마조람 오일의 진정작용이 뛰어나서 지나칠 경우 감정이 둔화되거나 졸음 유발, 감각 둔화 증상이 나타나기도 합니다. 긴장완화 효과로 두통, 편두통, 불면증에도 좋습니다.

혈관을 확장시켜 혈액순환을 돕고 몸을 따뜻하게 해서 멍든 피부나 가벼운 동상, 타박상 치료에 효과가 있습니다. 그래서 운동 후 마사지제로 좋습니다.

우수한 심장강장제로 고혈압의 완화에도 효과가 있습니다.

진통 효과가 있어서 염좌, 류머티즘, 요통, 삔 데 효능이 있습니다. 마사지, 습포, 목욕, 연고 등 피부에 흡수될 수 있는 여러 가지 방법을 다 사용할 수 있습니다.

항경련작용이 있어서 근육경련 등에 도움이 되고, 항염증, 항진균, 항바이러스 작용이 있어 감기나 독감, 신경성 기침이나 천식에도 도움이 되고, 감기로 인한 두통에 효과가 있습니다. 치료로 흡입법이나 가슴 마사지를 해줍니다.

생리통이나 신경 경련이 있을 때 아랫배를 마사지하거나 온습포를 사용할 수도 있고, 클라리세이지와 같이 사용하면 더 좋습니다.

소화기에도 좋아 위경련, 소화불량, 헛배 부름, 변비 등에 효과가 있습니다.

멜로우 ⑩ Mallow

이용 부위 꽃, 잎, 뿌리
재배난이도 ★☆☆☆   **해충피해** ★☆☆☆   **추천도** ★★☆☆

★ 유럽이 원산으로 세계적으로 천여 종이 있으며 고대로부터 잎과 꽃과 뿌리를 이용해왔습니다.

★ 아욱과에 속하는 멜로우는 이년생과 다년생이 있습니다. 성장 과정이나 모습이 아욱과 유사하며, 꽃이 탐스럽고 아름다워 관상용으로 인기가 있습니다.

★ 마쉬멜로우(Marshmallow)는 포기 전체에 점액이 있으며 모든 통증을 완화시키는 효능이 있어서 소염, 통증 완화제로 쓰여 왔습니다. 호흡기, 폐, 기침에는 소염제로, 방광염 등의 비뇨기에, 상처 난 곳에 도포제 등의 약초로 쓰입니다.

★ 멜로우의 잎, 뿌리, 꽃에도 마쉬멜로우와 같은 약효가 있습니다.

★ 내한성이 강한 편이나 중부이북에서는 월동이 힘들며 남쪽지방에서는 가능합니다.

★ 겨울을 잘 나면 다음 해 다시 뿌리에서 새순이 올라와 성장하고 꽃을 피웁니다.

★ 멜로우는 아욱처럼 어린잎을 샐러드나 익혀서 먹고 꽃은 샐러드나 허브차로 먹습니다. 특히 말린 꽃을 차로 만들어 화려함을 즐깁니다.

	1월			2월			3월			4월			5월			6월			7월			8월			9월			10월			11월			12월		
	상	중	하	상	중	하	상	중	하	상	중	하	상	중	하	상	중	하	상	중	하	상	중	하	상	중	하	상	중	하	상	중	하	상	중	하

육묘파종   아주심기   개화   수확

재배

멜로우는 1~2m까지 자라는 이년초 또는 다년초입니다. 아욱과 비슷하게 생겼으며 잎도 크고 꽃도 큽니다. 꽃은 다양한 색을 가지고 있는데 흰색, 적색, 적자색, 분홍색 등이 있으며 초여름부터 가을까지 화려하게 핍니다. 마쉬멜로우는, 키는 멜로우와 비슷하며 7~8월에 연분홍색 꽃을 피웁니다.

멜로우는 육묘나 직파 모두 가능합니다. 육묘 시 초기에는 성장이 느리나 성장에 탄력이 붙기 시작하면 강하고 빠르게 성장합니다. 육묘기간은 2개월이면 충분합니다. 생육이 강한 편이어서 배수가 잘되는 유기물이 많은 토양이면 무난하게 잘 자랍니다. 장마철 과습에 약해지지만 아주 긴 우기가 아니면 견뎌냅니다. 해충 피해도 그다지 없습니다.

키가 크고 곁순도 많이 나오기 때문에 재식간격 40~50cm 정도는 확보하는 것이 좋습니다. 가을에 뿌리를 캐내어 포기나누기를 하면 번식이 가능합니다.

멜로우 새싹

멜로우는 아욱과답게 육묘도 잘되고 튼튼해서 큰 포트에 한다.

5월 17일. 4월 30일 아주심기 후 늦서리에 영향 받지 않았다.

6월 7일.
개화하기 시작하다.

8월 중순. 씨앗이 맺혔다.

다음 해 3월 말, 월동한 멜로우의 뿌리를 캐보니 새순이 올라오고 있다.

8월 초까지 다양한 꽃을 피웠다.

전년도보다 더 키를 키우고 다른 색의 꽃을 피웠다.

활용

건조한 꽃에 신맛을 가하면 핑크색 차가 되는 것으로 유명합니다. 잎과 꽃을 건조 해 차로 마시거나 2년이 지난 뿌리를 캐 서 차로 마시기도 합니다. 멜로우 차의 맛은 특별하 진 않으나 호흡기 질환에 효과가 있어 기침, 천식 등 에 도움이 되고 목이 붓고 아플 때 도움이 됩니다.

목이 아플 때는 구강청정제로 쓰면 도움이 됩니다. 소염작용이 있어 방광염, 요도염에 이용합니다. 특히 뿌리를 달여 마시면 방광염에 효과가 좋습니다. 위염, 장염 등 소화기 계통에도 도움이 됩니다.

마쉬멜로우는 뿌리에 약효성분이 가장 많습니다. 그 뿌리를 잘게 썰어 물 1컵에 1작은술을 넣어 30분간 상온에서 우립니다. 건져내고 먹을 때 살짝 데웁니다. 뜨거운 물에 우리면 뿌리 속의 전분도 녹아나옵니다. 마쉬멜로우 꽃은 감기, 근육통에 효과가 있고, 거담, 마른기침, 구강염, 기관지염, 위염 등에 효과가 있습니다. 잎을 뜨거운 물에 우리면 끈적이는 물질이 나오는데 이것을 염증 부위에 대고 붕대로 고정해줍니다. 차로 냉습포를 하면 피부염에 효과가 있습니다. 우려낸 티를 화장수로 사용하면 건조 피부에 도움이 됩니다.

꽃은 개화하기 시작하면 오전에 활짝 피었을 때 수확한다. 수확해서 바람 잘 통하는 그늘에서 건조한다.

건조된 멜로우 꽃

멜로우 꽃차

레몬즙 같은 신맛을 가미하면 차의 색이 핑크색이 된다. 색이 변하는 것과 효능은 상관이 없다.

스피아민트

민트 ⑪ Mint

이용 부위 잎, 꽃, 줄기
재배난이도 ★★☆☆   해충피해 ★★☆☆   추천도 ★★★★

페퍼민트

★ 민트(박하)는 유럽 원산으로 수많은 종류가 있습니다. 각 나라마다 고유의 민트가 있을 정도로 토착화에 성공한 강한 허브입니다.

★ 해가 잘 드는 양토에서 잘 자라며, 약간 습한 흙에서 잘 자랍니다.

★ 추위에 강하고 노지 월동이 가능하며 생육이 강합니다. 다른 식물과 같이 재배하면 무한정 번식하여 밭 전체에 퍼질 수 있으므로 관리를 잘해야 합니다.

★ 화분에 재배할 때 화분이 크고 배수가 잘되며, 흙이 비옥하면 성장이 빨라 매년 분갈이를 해주는 것이 좋습니다.

★ 민트 중에 대표격인 페퍼민트가 가진 에센셜오일의 주성분인 멘톨(menthol)은 상쾌함과 청량감이 있어 오래전부터 다양하게 이용되어 왔습니다.

★ 페퍼민트는 가장 역사가 깊고 수요도 많으며 효능도 뛰어난 민트입니다.

★ 한 곳에서 2년 이상 재배하면 강하게 번식해 주위를 장악할 수 있으니 땅속뿌리를 정리해서 생육을 억제해주는 것이 좋습니다.

	1월			2월			3월			4월			5월			6월			7월			8월			9월			10월			11월			12월		
	상	중	하	상	중	하	상	중	하	상	중	하	상	중	하	상	중	하	상	중	하	상	중	하	상	중	하	상	중	하	상	중	하	상	중	하

육묘파종   아주심기   수확   개화

민트의 특성

민트는 다년생 허브로 전 세계에 퍼져 있습니다. 각 나라마다 그 나라의 특산종이 있을 정도로 다양합니다. 서양종은 페퍼민트, 스피아민트, 애플민트, 파인애플민트, 페니로얄민트 등이 있습니다.

생육이 왕성하고 번식력이 뛰어나며 어느 지역, 어떤 토양에서도 비교적 잘 자라는 편이라 초보가 기르기 적당합니다. 다른 종과 같이 심으면 변종을 만들어내기도 하니 주의하는 것이 좋습니다.

겨울에 지상부에서는 사라지지만 내한성이 있어 땅속뿌리는 살아있습니다. 다음 해 봄에 다시 올라오니 재파종할 필요가 없습니다. 서리에는 큰 타격을 받지 않아 완전히 영하로 떨어지기까지 안전하여 우리나라 전역에서 월동 가능합니다.

쉽게 구할 수 있고 많이 활용되는 가장 유명한 종류들 위주로 소개하겠습니다.

페퍼민트

민트 중 가장 많이 가공되어 활용되는 허브로 무자극, 무독한 허브입니다. 키가 30~100cm 정도로 강한 페퍼민트 향을 가진 세계적으로 가장 인기가 좋은 허브입니다. 첫해보다 월동한 후 다음 해에 더 강력하게 자랍니다. 번식력이 강하므로 노지에서 기를 때는 흙 속에 울타리를 만들어주거나 무한 번식되지 않게 관리하는 것이 필요합니다.

주요 화학성분인 멘톨을 40% 함유하고 있습니다. 시원한 느낌이 있어서 한여름에 허브차, 음료로 많이 쓰이고, 시럽으로 만들어두고 먹습니다. 멘톨은 방부, 살균작용과 구충, 정장작용이 있어서 치약, 구강청정제로 유명하고 근육통 연고, 물파스 등 통증, 살균과 관련된 의약품으로 쓰입니다. 가정에서도 페퍼민트로 팅크처, 인퓨전, 인퓨즈드오일을 만들어두고 가정상비약으로 사용하면 도움이 됩니다. 상쾌하고 달콤한 향이 나고 소화 기능이 뛰어납니다.

페퍼민트

스피아민트

스피아민트는 페퍼민트와 견줄 만큼 번식력이 강한 허브입니다. 비록 작은 모종 하나를 심었어도 여름이면 두둑 위를 모두 점령한 것을 볼 수 있을 겁니다.

스피아민트

애플민트

키가 40~100cm까지 되며 생육이 왕성하여 굵고 힘있게 자랍니다. 페퍼민트와 비슷하여 혼동할 수 있는데 둥근 잎의 모양과 줄기의 붉은색으로 구분합니다. 향이 강하고 시원해 냉차로 많이 만들어 마시는데 갈증을 해소해줍니다. 멘톨은 소량이고 구강 위생, 소화, 자극제, 살균제로 주로 이용됩니다. 진하게 끓여 가글용으로도 활용하며, 말려서 입욕제로 사용하면 스트레스 해소 효과가 있습니다.

애플민트

민트 중에서 중간 정도의 강함을 보여주는 허브로, 스피아민트만큼은 못되어도 잘 자랍니다. 초반에는 성장이 다소 떨어지지만 중반으로 갈수록 강하게 자라며 잎은 부드럽고 사과 향을 냅니다. 사과와 박하가 섞인 향을 이용해 모히토*를 만드는 등 칵테일 용도로 많이 이용되는 허브입니다. 주변에 스피아민트나 페퍼민트같이 강한 허브와 기르면 제대로 자라지 못할 수 있습니다.

중부이북은 노지 월동이 안 되는 경우가 많습니다.

파인애플민트

파인애플민트

민트 중 가장 약한 편에 속해서 강한 민트들 속에 있으면 고사할 수 있으니 별도로 격리해 재배하는 것이 좋습니다. 긴 장마를 못 견디기도 하고 여건이 안 좋으면 잘 죽으며 노지 월동도 안 됩니다.

잎의 모양과 색이 다른 민트들과 구별됩니다. 잎이 두 가지 색을 띠고 있으며 부드러운 털이 나 있고 줄기가 연약하며 느리게 자랍니다. 실내에서는 자칫 웃자라기 쉽고, 노지에서도 무성하게 자라지 않습니다. 은은한 파인애플향이 나며 잎이 부드럽고 그 색이 독특해 인기가 있습니다.

페니로열민트

페니로열민트

러너를 내어 땅에 기어가듯이 퍼지는 것이 특징으로 생명력이 강해 잔디 대용으로 쓰이기도 합니다. 독성이 있어서 오일은 모기 퇴치제 등으로도 이용되었습니다. 고대부터 낙태제로 민간에서 사용했기 때문에 아로마테라피에서는 사용하지 않는 것이 좋습니다.

*모히토 만들기는 253쪽 참고

육묘

민트 종자는 미세하여 까다로운 편에 속합니다. 뿌린 후 흙을 덮지 않는 광발아종자입니다. 파종은 기온이 20℃ 이상이면 가능한데 텃밭지기들은 실내에서 3월 초에 육묘를 시작합니다. 햇빛을 충분히 보면서 자라야 웃자람이 없고 건강합니다.

3월 10일. 펠렛을 이용한 페퍼민트 육묘

3월 29일. 페퍼민트가 성장하여 펠렛이 포화 상태에 이르렀다.

3월 29일. 좀 더 큰 화분에 옮겨심었다.

5월 3일. 아주심기하는 날

5월 3일. 플러그에 육묘한 페퍼민트

5월 3일. 밭에 아주심기했다.

번식

번식은 씨앗과 삽목(꺾꽂이)으로 합니다. 삽목이 잘 되는 허브입니다. 민트는 번식이 잘되는 허브로, 유성생식보다 무성생식이 더 유리합니다. 전년도에 민트를 길렀던 곳이면 겨우내 아무 흔적이 없을지라도 봄에 기온이 오르면 민트 싹이 올라옵니다. 그것을 캐서 옮겨심어도 됩니다.

줄기삽목(꺾꽂이)

줄기를 잘라 물이나 모래에 꽂으면 며칠 후 뿌리가 나옵니다. 뿌리내림이 잘 되어서 밀폐삽목을 할 필요도 거의 없습니다. 러너(runner)에 뿌리를 내려 여러 개체를 만들 수 있습니다.

줄기삽목. 화장솜을 두툼하게 깔고 물을 부어 적시고, 그 위에 민트 줄기를 놓았다. 10일 후 마디마다 뿌리를 내렸다.

민트의 러너가 땅위를 뻗어나가며 성장한다. 줄기에서 뿌리가 나오면서 더 강력하게 성장한다.

뿌리삽목

봄이나 가을에 뿌리를 캐내어 순이 나온 마디를 여러 개 포함해서 절단합니다. 그 뿌리를 땅에 심어주면 싹이 올라옵니다.

민트 뿌리는 땅속으로 번져가면서 땅속을 장악하다가 땅 위로 바로 순을 올려 순식간에 퍼져나간다. 뿌리와 순을 함께 잘라 옮겨심으면 별개의 개체가 탄생된다.

뿌리에서 바로 올라오는 새순

순지르기

포기를 풍성하게 만들고 싶다면 순지르기를 합니다. 1개의 줄기를 2개로, 다시 2개를 4개로 늘여나갈 수 있습니다. 수확하면서 줄기를 자르면 순지르기 효과가 납니다. 아래에 곁순이 나올 잎은 반드시 남기고 수확합니다.

순을 잘라낸 애플민트

곁순이 2개 올라왔다. 2개의 줄기가 될 것이다.

2개의 줄기가 만들어진 파인애플민트

순지르기 후 여러 개의 줄기가 나온 스피아민트

민트의 생육 조절

민트는 땅속줄기의 번식이 왕성해서 무한정 번식되어 다른 식물의 성장을 방해하기 때문에 그 생육을 조절해야 할 필요가 있습니다. 제 경우, 민트 재배 2년째인 2013년에 이미 민트의 세력이 너무 강해져서 허브이랑이 민트로 가득 찼습니다. 생육이 쇠약해질 것 같아 3년째인 2014년에 민트의 생육을 제한하기로 했습니다. 3월 중순에 민트 뿌리 70% 정도를 제거했습니다. 민트는 초봄부터 올라오기 때문에 다른 허브들의 성장을 방해하는데 이렇게 뿌리를 제거해서 세력을 약화시키자 봄에 다른 식물들이 먼저 자리를 잡았고 뒤늦게 민트가 다시 살아나 화단이 균형을 잡았습니다. 이렇게 정기적으로 뿌리를 정리해주지 않으면 밭 전체에 민트 뿌리가 가득 차고 민트의 생육도 약해집니다. 2015년 다시 민트가 강하게 이랑을 점령했고 격년으로 정리를 할 계획입니다.

2014년 3월 15일. 땅이 녹자마자 3년 차 민트 뿌리의 제거 작업을 시작했다. 땅속에 가득한 민트 뿌리를 캐냈다.

엄청난 두께와 세력으로 발달한 뿌리 70%를 제거했다.

5월 7일. 뒤늦게 다시 올라온 스피아민트

6월 12일. 예전처럼 왕성해진 민트. 만일 민트의 뿌리 제거 작업을 하지 않았다면 땅속에 가득 찬 뿌리와 순으로 생육이 더 나빠지고 다른 식물의 성장도 방해했을 것이다.

해충 피해와 장마

민트는 노지에서는 거의 해충 피해가 없거나 있어도 어렵지 않게 극복하는 편이지만, 섬서구메뚜기와 달팽이의 피해는 큰 편입니다. 피해가 심한 지역이면 발생하기 전에 한랭사를 덮어서 방어하는 것이 좋습니다. 달팽이는 달팽이 약제를 놓아서 잡습니다.

장마 때 무성한 민트는 통풍 부족으로 쇠약해집니다. 장마가 오기 전에 줄기째 잘라 수확해서 활용하면서 동시에 통풍과 배수를 원활하게 해줘서 민트가 장마를 무사히 넘기도록 합니다. 민트는 강해서 장마가 지나고 한 달 후면 거의 다시 회복하는 편이나 약간의 웃거름으로 회복을 돕는 것이 좋습니다.

달팽이의 공격을 받는 페퍼민트

페퍼민트. 메뚜기 공격으로 인한 피해

장마 중 밀집된 잎과 습기로 줄기가 썩어간다.

장마가 끝난 후 허브텃밭. 긴 비로 지상의 민트들이 많이 썩고 상했다.

수확과 갈무리

줄기째 잘라서 수확하는 것이 좋습니다. 자를 때 아래에 잎 몇 장을 남기고 잘라야 다시 새순이 올라옵니다. 꽃이 피기 시작할 때 에센셜오일이 최고조에 이르며, 꽃이 피면 성장이 중지되고 잎이 굳으니 시기를 잘 맞춰 수확합니다. 수확은 오전 중에 이슬이 마르면 하고, 줄기째로 가볍게 씻어 거꾸로 매달아 그늘지고 바람이 잘 통하는 곳에서 건조합니다.

활용

 페퍼민트의 효능은 멘톨의 효능입니다. 이 멘톨이 인체에 어떤 효능을 미치고 어떻게 적용하는지를 알면 충분하게 활용할 수 있습니다. 멘톨은 효과가 즉각적이고 강하며 빨리 사라지는 특성이 있으며 시원한 느낌이 있습니다.

'호흡기'에는 모든 허브 중 페퍼민트가 가장 효능이 좋은데 멘톨이 풍부하기 때문입니다. 코막힘, 감기, 감염에 아주 효과적입니다. 특히 열과 두통을 동반한 감기에 유용하고 초기 감기에 추천합니다. 거담, 방부, 살균력이 뛰어나기 때문입니다. 오일 향을 흡입하거나 차의 증기를 흡입하는 것도 도움이 됩니다.

'진통성'이 있어 근육이나 멍, 타박상에 유용하고, 국부 마취 작용력이 있어서 오일은 신경통과 류머티즘에 이용됩니다.

'신경계'에 영향을 주는데, 머리가 맑아지게 하고 집중력이 떨어지거나 정신적으로 피곤할 때 뇌로 혈액이 과잉 공급되는 것을 예방해서 가라앉혀주고, 신경을 강화하고 진정시켜줍니다. 차로 마시거나 냉습포를 만들어 두통, 편두통 완화를 위해 이마에 대고 있어도 도움이 됩니다.

'소화'는 허브 중에서 페퍼민트가 가장 대표적이라고 할 수 있는데, 소화불량이나 복부팽만, 위통, 설사 등을 완화하는 효과가 뛰어납니다. 특히 메스꺼움과 구토에 탁월해서 차멀미에 효과적입니다. 음용해서 이용합니다.

팅크처나 인퓨전, 인퓨즈드오일 등을 만들어 식용, 건강용으로 다양하게 활용할 수 있습니다.

예를 들면, 여름에 바디젤에 섞으면 몸이 청량하고, 욕조에 섞어도 좋습니다. 화장수에 섞어서 사용하면 정신을 맑게 하고 집중력을 높이며 유분을 적절히 조절하면서 모공을 수축시켜 피부 가려움증을 줄이고, 지성피부와 지루성두피에도 효과가 있습니다.

습포제로 피부이완이나 통증을 가라앉히는 데 사용하고, 목욕제, 린스뿐 아니라, 연고에 섞어서 사용하면 피부에 바로 흡수가 되고 청량감도 함께 줍니다.

페퍼민트 에센셜오일은 무독하고 무자극하지만 과민성 피부이거나 어린이 얼굴에 사용하는 것은 주의합니다.

스피아민트는 카본이 60%가 넘고 멘톨은 아주 극소량입니다. 스피아민트는 고대부터 목욕제와 구강 위생에 이용되었고 지금도 치약, 껌, 구강 세정제로 주로 쓰입니다. 긴장과 스트레스를 줄여주고, 방부성, 항균성, 신체 기능 자극에 효과를 보입니다. 마사지, 습포, 목욕, 연고, 흡입 등으로 활용합니다.

차로 마시는 것은 페퍼민트, 스피아민트, 애플민트입니다. 페퍼민트 차는 구풍, 건위, 구토 완화에 도움이 됩니다. 장에 가스가 찼을 때, 식욕부진, 과식, 과음, 과민성 장증후군 등에 이용합니다. 항균, 살균작용도 있습니다. 매일 마시면 감기를 막을 수 있다고 하고 피로회복에 좋아 취침 전에 마시면 좋습니다. 페퍼민트 시럽*을 만들어 여름에 청량하면서도 시원한 음료로 사용합니다.

스피아민트는 소화와 구풍에 좋고, 마음을 진정시키고 기분을 상쾌하게 하는 효과가 있습니다. 진하게 만든 차는 목욕물에 넣어 근육, 신경이완, 진정에 이용합니다.

애플민트 차는 순한 편이고, 탄산수와 소주를 섞고 얼음, 설탕을 넣고, 애플민트를 빻아 넣은 '모히토*'가 유명합니다.

*페퍼민트 시럽은 291쪽 참고
*모히토는 253쪽 참고

페퍼민트 차

스피아민트 차

페퍼민트 시럽

페퍼민트 팅크처

스피아민트 인퓨전

페퍼민트 인퓨전. 가글, 세안용

바질 12 *Sweet Basil*

이용 부위 잎, 줄기, 꽃대, 씨앗
재배난이도 ★★☆☆ 해충피해 ★★☆☆ 추천도 ★★★★

★ 원산지는 열대 동남아시아로 유럽에 전해져 중요한 향신료가 되었습니다.

★ 바질은 차에서 향신료, 요리, 샐러드, 아로마테라피에 이르기까지 모든 방면으로 활용이 되는 유용한 허브입니다. 꽃대에서 잎, 줄기까지 전체를 다 활용할 수 있습니다. 이탈리아요리 뿐만 아니라 세계적으로 가장 많이 쓰이는 허브 중 하나입니다.

★ 바질의 맛과 향은 그 어떤 허브로도 대체할 수가 없습니다. 파스타, 피자 등 토마토가 들어가는 요리에서 빠질 수 없는 주 향신료입니다.

★ 생바질 잎을 구하는 것이 쉽지 않습니다. 쉽게 상하기 때문에 베란다나 텃밭에서 재배할 것을 강력하게 권장합니다.

★ 바질은 여러 종류가 있으나 순종 스위트바질이 가장 안전하고 부작용이 적습니다. 식용 및 아로마테라피로 이용한다면 스위트바질을 선택합니다.

★ 실내재배보다 노지재배는 생육이 좋고 수확량이 훨씬 많으며, 진딧물, 온실가루이 등의 피해는 훨씬 적습니다.

★ 텃밭에서 길러야 할 채소 중 1순위 허브입니다.

★ 육묘에 3개월 정도 소요되니 제때 시작해야 합니다.

★ 추위에 약한 것이 큰 약점이니 초봄과 가을 추위에 주의합니다.

	1월			2월			3월			4월			5월			6월			7월			8월			9월			10월			11월			12월		
	상	중	하	상	중	하	상	중	하	상	중	하	상	중	하	상	중	하	상	중	하	상	중	하	상	중	하	상	중	하	상	중	하	상	중	하

직파 육묘파종 아주심기 수확

216

바질의 종류

바질은 스위트바질, 시나몬바질, 레몬바질, 오팔바질, 부시바질, 타이바질, 퍼플오스민바질, 맘모스바질, 바질글로브, 미니바질 등 200여 종에 달합니다.

　가장 잘 자라고 많은 수확량을 내는 것은 스위트바질로, 먹거나 아로마테라피를 할 때도 가장 안전합니다. 오팔바질은 원예종으로 줄기, 잎 모두 자주색입니다. 레몬바질은 레몬 향을 가진 바질로 키가 30cm정도이고, 시나몬바질은 시나몬 향이 나고 중심부가 자주색입니다. 부시바질은 왜성종*으로 흰꽃이 피며, 홀리바질은 다년초입니다.

*왜성종
키 등이 커지지 않는 성질을 가진 종류

타이바질

맘모스바질

스위트바질

바질글로브

밭 만들기

햇빛이 잘 들어야 하고 배수가 잘 되는 보수력 있는 흙을 좋아합니다. 건조한 흙에서는 생육이 좋지 않습니다. 생육기간이 길고 잎과 줄기가 무성해 기름진 토양을 좋아하고 습기에 강해서 장마에도 잘 견딥니다.

육묘

바질은 초기 성장이 무척 느리기 때문에 직파보다는 육묘를 하는 것이 필요합니다. 기온이 높아야 발아가 잘 되고 까다롭기 때문에 수건파종을 해서 싹을 틔워야 순조롭습니다. 수건파종 시 씨앗에 유막이 형성되는데 상하거나 곰팡이가 생긴 것이 아니라 정상적인 것입니다. 육묘에 두 달 반 이상을 예상하고 시작합니다.

　모가 어릴 때 관리를 잘못해서 많이 실패합니다. 보수력이 높은 배양토에 씨앗을 넣고 흙이 마르지 않도록 물을 분무해주고 따뜻하게 해줘야 합니다. 싹이 올라오면 최대한 햇빛을 많이 받도록 합니다.

　초기에 관리가 부족하면 본잎이 올라오기 전 떡잎일 때 많이 죽습니다. 가장 많이 죽이는 첫 번째 이유가 과습이고, 그 다음이 햇빛 부족, 건조 순이니 섬세한 관리가 필요합니다.

 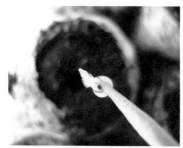 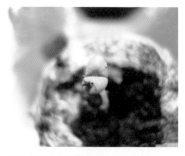

바질 수건파종. 씨앗에 유막이 생기는 것은 정상적이다. | 2월 26일. 펠렛에 뿌리가 나온 씨앗을 묻는다. | 너무 습하거나 건조하지 않게 주의한다.

3월 23일. 레몬바질 | 4월 17일. 스위트바질

아주심기

바질은 추위에 아주 약하기 때문에 밭에 아주심기할 때 늦서리와 밤의 저온이 완전히 지나간 후에 심어야 합니다. 서둘러 심었다가 냉해를 입어 죽는 일이 많습니다. 특히 5월 초에는 저온 위험이 크므로 인큐베이터를 해줘서 기온이 안전할 때까지 보호해 주는 것이 필요합니다. 늦게 육묘를 시작해서 모가 어릴 경우 기온이 안전하면 햇빛이 부족한 실내 육묘를 계속하기보다는 밭에 심되 인큐베이터 해주는 것이 성장에 훨씬 유리합니다.

아주심기할 때 20~30cm 정도 간격을 주고 심습니다. 생육이 강한 허브라 초기 성장만 잘하면 그 후에는 잘 자랍니다. 노지의 충분한 햇빛이 바질의 성장에 가장 도움이 됩니다. 밤의 저온과 바람이 걱정이 된다면 어느 정도 성장할 때까지 모종 위에 투명 플라스틱 컵을 씌워 일주일간 보호하면 잘 정착합니다. 모종을 사서 옮겨심은 경우라도 이렇게 해주면 잘 정착합니다.

2014년 5월 초. 저온에 냉해를 입은 바질

5월 17일. 갑작스런 밤의 저온과 강풍으로 많은 바질이 죽었지만 페트병으로 인큐베이터한 바질은 무사했다.

밤 기온이 영상 10℃ 이하로 떨어지고 바람이 강하면 부직포하우스를 그 위에 덮어준다.

기온이 오른 후에도 어린 바질을 바람으로부터 보호해준다.

월별 바질 생육기

바질은 추위에 약하고 해충 피해가 있는 것을 빼면 생육에 강한 허브입니다. 한여름의 무더위와 장마 때의 고온다습을 다 잘 넘깁니다. 꽃대가 일찍 올라와서 잎 수확에 지장이 있는 점, 해충, 수확하는 방법 등을 미리 숙지합니다.

1 5월 4일. 펠렛에 육묘한 바질 아주심기
2 5월 30일
3 6월 4일
4 8월 중순. 바질 수확기
5 9월 초. 꽃대가 일제히 올라왔다.

6 바질의 성장 차이. 같은 날 심었으나 우측 바질은 다른 작물로 인해 그늘이 지는 바람에 성장이 떨어져 일찍 꽃대가 올라오고 잎이 작아져서 회복되지 않았다.

7 10월 초

8 10월 중순. 씨앗이 영글고 있다.

9 채종

10 10월 경. 씨앗이 영글면 땅으로 떨어져서 자연발아한다. 그러나 이 시기는 늦가을이기 때문에 저온 피해가 있다. 바로 캐서 화분에 옮겨심어 베란다 재배를 할 수 있다.

11 10월 중순. 잠깐의 추위에 잎이 얼었다.

12 11월 중순. 서리로 죽은 바질

노지 직파

노지는 밤 기온이 많이 떨어지기 때문에 직파하려면 충분히 기온이 올라간 4월 중하순부터 5월 말까지가 가능합니다. 포기 사이 간격은 20~30cm 간격을 주어 파종합니다. 일단 발아하면 햇빛이 충분해서 노지에서의 성장이 훨씬 빠릅니다. 그러나 5월 초까지 저온의 위험과 비로 인해 모가 죽을 수 있으니 인큐베이터를 해주고 벌레 등의 공격을 막아주는 것이 필요합니다.

번식

순지르기

바질이 한두 개밖에 없는데 수확을 많이 하려면 가장 쉬운 방법은 가지의 수를 늘리는 것입니다. 어릴 때 생장점이 있는 줄기의 끝을 잘라주되 반드시 밑에 2장 이상의 잎을 남겨놓고 잘라야 합니다. 자른 가지 아래의 잎 위에서 곁순이 올라와서 하나였던 줄기가 두 개의 줄기가 됩니다. 다시 이 두 개의 줄기에서 잎이 나오면 네 잎 정도를 남기고 줄기를 잘라줍니다. 그러면 두 개의 줄기에서 각각 두 개의 줄기가 나와 네 개의 줄기가 됩니다. 이렇게 하면 바질 한 그루로 네 그루의 효과를 볼 수 있습니다.

순지르기를 해준 바질. 줄기가 두 개가 되었다.

순지르기를 하지 않은 바질. 외줄기다.

바질 밀폐삽목

꺾꽂이

바질의 줄기를 잘라 뿌리를 내려서 독립된 개체를 만들어내는 것입니다. 가장 빠른 번식법입니다. 물이나 모래에 줄기를 꽂아두고 뿌리를 내리도록 합니다. 잎의 증발을 막기 위해 밀폐삽목을 하는데 줄기가 무르지 않고 시들지 않도록 관리합니다. 햇빛이 드는 밝은 곳에 두고 물은 매일 갈아줍니다.

꽃대 발생

바질은 해가 길어지고 더워지면 꽃대를 올립니다. 꽃대가 올라오면 더 이상 잎은 발생하지 않고 기존의 잎은 작아집니다. 잎 수확이 목적이면 일찌감치 꽃대를 잘라냅니다. 하나의 꽃대가 올라오면 나오는 곁순마다 꽃대가 올라오니 부지런히 제거해주고 잎 수확을 서두릅니다. 생육이 떨어지거나 환경이 좋지 못한 경우에도 꽃대가 일찍 올라옵니다.

바질 꽃대

꽃대 자르기

해충 피해

바질은 원예로 기를 때도, 노지에서도 해충의 피해가 많습니다. 실내에서는 진딧물이 많이 발생하는데 식용이기 때문에 천연농약으로 퇴치할 것을 권장합니다. 저는 진딧물에 은행잎 농약과 제충국을 사용했습니다.

*1권 427쪽 천연농약 참고

노지에서는 진딧물 피해보다는 섬서구메뚜기 등의 피해가 있습니다. 이런 해충을 막는 데는 한랭사가 가장 수월합니다.

노출 베란다에서 바질 재배

진딧물로 인한 피해

노지재배. 섬서구메뚜기의 공격으로 피해를 입은 바질

한랭사를 덮어주었다.

바질 잎이 깨끗하게 자라고 있다.

수확과 갈무리

성장이 진행 중일 때는 잎이 있는 마디 위에서 곁순이 나옵니다. 이때 곁순을 자르면 가지가 늘지 않으니 곁순은 내버려두고 그 아래 큰 잎을 먼저 수확합니다. 꽃대가 올라오기 시작하면 꽃대를 잎과 함께 잘라 이용합니다. 꽃대도 바질의 향미를 갖고 있습니다. 계속 키우며 이용하다가 겨울이 다가오기 전에 그루 전체를 잘라 수확합니다.

수확한 바질 잎은 쉽게 멍이 들기 때문에 빨리 소비합니다. 혹은 줄기째 수확해 물꽂이를 하면 생명력을 유지하여 신선도를 연장할 수 있습니다.

곁순 아래 큰 잎 수확

꽃대를 모두 잘라서 수확했다.

포기 전체를 수확했다. 줄기까지 갈무리에 사용할 수 있다.

수확한 잎은 빠른 시간 내에 멍이 든다.

냉장고에 넣어두면 냉해를 입어 멍이 든다.

물꽂이를 해놓으면 한동안 멍들지 않는다.

활용

바질은 활용 범위가 넓은 허브입니다. 식용과 비식용이 모두 가능한 허브입니다.

리나롤 함유량이 높은 순종 스위트바질을 사용하는 것이 좋습니다. 다른 종류의 바질은 메틸 차비콜 함유량이 높아 안전하지 않습니다.

바질 향은 기분을 고양시키는 것으로 유명합니다.

 바질 차는 소화를 도와주고 정신을 맑게 해줍니다. 피로와 긴장을 완화시키고 정서적으로 안정되게 해줍니다.

이탈리아요리의 가장 기본적인 향신료입니다. 특히 토마토와 궁합이 맞아 토마토 요리에 반드시 들어갑니다. 피자, 파스타, 카프레제 샐러드 등에 필수적인 재료입니다. 바질의 톡특한 향미는 대체할 것이 없으며 열에 약해 요리 끝에 넣습니다. 다른 허브와 같이 사용하면 향이 묻히기 쉬워 단독으로 많이 사용하지만, 같이 사용한다면 오레가노와 어울립니다.

이탈리안 시즈닝, 케이준 시즈닝, 허브프로방스 등 시즈닝의 주요 허브입니다. 바질은 생바질이 제일 좋지만 갈무리한다면 건바질보다는 페스토가 좋습니다. 또한 바질오일, 바질식초, 바질맛술, 허브소금 등을 만들어 요리의 맛을 높일 수 있습니다. 건바질은 생바질에 비해 향이 줄어듭니다. 바질을 건조하면 색이 갈색으로 변하니, 녹색을 원한다면 살짝 데치거나 쪄서 건조하면 됩니다.

허브 솔트

바질페스토

바질은 드레싱, 샐러드 등에 생허브로 얹는데 그것만으로도 충분히 맛을 냅니다.

토마토소스. 바질 잎은 필수다.

카프레제 샐러드. 바질 잎과 바질 샐러드, 바질 오일까지 더했다.

 바질의 에센셜오일은 리나롤, 메틸 차비콜 등 다양한 성분을 함유하고 있는데, 그중 스위트 바질은 리나롤이 40%가 넘습니다. 리나롤이 많으면 식용이나 아로마테라피로 이용하기에 안전합니다. 메틸 차비콜은 살충작용이 있어서 항미생물성과 항진균성을 갖습니다.

바질 에센셜오일의 가장 큰 효능은 '소화계'이고, 그 다음이 '호흡계', 그 다음이 '정신계'입니다. 소화를 좋게 해서 소화불량, 구토에 효과가 있고, 메틸 차비콜이 있어서 기침 완화에 효과가 있고, 천식, 기관지염, 백일해에 도움이 됩니다. '면역계'를 강화하여 감기, 독감, 코 막힐 때 도움이 되며 해열성과 발한성이 있습니다.

바질 식초 팅크처

뇌와 정신을 맑게 해주는 효능이 뛰어나 정신을 강화시켜주고 집중력을 높이며 히스테리와 신경장애, 우울증에 효과적이고 마음을 고양시키는 능력이 있습니다. 정서적으로 따뜻하게 해주며 두통, 불면증, 우울증은 물론 수험생의 집중력을 향상시키는 데 도움이 됩니다.

여성호르몬에 영향을 미쳐서 생리 지연, 생리 주기 불순, 생리통을 완화시켜주고 월경 정상화에 도움이 되나 임산부는 삼갑니다.

바질 인퓨전, 인퓨즈드오일, 팅크처를 만들어 마사지, 연고, 흡입 등으로 인체에 적용시킵니다.

바질오일

바질오일은 샐러드나 스테이크 옆에 장식 겸 향미를 주는 진한 향신오일입니다. 억센 줄기나 꽃대 등을 이용하기 좋은 방법입니다.

재료: 바질 잎과 줄기 최대한 많은 양. 카놀라유

① 바질의 잎과 줄기를 분리한다.

② 천일염을 넣은 물을 넉넉히 끓인다.

③ 바질 잎만 먼저 가볍게 데친다(20초). 바질 줄기는 따로 좀더 오래 데친다(2분).

④ 얼음물을 많이 준비했다가 데친 바질을 넣어 순식간에 식힌다.

⑤ 키친타월 위에 놓고 물기를 제거한다.

⑥ 믹서에 데친 바질(바질 줄기)과 카놀라유를 넣고 곱게 갈아 퓌레로 만든다.

⑦ 스테인리스 냄비를 얼음물에 담가 차게 식혀 준비한다.

⑧ 냄비에 ⑥을 넣어 김이 오를 정도로 덥히다가 끓어오르기 전에 얼음물로 차게 해둔 냄비에 부어서 빠른 속도로 저어서 식힌다.

⑨ 이틀 정도 상온에 놔두어 향이 충분히 배게 한다.

⑩ 면보에 액만 걸러내면 완성이다. 카놀라유이기 때문에 냉장보관해도 굳지 않는다.

① 바질 잎

① 바질 줄기

③ 잎 데치기

③ 줄기 데치기

④ 얼음물에 식히기

⑤ 물기 제거하기

⑥ 믹서에 갈기

⑦ 얼음물 준비하기

⑧ 끓이기

⑧ 차가운 냄비에 식히기

⑨ 상온에 두기

⑩ 면보에 거르기

⑪ 바질 오일 완성

바질퓨레

바질 잎을 썬 후에 얼음 칸에 물과 함께 얼립니다. 소스나 스튜 같은 국물 요리에 사용합니다. 장기간 저장하면 건조되니 밀폐된 통에 넣어 냉동보관하고 6개월 이내 사용합니다.

바질퓨레

베르가못 ⑬ *Bergamot*

이용 부위 **꽃, 잎**
재배난이도 ★★☆☆ 해충피해 ★★☆☆ 추천도 ★★★★

★ 캐나다와 미국이 원산지로 매콤한 향미를 가진 허브입니다.

★ 영문 이름은 모나르다(Monarda)이지만, 이태리산 감귤 일종인 '베르가못오렌지'와 향이 비슷하여 베르가못으로 불립니다.

★ 추위에 강한 편이고 튼튼해 재배하기 쉬운 허브입니다.

★ 많은 종류가 있으나 대표적인 품종은 층층으로 꽃이 피는 레몬베르가못과 불같이 화려한 레드베르가못입니다.

★ 키가 60~120cm까지 커서 군락으로 심으면 화려한 꽃이 눈길을 끄는 관상용 허브로 크게 퍼지지 않아 조밀하게 심어서 화려한 화단을 꾸밀 수 있습니다.

★ 허브티와 샐러드, 입욕제, 드라이플라워, 포푸리 등으로 이용됩니다.

	1월			2월			3월			4월			5월			6월			7월			8월			9월			10월			11월			12월		
	상	중	하	상	중	하	상	중	하	상	중	하	상	중	하	상	중	하	상	중	하	상	중	하	상	중	하	상	중	하	상	중	하	상	중	하

육묘파종 아주심기 채종 개화

육묘

땅속으로 줄기가 뻗어 퍼져나가므로 2년 차부터는 포기나누기가 가능합니다. 그러나 중부이북에서는 월동이 불가능하고 삽목으로는 뿌리내리기가 쉽지는 않습니다. 육묘는 두 달 정도 소요되는데 초반을 넘어서면 생육이 왕성해 수월한 편입니다.

2012년 3월 31일

4월 29일

5월 3일. 밭에 아주심기

재배

베르가못은 키가 120cm까지 크게 자라는 숙근성 다년초로 자소과답게 덩치가 크며 생육이 강합니다. 잎을 원줄기 주변으로 내며 자라고 여름 내내 두 달간 꽃이 핍니다. 수분이 충분한 곳에서 성장이 좋고 유기물이 풍부한 비옥한 양토에서 잘 자랍니다. 키가 크므로 옮겨심기할 때 깊게 심는 것이 장마 때 쓰러짐을 방지하는 길입니다.

　건조에 약하므로 가물 때 물을 잘 줘야 하나 유기물이 풍부한 토양에서는 잘 견딥니다. 해가 좋은 양지와 다소 그늘진 곳에서도 잘 자랍니다. 강한 햇빛에서는 약한 편이나 통풍이 좋은 노지에서는 잘 자랍니다. 여름에 잎이 무성해져서 밀식하면 통풍이 안 되어 아랫부분이 썩을 수 있습니다.

1 2012년 5월 24일. 아주심기한 지 3주 후
2 6월 7일
3 6월 18일. 꽃봉오리가 올라왔다.
4 6월 22일
5 6월 25일
6 7월 25일
7 7월 25일. 키가 큰 펜넬과 같이 꽃이 피었다.
8 성장 비교. 2011년 8월 9일. 토양의 유기물 부족으로 베르가
   못의 초반 성장이 부족했다. 거기에 두 달간의 긴 장마로 과
   습과 햇빛 부족까지 겹쳐 제대로 성장하지 못했다. 토양과
   기후로 인해 얼마나 생육이 나쁠 수 있는지를 보여준 예다.

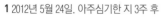

채종

꽃이 갈색으로 변하여 완전히 마르면 꽃송이째로 수집하여 씨앗을 빼냅니다.

수확과 갈무리

베르가못 차

베르가못은 어린잎과 꽃을 먹는데, 신선한 것, 건조한 것 모두 먹습니다. 건조용 잎은 꽃이 피기 전에 수확해서 건조하는데, 잎이 쉽게 부서집니다. 꽃은 만개하자마자 수확하여 건조합니다.

　에센셜오일 중 베르가못이라 불리는 것은 다른 것이니 착오 없기 바랍니다. '모나르다(Monarda)'라고 불리는 베르가못은 에센셜오일이 시판되지 않습니다.

활용

 꽃이나 잎을 말려 차로 이용합니다. 생잎도 뜨거운 물에 우려 마십니다. 잎은 소화를 도와서 식후에 먹는 것이 좋습니다. 구풍제, 메스꺼움, 구역질에 효과가 있습니다. 감기나 목이 아플 때도 좋습니다.

 어린잎은 샐러드에 넣거나 육류요리에 풍미를 높이기 위해 소량 넣습니다. 칵테일이나 음료에 신선한 잎을 띄워 풍미를 즐깁니다.

보리지 ⑭ *Borage*

이용 부위 **잎, 꽃, 씨앗**
재배난이도 ★☆☆☆   해충피해 ★☆☆☆   추천도 ★★☆☆

★ 원산지는 지중해 연안으로 생육이 아주 왕성하고 키가 1m에 포기 전체가 크고 잎도 크고 꽃도 커서 풍채가 당당합니다.

★ 여름까지 꽃을 피웠다가 씨앗을 맺어 땅에 떨어지면 자연발아를 해서 계속 싹이 올라오고 꽃을 피우며 겨울이 될 때까지 생육이 계속되는 허브입니다. 생육기간은 채종 후 끝이 나지만 스스로 싹이 올라오는 것이 빨라 1년 내내 수확할 수 있습니다. 척박한 땅에서 잘 자라지만 과습에 약한 편입니다.

★ 보리지는 어릴 적부터 꽃을 피우면서 계속 키가 자라고, 순차적으로 연속하여 꽃을 피우는데 꽃의 수명이 며칠에 불과합니다. 전성기에 많은 꽃을 볼 수 있고 푸른색과 보라색이 섞인 꽃 색이 아주 매혹적입니다.

★ 장소를 많이 차지하는 편이어서 재배 선택 시 유의합니다.

★ 어린잎은 오이 같은 풍미가 있어서 오이처럼 식용되고 아름답고 풍성한 꽃을 이용한 장식에 많이 활용됩니다.

★ 잎에 칼륨, 칼슘, 마그네슘이 많아 감기, 독감에 이용되고, 씨앗은 감마리놀렌산을 많이 함유하고 있어서 습진, 피부병에 효과가 있습니다.

	1월			2월			3월			4월			5월			6월			7월			8월			9월			10월			11월			12월		
	상	중	하	상	중	하	상	중	하	상	중	하	상	중	하	상	중	하	상	중	하	상	중	하	상	중	하	상	중	하	상	중	하	상	중	하

육묘파종 채종 직파 수확 개화

육묘

보리지는 생육이 왕성해서 한 달 정도 육묘하면 밭에 아주심기하기에 충분합니다. 한 달 이상 되니 큰 플러그인데도 불구하고 좁아져서 더 큰 플러그로 옮겨야 했습니다. 옮긴 후에도 성장이 왕성하여 플러그 안에서 꽃이 피기 직전까지 갔습니다. 그러므로 너무 오래 육묘하지 말고 한 달 정도만 육묘한 후 밭에 옮겨심는 것이 좋습니다.

3월 10일. 보리지 육묘

3월 27일

3월 29일. 모종을 빼보니 뿌리 발달이 아주 잘 되어 있다.

3월 29일. 큰 플러그로 옮겼다.

4월 4일. 왕성하게 자라는 보리지

4월 29일. 아주심기를 앞둔 보리지. 벌써 꽃대가 올라왔다.

재배

햇빛을 좋아하며 너무 기름진 밭에서는 잎 성장만 많고 꽃이 덜 필 수가 있으니 비료를 과용하지 않아야 합니다. 배수가 잘되면서도 보수력이 있고 비옥한 땅에서 잘 자랍니다.

보리지 꽃은 독특한 색깔 때문에 텃밭에서 두드러집니다. 고개를 숙이고 있는 별 모양 꽃과 줄기에 크게 난 털로 얼핏 할미꽃처럼 보입니다. 꽃은 한꺼번에 피는 것이 아니라 순차적으로 계속 자라면서 피워 꽃의 수명은 짧으나 오래 꽃을 볼 수 있습니다.

보리지 씨앗은 완전히 익으면 땅으로 떨어지므로 그 전에 제때 채종해야 합니다. 발아율이 좋아서 떨어진 씨앗에서 휴면기간도 없이 바로 발아가 되어 가을에 새로운 포기가 자라 꽃을 볼 수 있습니다. 그러나 가을에는 추워지는 날씨로 인해 봄처럼 왕성한 성장이 힘들고 꽃을 보는 것에서 만족해야 합니다.

보리지는 일찍 꽃을 피워도 계속 성장합니다. 성장하며 다시 줄기를 내고 계속 꽃을 피웁니다. 꽃이 지면 줄기를 잘라 곁순이 나오도록 유도하여 다시 꽃을 피울 수 있게 해줍니다. 꽃이 피기 시작하면 질소비료를 줄이고 인산 위주로 주면 오래 꽃을 볼 수 있습니다.

꽃이 피고 씨앗이 영글면서 포기가 약해지고 장마와 겹치면서 재배가 끝납니다. 장마 기간 동안 다시 발아한 싹은 하반기에 다시 성장하면서 꽃까지 볼 수 있는데 중부이북은 채종까지는 시간이 부족할 수 있으나 남부지방은 가능합니다.

1 5월 3일. 밭에 아주심기한 보리지
2 5월 6일. 아주심기한 지 3일 만에 꽃봉오리가 가득하다.
3 5월 6일. 일부는 꽃을 잘라주었다.
4 5월 11일. 꽃을 피운 보리지

5 5월 16일. 꽃을 잘라줘도 안 잘라줘도 잘 성장하고 있다.

6 5월 16일. 할미꽃처럼 고개를 숙인다.

7 5월 21일. 꽃을 일찍 피웠어도 키가 크는 데는 아무 문제가 없다. 크면서 계속 꽃을 피운다.

8 6월 1일. 한여름 더위에 키가 1m 이상을 넘기고 주변을 장악했다.

9 6월 28일. 씨앗이 영글어 떨어지고 있다. 포기 전체가 쇠약해지면서 재배 종료 직전이다.

10 6월 28일. 땅에 떨어진 보리지 씨앗

11 7월 7일. 장마 중의 보리지

12 7월 10일. 떨어진 씨앗에서 자연적으로 올라온 보리
지 새싹

13 9월 5일. 떨어진 씨앗에서 성장한 가을의 보리지

14 10월 19일. 꽃을 피우다가 갑작스런 서리에 움츠러들
었지만 타격은 받지 않았다. 그러나 채종까지는 가지
못하고 재배 종료되었다.

활용

보리지 잎은 칼륨, 칼슘, 마그네슘이 많이 함유되어 있어서 발한, 이뇨, 진통, 피부에 도움이 됩니다.

보리지 꽃 수확

 보리지 차는 열을 동반한 감기, 유행성 독감에 이용되는데 건조해서 이용합니다.

 어린잎은 요리로 먹는데, 오이 맛이 나기 때문에 샐러드나 샌드위치에 끼워 먹습니다. 꽃은 크고 아름다워 음료나 술에 띄우거나 케이크, 샐러드 등에 장식용으로 쓰입니다.

 씨앗에는 감마리놀렌산(GLA)이 많아 압착기로 짜낸 보리지 오일은 피부보습과 재생에 효과가 있어 습진, 아토피 피부에 쓰입니다. 그리고 월경전증후군이나 심리 안정에 쓰입니다.

  꽃을 병에 가득 채우고 설탕을 켜켜로 부어서 절여두었다가 강장제로 먹습니다. 고대 그리스 로마 시대에는 꽃과 잎을 술에 담가 슬픔을 잊고 기분을 명랑하게 하는 용도로 이용해왔고, 민간에서는 우울증 약초로 이용되었습니다.

섬머세이보리

세이보리 ⑮ *Savory*

이용 부위 잎
재배난이도 ★★☆☆ 해충피해 ★☆☆☆ 추천도 ★★☆☆

윈터세이보리

★ 유럽 남부, 이란 원산인 세이보리는 일년생 섬머세이보리(Summer savory)와 다년생 윈터세이보리(Winter savory)가 있습니다. 향은 윈터세이보리가 더 강합니다.

★ 세이보리는 후추 향을 가져서 '후추 허브'라고도 불리는데, 후추가 유럽에 전해지기 전까지 많이 이용되어온 허브입니다. 지금도 많이 이용되고 허브프로방스, 이탈리아 시즈닝의 구성 허브입니다.

★ 부드러운 잎은 줄기째 콩 요리에 넣어 요리하고 샐러드, 수프, 튀김, 채소요리에 후추처럼 사용하며, 식초를 만들어 사용합니다.

★ 섬머세이보리는 키가 20~40cm 정도이며 작은 꽃과 잎을 가지고 있습니다. 줄기는 바르게 직립하고 여러 줄기가 밑동에서 올라오는데 가늘지만 강하고 힘이 있고 여름까지 재배합니다.

★ 윈터세이보리는 다년생으로 우리나라에서 월동 가능하고, 해를 거듭할수록 나무 같은 줄기가 울창하게 번성합니다.

★ 차로 마시면 여성 냉증과 갱년기 장애에 효과가 있고, 욕조에 넣어 목욕하면 피로 회복에 도움이 됩니다.

	1월			2월			3월			4월			5월			6월			7월			8월			9월			10월			11월			12월		
	상	중	하	상	중	하	상	중	하	상	중	하	상	중	하	상	중	하	상	중	하	상	중	하	상	중	하	상	중	하	상	중	하	상	중	하

섬머세이보리
윈터세이보리, 2년 차부터 수확

육묘파종 정식 개화 수확

240

재배

윈터세이보리와 섬머세이보리는 생육 차이가 큽니다. 여름까지 생육하는 섬머세이보리는 일년생으로서 초반에는 성장이 더디지만 5월 초 정식하고 6월에는 서서히 생육에 탄력이 붙다가 6월 하순부터 성장이 빨라집니다. 그리고 7월 초부터 꽃이 피기 시작하는데 이때 키가 30cm 이상까지 자랍니다. 꽃이 피기 직전에 잎을 수확하는 것이 좋고, 장마가 본격화되기 전에 수확을 마칩니다. 꽃이 지면 씨앗이 맺히지만 장마 중에 섬머세이보리는 재배가 종료되어 사라져서 채종이 거의 힘듭니다. 여름이 되면 키가 커져서 쓰러지기 쉬우니 주의해야 합니다.

윈터세이보리는 겨울이 되기 전까지도 키가 10cm 이상이 안 될 정도로 성장이 느린데, 그 대신 많은 줄기가 나오고 마디마다 곁순을 내며 밀집되어 자랍니다. 줄기는 아주 강하게 나무줄기처럼 목질화됩니다. 내한성이 강해서 노지에서 보온 조치 없이도 월동합니다.

세이보리는 병충해가 거의 없어 재배가 용이한 편입니다. 햇빛을 많이 요구하므로 그늘지지 않게 하고 배수가 잘되는 땅이 좋습니다. 섬머세이보리는 비옥한 땅이, 윈터세이보리는 척박한 땅이 적합합니다. 그대로 두면 가늘고 길게 자라므로 가지치기를 해서 곁순을 유도하는 것이 좋습니다.

섬머세이보리는 씨로 번식하고 봄 파종을 하나, 윈터세이보리는 첫해 재배에 성공하면 다음 해부터는 꺾꽂이로 번식하는 것이 더 수월합니다.

3월 23일. 육묘 중인 섬머세이보리

5월 13일. 밭에 아주심기한 섬머세이보리

5월 24일. 섬머세이보리

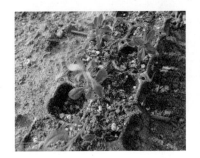
5월 13일. 윈터세이보리

5월 17일. 밭에 아주심기한 윈터세이보리.

5월 31일. 윈터세이보리

1 6월 4일. 섬머세이보리. 성장 탄력을 받기 시작했다.
2 6월 22일. 섬머세이보리
3 섬머세이보리 꽃
4 7월 12일. 꽃이 필 때가 되어 수확한다.

윈터세이보리

5 6월 12일. 윈터세이보리

6 11월 초. 줄기가 목질화된 모습. 이대로 월동
에 들어간다.

7 이듬해 3월 중순. 거의 죽은 것 같은 윈터세이
보리 잎에 생기가 돌기 시작한다.

8 이듬해 5월 중순. 많은 가지가 나와 무성하게
자라는 윈터세이보리

수확과 갈무리

수확은 꽃이 피기 직전이 가장 향이 강해서 좋고, 건조해도 향은 변하지 않습니다. 세이보리는 줄기째 잘라 거꾸로 매달아 건조합니다. 쉽게 건조되고 건드리면 잎이 잘 떨어지므로 종이봉지에 담아 건조해도 좋고, 완전히 건조되고 나서 봉지 안에 넣어서 줄기를 훑어내면 잎과 잘 분리됩니다.

잎은 강한 향을 내는데, 향이 날아가지 않게 밀봉해서 보관하고 사용할 양만 양념통에 넣어 씁니다.

활용

섬머세이보리의 에센셜오일은 뛰어난 항미생물성이어서 차나 음식에 섞어 먹었을 때 위의 문제를 치료하는 데 도움이 됩니다.

 차는 쓴맛과 떫은맛이 강합니다. 경련, 메스꺼움, 소화불량, 거담, 건위 등 위를 강하게 하는데 효능이 있습니다. 소화기관과 호흡장애, 현기증 등에 효과가 있습니다.

세이보리는 독특한 향을 갖고 있는데 매운 듯하면서도 톡 쏘는 후추 같은 향이 매혹적이며 조금만 넣어도 강한 맛을 줍니다. 다른 허브에 비해 향이 많이 강하니 양 조절을 잘해야 합니다. 섬머세이보리보다 윈터세이보리가 더 향이 강합니다. 처음엔 낯선 향이지만 강한 향미가 입맛을 돋웁니다. 요리용 향신료로 고기, 생선의 누린내를 없애는 데 많이 이용되고, 식초를 만들어서 이용하면 좋습니다. 이탈리아 시즈닝과 허브프로방스 시즈닝의 구성 허브입니다.*

*시즈닝은 425~426쪽 참고

수프에 뿌린 섬머세이보리

세이보리 식초. 세이보리 줄기에 화이트와인 식초를 넣어서 만든다. 바질을 추가로 넣었다.

줄기째 건조한다. 쉽게 잘 마른다.

줄기를 거꾸로 들고 손가락으로 훑어내어 잎만 떼어낸다.

세이보리 향신료

셀러리  ⑯ *Celery*

이용 부위 잎줄기, 씨앗

재배난이도 ★★☆☆   해충피해 ★★☆☆   추천도 ★★★☆

★ 남유럽, 북아프리카, 서아시아가 원산지로 키가 30cm 정도 되는 이년생 허브입니다.

★ 비료와 물을 많이 요구하기 때문에 유기물이 풍부한 점질토양이 생육에 유리합니다. 뿌리가 깊고 넓게 발달하여 토심이 깊고 배수가 양호해야 합니다. 건조한 토양, 건조한 기후에서는 생육이 좋지 못하며 잎이 거칠어지고 좁아지고 질겨집니다.

★ 서늘한 기후에서 잘 자라기 때문에 한여름과 장마의 고온다습한 환경을 견디지 못해 뿌리가 썩거나 병에 걸리는 경우가 많으니 토양 관리에 신경 써야 합니다.

★ 씨앗이 미세하여 직파는 힘들고 모종을 구입하거나 육묘해서 기릅니다.

★ 우리나라에서는 주로 생채소로, 줄기 부분을 소스에 찍어먹는 용도로 많이 사용하지만, 외국요리에서는 강한 향미를 이용해 잎줄기로 육수를 내거나 볶음요리에 많이 사용합니다.

★ 셀러리는 잎뿐 아니라 씨앗(Celery seed)도 훌륭한 향신료로 쓰입니다. 셀러리의 향미를 더 짙게 갖고 있어서 다양하게 활용됩니다. 셀러리소금은 고혈압환자에게 염분을 줄이는 용도로 좋습니다.

	1월			2월			3월			4월			5월			6월			7월			8월			9월			10월			11월			12월		
	상	중	하	상	중	하	상	중	하	상	중	하	상	중	하	상	중	하	상	중	하	상	중	하	상	중	하	상	중	하	상	중	하	상	중	하

육묘파종   아주심기   수확   개화   채종

밭 만들기

셀러리는 서늘한 기후를 좋아해서 봄가을에 잘 자라며 여름의 강한 햇빛을 힘들어하기 때문에 화분재배 시에는 여름에 반그늘로 옮기고, 노지에서는 차광망을 쳐주는 것도 좋습니다.

셀러리는 토양의 유기물 함량과 보습성의 수준을 보여주는 작물로, 거름보다 토양의 상태가 생육에 더 큰 영향을 미칩니다. 재배기간 내내 끊임없이 자라기 때문에 적절하게 웃거름을 주고 수분 관리를 하면 질 높은 잎을 계속 수확할 수 있습니다.

건조한 토양에서는 잎이 좁아지고 질겨져서 먹기 힘듭니다. 셀러리의 성장이 좋지 않고 줄기가 얇고 부드럽지 않다면 토양을 개선해야 합니다. 점질토가 유리하긴 하나 과습한 토양도 성장에 치명적인 병을 불러오기 때문에 유기물이 중요합니다. 유기물의 함량을 높여주면 수분과 영양분이 빠져나가지 않아 생육에 도움이 되고 장마 때 뿌리 썩음을 막을 수 있습니다.

육묘

한 포트에 여러 개의 씨앗을 파종해서 싹 2~3개를 같이 재배합니다. 육묘기간이 두 달 정도 소요되므로 육묘를 일찍 시작할수록 좋습니다. 그러나 햇빛이 부족한 환경이라면 생육이 좋지 않으므로 모종을 구입하는 것이 유리합니다.

육묘 과정에서 너무 서늘하면 추대 가능성이 있으니 육묘 적정기온 18~25℃를 지켜주는 것이 좋습니다. 장기간 육묘하므로 육묘 후반기에 물비료를 주는 것이 좋습니다.

4월 8일

4월 29일

재배

재식간격은 잎 수확이 목적일 때는 20cm, 포기 수확일 때는 30cm 이상으로 합니다. 재배기간 내내 잎이 성장하고 많은 비료와 수분을 요구하므로 퇴비를 넉넉히 주는 것이 좋으며, 장마 이후로 웃거름을 줘서 생육을 유지해줍니다.

셀러리는 서늘한 기후에서 잘 자라며 초반 생육을 왕성하게 해서 장마 시작 전까지 빨리 자라는 것이 좋습니다. 장마 때 멀칭하지 않으면 흙물이 튀니 흙 위에 짚이나 왕겨를 덮어 흙 튀김을 방지합니다. 많은 영양을 필요로 하는 채소같은 허브라 영양 공급을 신경 써야 합니다.

두툼한 줄기를 재배기간 내내 생육하려면 많은 양분이 필요한데, 그것이 부족하면 생리장해를 일으켜 양질의 수확이 힘들게 됩니다. 칼슘결핍으로 인한 흑색심부병(줄기 안쪽이 갈색으로 괴사하는 병), 붕소결핍으로 줄기가 갈라지는 증상 등이 많은데 토양 환경이 좋지 않거나 칼륨과다 등이 원인입니다.

재배 초반에는 햇빛이 충분해야 하는데 줄기가 충분히 나온 후에는 햇빛이 강하면 질기고 단단해지니 차광망으로 그늘을 만들어주는 것이 좋습니다.

셀러리는 2년생으로 월동이 성공하면 5월부터 꽃대가 올라오고 꽃이 핀 후 씨앗을 맺습니다. 씨앗은 잎줄기 못지않게 중요한 수확이기 때문에 월동이 가능하도록 조치하는 것이 필요합니다.

2013년 5월 3일. 밭에 아주심기한 셀러리

2011년 7월 30일. 유기물이 부족한 박토에서의 셀러리

2014년 6월 8일. 유기물이 풍부해진 토양에서 자라는 셀러리. 아주심기 후 1달째다.

가장자리 잎부터 잘라 수확한다.

수확한 셀러리

심부병

달팽이 피해

월동한 셀러리 2년 차. 5월이 되면서 강한 꽃대를 올리면서 나무처럼 크게 자란다. 식용할 수 없다.

5월 24일. 2년생 셀러리의 개화

수확과 갈무리

수확은 재배기간 내내 수시로 합니다. 초기에는 다 자란 잎을 중심으로 수확하고, 중반 이후에는 겉잎이 거칠어지면 속잎을 수확합니다.

셀러리는 신선한 것이 가장 좋으므로 냉장고 채소칸에 넣어서 빠른 시간 내에 먹습니다. 셀러리는 독특한 강한 맛이 나서 적응이 안 되는 분이 많습니다. 이럴 때는 껍질을 벗겨 물에 잠시 담가두거나 볶으면 향이 중화되어 거부감이 줄어듭니다. 겉껍질이 질기면 감자 필러로 껍질을 벗겨서 사용합니다.

*부케가르니는 431쪽 참고

부드러운 속을 소스에 찍어먹거나 샐러드에 넣어서 생으로 먹습니다. 부케가르니*에 다른 허브와 같이 섞어서 스튜나 스톡을 만들 때 사용합니다. 각종 채소나 버섯, 고기와 함께 볶으면 별다른 재료 없이도 특유의 맛과 향으로 좋은 맛을 낼 수 있습니다.

주로 줄기 부분을 이용하는데, 잎은 쌈이나 나물로 먹어도 좋습니다. 남은 잎을 따로 모아 육수를 만들 때 넣거나 토마토소스를 만들 때 넣습니다. 셀러리 특유의 강하고 상큼한 향이 잡내를 없애주고 맛을 살리는 데 아주 효과적입니다. 소스를 만들거나 수프를 끓일 때도 셀러리를 사용합니다. 식용하기 힘든 질긴 잎은 육수용으로 냉동해두었다가 이용합니다.

활용

셀러리의 활용은 잎줄기와 씨앗으로 나뉩니다. 셀러리 잎줄기는 생으로 먹고 건조하는 경우는 거의 없습니다. 요리로 이용할 때는 냉동저장해두고 육수로 사용 가능합니다.

셀러리 씨앗은 그 효능이 유명합니다. 건조해서 장기저장이 가능한 것도 큰 장점이며 다양하게 가공해서 활용할 수 있습니다.

셀러리의 에센셜오일은 강력한 이뇨제로 체내 수분을 배출하고 혈액을 정화시켜 몸의 독소를 배출하는데, 관절의 독소와 요산을 제거하는 효능이 있어서 통풍, 류머티즘, 관절염 치료에 효과가 있습니다. 구풍, 장내 가스를 배출시켜 복부의 팽만감을 완화하고 방광, 간장, 비장을 정화하는 효능이 있습니다.

항산화, 항염증력이 있어서 관절 통증을 완화하고 심장을 보호합니다.

최음작용이 있다고 알려져 있는데 그것은 불안감이나 신경질을 가라앉히고 행복감을 느끼게 하기 때문입니다. 또한 미네랄이 풍부하고 맛을 갖고 있어 소금 사용량을 줄여서 고혈압을 내리게 하는 효능이 있습니다.

셀러리 차는 끓는 물에 씨앗을 넣어서 10분 정도 끓여서 마십니다.

셀러리 씨앗은 잘 말려서 통으로 보관하는데 사용할 때 고추씨처럼 통으로 사용하거나 입안에 거슬리면 분쇄해서 사용합니다. 후추를 이용하듯이 사용하면 됩니다. 스튜, 수프, 찜요리, 베이킹 등에 자유롭게 사용합니다.

셀러리 씨앗은 향신료의 하나입니다. 피클이나 스튜, 수프에 넣어서 맛을 내거나, 생선에 후추처럼 뿌려서 요리합니다. 씨앗의 향미가 강하므로 셀러리 씨앗 1t는 셀러리 2~3줄기로 가름해서 사용합니다. 씨앗은 사용 전에 바로 갈아 사용해야 향이 더 강합니다. 베이킹에는 통씨앗을 섞어서 반죽해서 굽습니다.

> **셀러리소금**
>
> 셀러리 씨앗은 자연 짠맛이 있고 칼륨을 함유하고 있어서 천일염과 섞어서 셀러리소금을 만들어 사용하면 소금을 덜 사용하는 효과가 있다. 고혈압 환자의 염분 섭취를 줄여주고 혈압을 낮추는 데 효과가 있다.
>
> 셀러리 씨앗이 없으면 셀러리 잎을 사용해서 소금을 만들어도 효과는 있다. 씨앗과 소금(천일염)의 비율은 1:1에서 1:9까지 다양하다. 소금이 들어가는 모든 요리에 다 사용이 가능하고, 기존 사용하던 소금 양보다 적게 사용한다.

셀러리 씨앗을 분쇄해서 건강 용도로 먹거나 통풍치료를 위해 셀러리 씨앗에서 에센셜오일을 추출해서 마사지오일로 사용할 수도 있습니다. 인퓨전으로 만들어 혈압을 내리게 하거나 소화를 원활하게 하는 용도로 이용할 수 있습니다.

감자필러로 껍질을 벗기면 더 부드럽다.

오이피클을 담글 때 셀러리를 넣으면 다른 향신료 없이도 향미를 좋게 만든다.

셀러리 딜 피클. 셀러리 특유의 강한 향미와 피클주스가 어울려 강한 맛을 즐길 수 있다. 소금물에 소금 발효해서 만들어도 좋다. (159쪽, 딜 피클 참고)

먹지 않는 잎사귀만 모아서 육수를 만드는 데 쓴다. 냉동보관해두었다가 사용한다.

잎사귀를 잘라 요리에 넣어 맛을 낸다. 파슬리는 향이 오래 가지 않고 약하나 셀러리는 끓는 요리에 넣어도 되고 향이 강하다.

잎사귀를 건조해서 가볍게 분쇄한 셀러리 가루. 향신료로 사용한다.

셀러리 씨앗을 가볍게 분쇄했다.

셀러리 씨앗 소금. 다른 허브와 섞어 허브솔트를 만들어도 된다.

Mojito 모히또

1. 레몬(또는 라임),
설탕, 민트를 준비한다.

2. 컵에 넣고
으깨어 섞는다.

3. 술(럼, 소주)과
얼음을 넣어 섞는다.

4. 생 민트를
위에 띄운다.

소렐  ⑰ Sorrel

이용 부위 **잎**
재배난이도 ★★☆☆ 해충피해 ★★☆☆ 추천도 ★★☆☆

★ 소렐은 유럽, 아시아 원산의 다년생풀로 잎과 줄기에 수산이 함유되어 있어 독특한 신맛을 내는 것이 특징입니다.

★ 같은 종으로 우리나라에서 자생하는 수영(괴승애)이 있습니다. 수영은 뿌리를 약재로 쓰는데 한방에서는 산모근(酸模根)이라고 불리며 해열, 이뇨, 양혈, 지갈, 소종의 효능이 있고, 방광 결석, 혈변, 소변이 잘 나오지 않는 증세에 쓰입니다.

★ 소렐은 유럽에서는 오래전부터 향신초와 약재로 많이 이용된 허브로, 가정에서 수시로 이용하기 위해 정원 재배를 해서 '가든소렐(Garden sorrel)'이라고도 불립니다. 최근엔 신맛을 줄이고 잎이 연한 개량종 '프렌치소렐(French sorrel)'이 채소로 쓰입니다.

★ 줄기에 붉은색이 있는 적소렐과 전체가 시금치처럼 녹색인 커먼소렐이 있습니다.

★ 월동이 가능하며 씨앗이 떨어져 자생적으로 번식해서 재배가 쉬운 작물입니다.

★ 어린순은 나물로 먹고 식초로 만들어 요리에 이용합니다. 많은 양을 먹으면 신진대사 기능이 저하되므로 주의해야 합니다.

	1월			2월			3월			4월			5월			6월			7월			8월			9월			10월			11월			12월		
	상	중	하	상	중	하	상	중	하	상	중	하	상	중	하	상	중	하	상	중	하	상	중	하	상	중	하	상	중	하	상	중	하	상	중	하

파종·직파

파종 아주심기 수확 채종

재배

다년생인 소렐은 월동해서 2년 차에 꽃을 피워 씨앗을 맺습니다. 씨앗이 익어 땅에 떨어지면 수많은 싹이 자연적으로 올라와 재배가 쉽습니다.

소렐은 모종을 구입해도 되고 씨앗으로 육묘나 직파도 가능합니다. 씨앗은 작고 미세하지만 육묘가 까다롭지 않고 밭에 정착하고 나서는 잘 자랍니다. 직파 시에는 얇게 흙을 덮어줍니다.

소렐은 보수력 있고 유기물이 많은 비옥한 땅에서 잘 자라며, 활착한 후에는 별다른 관리가 필요 없습니다. 첫해엔 키가 작아 키 큰 작물이 옆에 있으면 고생하는데, 2년 차부터는 키가 30~80cm로 큽니다. 잎은 두텁고 시금치의 모습과 비슷합니다. 6~7월에 긴 줄기가 나와서 꽃이 피고, 꽃이 진 다음 열매가 줄기를 둘러싸며 수없이 달립니다.

재배 1년 차

2012년 4월 22일. 육묘한 커먼소렐

5월 6일. 육묘한 적소렐을 밭에 아주심기하다.

5월 27일. 커먼소렐

6월 1일. 적소렐

6월 4일. 커먼소렐 수확기

좌측은 커먼소렐, 우측은 적소렐

11월 초. 아직은 추위에 끄떡없는 적소렐

11월 말. 강추위가 지나간 후 생기를 잃으며 재배가 종료된다.

재배 2~3년 차

6월 24일. 꽃이 열매가 되어 수많은 열매가 달린다.

2년생. 꽃대가 올라오면서
1m 이상 커졌다.

7월 31일. 씨앗이 영글었다.

2014년 3월 30일. 겨울을 나면 이듬해 봄에 자연적으로 주변에 많은 싹이 올라온다. 다시 파종할 필요 없이 주변을 잘 살펴보았다가 밭이 준비되면 옮겨심는다.

활용

소렐은 혈액을 맑게 만드는 효과가 있고 간장 기능을 강화하고 소화를 도와서 식욕을 증진시킵니다. 또한 잎에 비타민C가 풍부해 겨우내 채소가 부족한 유럽에서 영양 보충용으로 이용되었다고 합니다. 소렐은 건조 보관하지 않습니다.

소렐은 생잎을 활용합니다. 잎을 데쳐서 시금치처럼 먹거나 수프나 샐러드에 넣습니다. 수프에 소렐 잎을 넣어 조리하면 맛이 더 좋아집니다. 수산을 많이 함유하고 있으므로 끓는 물에 데칠 때 뚜껑을 열고 데치고, 데친 물은 버립니다.

산도가 높아서 고기를 부드럽게 해주기 때문에 육류요리에 많이 쓰입니다. 탄소강으로 만든 식칼을 사용하거나 철냄비에서 끓이면 검게 변색하면서 쓴맛이 나기 때문에 주의합니다. 신맛을 내는 요리에 오렌지나 레몬 대용으로 많이 활용하며 소렐이 들어가면 식초가 필요 없습니다. 그래서 유럽에서는 조림 요리에 많이 이용됩니다. 소렐을 페스토로 만들어 사용할 수 있습니다.

• **소렐식초**: 병에 소렐 생잎을 넣고 와인 식초를 부어서 만든다. 샐러드드레싱이나 신맛이 필요한 요리에 이용한다.

소렐은 차로 거의 마시지 않지만 우리나라 수영(괴승애)은 민간약초로 쓰입니다. 여름과 가을에 뿌리를 캐서 햇빛에 말려 물에 달여서 마시는데, 이뇨, 해독, 관절염에 효과가 있습니다. 관절염이 있으면 소주에 뿌리를 일주일 정도 담가서 마십니다. 피부 습진과 화상에는 가루 낸 것을 기름에 개어서 바릅니다.

스테비아 ¹⁸ Stevia

이용 부위 잎

재배난이도 ★★☆☆   해충피해 ★★☆☆   추천도 ★★★★

★ 스테비아는 중남미 열대지방 원산으로 국화과 다년생 허브입니다. 오래전부터 감미료와 약초로 사용되어 왔습니다.

★ 추위에 약해 노지에서는 월동이 안 되지만 베란다나 온실에서는 다년생으로 키울 수 있습니다.

★ 햇빛이 많고 유기질이 많은 비옥한 노지에서 기르면 줄기가 굵고 강하게 자라고 빨리 목질화되어 60~80cm까지 자랍니다.

★ 스테비아 잎은 설탕보다 300배의 단맛을 갖고 있는데, 스테비오사이드라는 성분을 갖고 있기 때문입니다. 이 성분은 무색, 무취의 성분으로 물이나 알코올에 쉽게 녹아나옵니다. 건조해도 성분이 변하지 않고 가열해도 변하지 않아 활용하기 좋고 당도에 비해 열량이 낮아 설탕으로 인한 부작용을 줄이기 위한 대체 감미료로 주목 받고 있습니다.

★ 일본에서는 흙 개량에 스테비아를 오래전부터 활용해왔습니다. 스테비아를 밭에 줌으로써 미생물을 늘려 흙을 살리니 작물이 잘 자라고 병해충도 강해지고 수확물의 보존기간도, 수확량도 늘고 맛도 좋아졌다는 연구 결과가 있습니다. 우리나라에서도 유기농업 자재로 스테비아를 이용하는 농가가 급속히 늘어나고 있습니다.

	1월			2월			3월			4월			5월			6월			7월			8월			9월			10월			11월			12월		
	상	중	하	상	중	하	상	중	하	상	중	하	상	중	하	상	중	하	상	중	하	상	중	하	상	중	하	상	중	하	상	중	하	상	중	하
															노지																					

육묘파종   아주심기   수확

재배

스테비아는 단맛이 나는 허브로 알려졌으나 이제는 건강을 돌보고 땅을 돌보는 허브로 알려지고 있습니다. 일본에서는 많은 연구와 실험을 통해 적극적으로 활용하고 있는 작물입니다. 특히 토양을 살리고 작물을 건강하게 하는 허브로 주목받고 있습니다.

첫해 재배에 성공하면 채종해서 다음 해부터는 육묘나 삽목으로 많은 양을 기를 수 있습니다. 스테비아는 육묘가 까다롭습니다. 종자는 미세하고 광발아종자라 흙을 덮어주면 발아가 안 됩니다. 상토 위에 살짝 올려놓고 손으로 눌러만 주거나 물을 분무하면서 자연스럽게 흙에 정착되는 정도만 합니다. 뿌리가 나오면 스스로 흙 속으로 정착합니다.

육묘기간 동안 초기 성장이 무척 느린데, 이때 죽는 이유는 대부분이 과습입니다. 약간 건조할 정도로 상토를 관리해야 성공률이 높습니다. 싹이 튼 후 토양이 과습하면 성장이 나빠지고 뿌리가 녹아버리기 쉽습니다. 5월 초에 밭에 아주심기한다면 육묘는 가급적 일찍, 2월 말~3월 초에 시작하는 게 좋습니다. 이 기간 동안에도 최대한 햇빛을 많이 보여줘야 합니다. 긴 육묘기간 동안 직사광선을 못 보면 약하게 자라거나 통풍 부족으로 죽거나 웃자랄 수 있습니다.

일단 정식만 잘되면 병충해 피해를 그다지 입지 않는 강한 허브입니다. 더위와 장마에 강하고 추위에도 영하 3℃까지는 견딜 수 있어 11월 초(서울경기 기준)에도 버틸 수 있습니다. 일자로 반듯하게 자라며 재식간격은 20~30cm를 줍니다. 건조에 약하므로 토양이 완전히 건조되면 견디기 힘들어하는데 화분재배에서 심하고, 노지에서는 뿌리가 깊이 내려 잘 견딥니다. 중간에 수확을 많이 하면 웃거름을 줍니다. 8~9월에 작은 꽃이 피는데 생육이 늦어지면 10월에 꽃이 피어 결실이 늦어집니다.

2월 28일. 씨의 깃털 부분을 흙에 눌러서 고정하고 씨앗은 살짝만 흙에 눌러준다.

3월 5일. 플러그에 육묘 중인 스테비아. 플러그에 육묘할 때는 과습이 실패의 원인이 되는 경우가 많다. 건조하면 색이 변하는 펠렛과 달리 플러그의 흙은 항상 젖어 있는 경우가 많다. 물을 너무 자주 주면 초반에 여린 싹이 녹아버린다.

3월 17일. 표면을 건조하게 유지하는 것이 육묘에 성공하는 비결이다.

3월 23일. 펠렛에 육묘 중인 스테비아. 싹이 올라오고 있다.　　3월 23일　　4월 17일. 햇빛을 잘 봐서 튼튼하게 자라고 있다.

5월 7일. 아주심기　　5월 25일

7월 27일　　7월 27일

9월부터 개화한다.

10월 중순. 씨앗이 영글기 시작했다.

11월 영하의 날씨

11월 16일. 최저기온 영하 3℃에도 아직 푸른 스테비아. 줄기가 목질화 되었다.

실내에서 화분재배하는 스테비아와 노지재배하는 스테비아는 많이 다르다. 노지에서는 뿌리가 깊이 뻗어 장마, 가뭄, 서리에도 잘 견딘다. 가뭄 때도 따로 물을 안 줘도 끄떡없지만 화분재배 시에는 흙이 건조해지면 바로 잎이 축 늘어진다.

실내재배 시 줄기가 가늘고 웃자람이 심해서 노지재배에 비해 많이 약하고 잠깐의 저온에도 냉해를 입는다.

번식

씨와 삽목으로 번식 가능합니다. 육묘가 까다로워 번식하기 가장 좋은 방법은 줄기를 잘라 뿌리를 내리는 삽목 방법입니다. 줄기는 목질화되지 않고 꽃이 피지 않은 것을 선택해서 삽목합니다. 대개 2주 정도면 뿌리를 내립니다.

뿌리를 내리면 화분이나 밭에 옮겨심는데 직사광선은 당분간 피해줍니다. 노지에 옮겨심을 때에는 6월 안에 하는 게 좋고, 옮겨심은 뒤 몸살을 할 수 있으므로 주의합니다.

스테비아는 잎 위 곁순이 올라옵니다. 그 곁순을 잘라서 삽목하거나 원줄기를 곁순을 포함해 여러 토막으로 잘라서 삽목합니다. 줄기가 너무 여리면 물러지가 쉽고, 너무 짧으면 성장이 힘듭니다. 줄기가 좀 굳고 길게 자랐을 때 시도합니다.

수확

밭에 아주심기한 후 2~3개월이면 잎 수확이 가능한데 꽃이 피기 전에, 맑은 날 수확하는 게 좋습니다. 계속적인 번식을 위해서는 곁순은 남기고 그 아래 잎을 수확하는 것이 좋습니다. 겨울이 오기 전에 농사용으로 수확할 때는 줄기째 잘라 수확합니다.

채종

스테비아는 씨앗이 영그는 데 시간이 걸리며, 기후의 영향을 받습니다. 노지에서는 9월경부터 꽃이 피고 씨앗이 차례로 영글기 시작하여 11월까지 갑니다. 영근 씨앗은 색이 변하기 때문에 갈색이 되어 마르면 순서대로 채종합니다. 마른 씨앗은 쉽게 떨어져 나가므로 제때 수확해야 합니다. 씨앗은 바람에 날리기 쉽게 되어 있어서 유실이 잘되고 땅에 떨어져도 자연발아가 거의 안 됩니다.

채종한 씨앗은 냉동실에 넣어 보관합니다. 채종을 목적으로 할 경우에는 잎 수확을 자제하여 빨리 꽃이 피게 하여 결실을 앞당깁니다. 잎 수확이 계속되면 채종이 늦어져 채종에 실패할 수 있습니다.

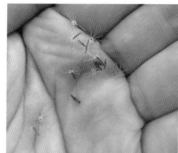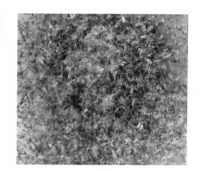

갈무리

수확한 잎은 건조해서 보관합니다. 건조된 잎은 단맛의 변화가 전혀 없으며 성분이 변하지 않아 장기간 저장이 가능합니다. 또한 쉽게 건조되어 자연건조를 해도 잘 마릅니다. 마른 잎으로 보관할 수도 있고, 잎과 줄기를 물에 끓여서 시럽을 만들어도 됩니다. 시럽은 냉장보관해서 음료나 요리에 단맛으로 이용합니다. 냉동보관도 가능합니다.

건조기에 건조 중인 스테비아

밀봉하여 보관한다.

활용

말린 스테비아 잎의 당도는 품종, 재배 환경 등에 따라 조금씩 다릅니다. 뜨거운 물에 스테비아를 몇 장 넣고 1분 정도 두고 맛을 봐서 적당한 맛을 찾습니다. 너무 오래 두면 떫은 풀맛이 올라오니 적당한 단맛이 나면 잎을 걸러냅니다.

스테비아 차

스테비아는 다른 허브와 섞어서(블렌딩) 먹기 좋습니다. 허브차에 익숙하지 않은 분들이 단맛을 추가하고 싶을 때 스테비아를 넣으면 자연스러운 단맛을 낼 수 있습니다. 다른 허브와 블렌딩할 때는 다른 허브를 먼저 우린 후에 마지막으로 스테비아를 짧게 1분 정도 우립니다. 더운 날에 스테비아 차를 냉장보관하면 달콤한 음료수가 됩니다. 단맛이 강하고 감칠맛과 떫은맛이 있습니다.

스테비아 농축액 만들기

스테비아는 최근 자연농법을 하려는 농가에서 이용하는 추세입니다. 이 스테비아를 집에서 농축액을 만들어 텃밭에서 이용하는 방법을 제 방식으로 수년간 시도, 활용해보았습니다. 이것은 어떤 과학적 데이터나 객관적 임상실험 결과가 아니라 땅을 건강하게 만들기 위한 한 개인의 주관적인 경험이니 참고로 봐주십시오.

〈텃밭가이드 1권〉에 토양개량 과정이 데이터와 함께 자세히 나와 있습니다(69~81쪽). 토양을 개량하기 위해 밭에 해준 것은 '유기물(볏짚)과 토양미생물, 스테비아 농축액'이 전부였습니다. 그런데 단 1년 만에 토양이 급속도로 좋아지는 것을 토양검정 결과와 작물들을 통해 확인했습니다.

다음은 토양개량을 위해 스테비아를 농사에 도움이 되는 자재로 만드는 저의 방법입니다. 미생물은 번식하는 데 '당분'을 좋아합니다. 그래서 미생물 배양에 설탕이나 당밀을 사용합니다. 그러나 당밀은 소량을 구하기도 어렵고 또한 땅이 굳을 수도 있습니다. 스테비아에는 스테비오사이드라는 단맛 성분이 있는데, 물에 쉽게 녹아나오고 가열해도 변화되지 않기 때문에 당밀 대신으로 토양개량에 이용할 수 있습니다. 스테비아 속의 성분을 추출해서 땅에 넣어줌으로써 땅속의 미생물을 활성화하여 토양개량에 박차를 가할 수 있는 것입니다. 또 작물에 엽면시비하여 작물의 생육을 돕습니다.

제가 하는 간단한 방법은 수확과 채종이 다 끝난 후 남은 스테비아 줄기를 통째로 잘라와 물에 삶아서 농축액을 만들어 이용하는 것입니다.

적당히 자른 스테비아를 압력솥에 넣고 생수를 부어서 끓인다. 부은 물이 절반으로 줄어들 때까지 끓이고 식힌다.

삶고 남은 건더기는 밭에 가져가 잘게 다져서 흙 속에 넣는다. 아니면 바짝 말린 다음에 분쇄해서 밭에 돌려줘도 좋다.

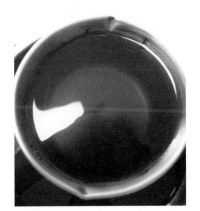

완성된 농축액이다. 진한 단맛이 난다. 채로 걸러서 깨끗한 즙만 받는다.

스테비아 10여 포기로 만든 농축액이다. 가스가 차서 병이 팽팽해지는 경우에는 적당할 때 가스를 빼준다. 농축액 위에 곰팡이포자가 생기는 경우에는 건져내면 된다. 필요한 양만 개봉해서 사용하고 나머지는 밀폐해서 어둡고 시원한 곳에 보관한다.

희석한 스테비아 농축액. 100~1000배로 희석해서 관수하거나 엽면시비한다.

야로우 ⑲ *Yarrow*

이용 부위 잎, 꽃
재배난이도 ★☆☆☆ **해충피해** ★☆☆☆ **추천도** ★★★★

★ 야로우는 원산지가 유럽, 북미로 '서양톱풀'이라고 부르며, 우리나라 '톱풀'은 약재나 봄나물로 쓰입니다.

★ 야로우의 가장 큰 특징은 왕성한 생명력이어서 별다른 관리가 없어도 잘 자랍니다. 아름답고 풍성한 잎이 정원을 풍요롭게 만들어줍니다. 꽃의 색이 다양하고 크고 화려하여 조경용으로 좋습니다.

★ 야로우는 '강함', 이 한 마디로 요약할 수 있습니다. 막 캐내어 아무데나 옮겨심어도 쉽게 정착하고 토질을 가리지 않으며 더위와 추위에다 강하고 병충해도 없는 강한 허브입니다. 땅속줄기로 번식하기 때문에 척박한 땅, 비탈진 곳에서 흙을 정착시키는 용도로 재배할 수 있습니다.

★ 학명은 아킬레야(Achillea)로 일리아드의 영웅 아킬레스의 이름에서 유래한 것으로, 아킬레스가 트로이 전쟁에서 부상한 병사들을 치료하는데 이 풀을 이용했습니다. 상처 치료에 뛰어난 효과가 있어 '목수의 허브'라는 별명을 갖고 있습니다.

★ 항염증성이 뛰어나고 여성 생식계통에도 유익하며 순환계, 소화계 여러 부문에 모두 효과가 있어 쓸모가 많은 허브입니다.

	1월			2월			3월			4월			5월			6월			7월			8월			9월			10월			11월			12월		
	상	중	하	상	중	하	상	중	하	상	중	하	상	중	하	상	중	하	상	중	하	상	중	하	상	중	하	상	중	하	상	중	하	상	중	하

이듬해부터

육묘파종 아주심기 수확 개화

재배

유기물이 풍부한 사질양토에서 잘 자라며, 산성토양에서도 잘 자랍니다. 양지와 반음지 어디에서도 잘 자라며 척박한 토양에서도 잘 자랍니다. 너무 비옥하면 웃자라므로 굳이 거름을 주지 않아도 되고, 원예재배 시엔 해마다 분갈이해주는 것으로 충분합니다. 노지에서는 특별한 관리가 필요 없으며 단지 물빠짐만 신경 써줍니다.

봄철 생육이 왕성하고 더운 여름이나 장마, 추운 겨울도 잘 견뎌 한번 심으면 계속 살아남는 강력한 허브여서 오히려 골칫거리가 될 수 있습니다. 재식간격을 30cm 정도로 넉넉히 주어 심는데, 처음엔 넓은 것 같아도 금방 채워집니다. 줄기가 곧고 잎이 빽빽하게 올라오며 많은 꽃대를 올립니다. 키는 60~90cm까지 커지므로 주변에 키가 작고 성장이 느리거나 약한 작물이 있으면 피해를 입습니다.

개화기는 2개월 정도로 길어서 충분한 수확기를 가집니다.

특별히 피해를 입힐 병해충이 없으며 여름철 과습과 밀식에 의한 썩음 문제만 신경 쓰면 됩니다. 야로우는 월동에 들어가기 전 잎을 모두 잘라 썰어서 밭에 유기물로 넣어주면 토양에 도움이 되며 잎에 들어있는 구리도 공급됩니다. 야로우는 식물들의 의사라고 불리는데, 뿌리가 분비하는 물질이 식물들의 내병성을 도와 치료해주고 더 잘 자라게 해주기 때문입니다.

육묘

직파나 이식이 다 가능하지만 첫해에는 육묘하는 것이 좋습니다. 야로우는 육묘가 까다롭지 않은 편으로 성장도 좋은 편입니다. 광발아종자로 햇빛을 보게 해주고 적절한 온도만 유지되면 쉽게 발아하고 두 달이면 충분히 밭에 옮겨심을 만큼 성장합니다.

1 2012년 3월 3일. 지피펠렛에 파종한 야로우 **2** 3월 17일 **3** 3월 31일
4 5월 3일. 야로우를 밭에 아주심기하는 날

1년 차 재배

1 2012년 5월 24일. 밭에 아주심기하고 3주 후의 모습
2 6월 4일. 아주심기 후 한 달 만에 많이 성장했다.
　떼어놓고 심은 포기들이 어느새 간격이 없어졌다.
3 6월 28일. 꽃대가 올라와 꽃을 피우려고 한다. 잎을
　수확할 생각이면 꽃대를 제거한다.
4 7월 1일
5 7월 25일. 첫해부터 꽃을 피운다.

2년 차 재배

1 2013년 5월 8일. 2년 차 봄에 일찌감치 올라온 야로
　우. 작년보다 더 엄청난 성장세를 보인다.
2 5월 30일. 일찍 꽃대가 올라왔다.
3 6월 16일

번식

야로우는 씨앗과 포기나누기로 번식이 가능합니다. 생명력이 강해 줄기가 많이 올라오며 무성해집니다. 이로 인해 너무 조밀해지면 포기가 쇠약해지고 꽃이 덜 피므로 다음 해 올라오면 포기나누기를 해주며 공간을 확보해주는 것이 좋습니다.

실내재배에서는 한여름을 빼고 언제나 포기나누기가 가능하고 노지에서는 2년 차에 싹이 올라오는 3월 중순에 합니다. 포기를 삽으로 퍼서 캐낸 후에 싹을 몇 개씩 붙여서 손으로 포기를 나눕니다. 뿌리 부분이 붙어서 떼어지지 않으면 가위로 깔끔하게 자릅니다. 옮겨심는 데 까다롭지 않아 물만 잘 주면 바로 생육이 가능합니다.

2년생 야로우의 포기나누기. 포기를 캐내니 줄기가 빽빽하다.

가위로 붙은 뿌리를 잘라내 여러 포기로 나눈다.

나눠진 포기를 그대로 심어도 잘 산다.

사람들이 지나다니는 언덕에 심은 야로우. 죽지 않고 잘 산다.

갈무리와 활용

야로우를 샐러드로 먹을 때는 어린잎을 수확합니다. 차나 아로마테라피로 활용할 때는 잎과 꽃을 포함한 꽃대를 수확합니다. 수확하고 남은 잎은 농사 끝마칠 무렵 잘라서 토양에 넣어주면 구리를 보충하여 도움이 되는 것으로 알려져 있습니다.

향이 강한 허브이며 무독성, 무자극성이나 국화과 식물에 알레르기가 있는 사람은 주의하고, 임신 중에는 사용하지 않아야 합니다.

 우리나라에 자생하는 톱풀은 진통, 거풍, 타박상, 종기 등에 약재로 쓰이는 데 물에 달여 마십니다. 야로우의 화학성분으로는 카메줄렌이 가장 많아 항염증 효능이 강한데, 이와 같은 효능의 허브로는 저먼캐모마일이 있습니다. 야로우 차는 열이 날 때 해열작용을 해서 감기와 인플루엔자 치료 시 좋습니다. 또한 식욕부진, 위경련, 헛배부름, 장염, 위염 등에 효과가 있으며 강장효과, 소화, 거담, 구풍에도 도움이 됩니다. 비타민과 미네랄이 풍부하고 식욕 증진, 허약 체질에 쓰입니다.

야로우는 치료적 특성이 뛰어나 상처 치료제로 오래 전부터 사용되어 왔습니다. 그래서 '병사의 상처풀'이나 '목수의 허브'라는 별명으로 불렸습니다.

야로우는 신체적으로 다양한 증상에 효과를 미칩니다. 특히 염증에는 다 효과가 있으며 에너지 균형을 잡도록 도와주고 갱년기 시기나 스트레스 상황에서 회복되는 것을 도와주는 효능을 갖고 있습니다.

야로우는 발한, 자극, 기능 강화 작용에 사용되고, 상처 치유와 피를 멈추고, 통증을 가라앉힙니다.

'순환계'에는 혈관계통 강장역할이 뛰어나 정맥이나 치질의 트러블을 개선합니다. 혈액 재생을 촉진해서 몸 전체의 강장제 역할을 하기 때문에 치료용 습포나 잎에서 추출한 성분을 섞은 연고를 치질에 이용합니다.

담즙 분비 촉진성이 있어 소화력을 향상하고, 수렴기능이 있어 설사를 멎게 합니다.

지혈성, 수렴성, 항염증성, 방부성분을 갖고 있어서 상처치료 효과가 높고, 염증이 일어난 피부를 진정시키는 데 사용할 수 있습니다. 수렴기능이 있어 지성피부의 피지분비 발란스를 조절하고 두피 영양제로 두피의 성장을 자극하여 대머리에도 효과가 있습니다.

'여성 생식계'의 질 감염증이나 염증에는 인퓨전으로 세척이나 주입 방법을 사용할 수 있고 생리통 완화에도 도움이 됩니다.

폐경기 호르몬 변화가 있는 시기에 심리적 안정을 돕고 균형을 잡는 치료제로 쓰일 수 있습니다. 일종의 호르몬 역할을 하기 때문에 여성 생식기 계통에 유익하고 갱년기 장애에 도움이 됩니다.

차로 마시거나 인퓨전으로 목욕이나 반신욕, 좌욕, 습포로 이용하기 좋습니다. 인퓨즈드오일이나 팅크처로도 만들어 필요한 용도로 이용합니다.

야로우 꽃 수확

야로우 팅크처 만들기

야로우 인퓨즈드오일. 마사지, 연고, 스프레이 등으로 활용한다.

오레가노 ⑳ Oregano

이용 부위 잎
재배난이도 ★★☆☆   해충피해 ★☆☆☆   추천도 ★★★★

★ 오레가노는 지중해가 원산지로 유럽에서 광범위하게 이용되는 실용적인 다년생 허브입니다. 특히 이탈리아, 멕시코, 프랑스의 요리에 많이 이용됩니다.

★ 1년 차에는 20cm 남짓 자라다가 2년 차가 되면 늦봄에 줄기가 곧게 1m 가까이 올라오면서 끝에 분홍, 자줏빛 꽃이 핍니다. 땅위로 줄기가 기듯이 퍼지면서 뿌리도 땅속에서 영역을 넓혀나가 지상과 지하를 모두 장악하는 생육이 막강한 허브입니다.

★ 톡 쏘는 풍미와 향이 강한데 생잎보다 말린 것이 더욱 향기가 좋습니다. 가열해도 향이 사라지지 않아 오래 가열하는 요리에 사용이 가능합니다.

★ 오레가노는 우리나라 기후에 매우 잘 적응한 식물입니다. 여름철 고온다습한 환경과 겨울철 추위에도 잘 견뎌 노지 월동이 가능합니다.

★ 요리, 차, 약용, 포푸리, 입욕제 등 폭넓게 활용되고 재배도 쉬워서 추천하는 작물입니다.

★ 노지재배 시에는 강한 뿌리 번식으로 처치가 곤란할 수 있으니 지나치게 번식하지 않도록 관리를 반드시 해야 합니다.

★ 피자 허브로 불릴 정도로 토마토와 잘 어울리고 바질과 궁합이 잘 맞는 이탈리아 시즈닝의 기본 재료입니다.

	1월			2월			3월			4월			5월			6월			7월			8월			9월			10월			11월			12월		
	상	중	하	상	중	하	상	중	하	상	중	하	상	중	하	상	중	하	상	중	하	상	중	하	상	중	하	상	중	하	상	중	하	상	중	하

육묘파종   아주심기   포기나누기   수확

272

육묘

발아기간은 5~8일 정도이고 광발아종자이니 흙을 덮지 말고 육묘용 흙에 살짝 얹어서 파종합니다. 봄과 가을에 파종할 수 있는데 본잎이 충분히 나온 후 밭에 아주심기합니다. 싹이 작아 초반에 주의해야 하는 것 빼고는 본잎만 나오면 튼튼해서 과습만주의하면 잘 자랍니다.

2012년 2월 28일. 지피펠렛 파종. 미세종자이기 때문에 흙을 깊이 덮어주면 안 된다. 살짝 흙 위에 올려놓고 손끝으로 눌러준다.

3월 10일. 파종 10일째

3월 13일. 플러그트레이 파종

3월 29일. 지피포트

3월 31일. 플러그트레이

4월 29일. 본잎이 완전히 나왔다.

재배

오레가노는 재배하는 데 큰 어려움이 없는 강한 허브입니다. 양지식물로 알칼리성 토양에서 잘 자라며 척박한 토양에서도 잘 자랍니다. 그러나 장마 때 물빠짐이 나쁘면 뿌리가 썩고 생육이 나빠지니 물빠짐이 잘되도록 밭을 만들어주고 유기물이 넉넉한 게 좋습니다.

오레가노는 우리나라의 긴 장마와 긴 겨울 추위에도 잘 견디고, 정식한 후에는 맹렬하게 자라고 첫해부터 수확이 가능합니다. 노지에서 월동한 후에는 땅속뿌리가 발달해서 더 빠른 성장을 합니다. 생육적온은 서늘한 날씨로 13~18℃ 정도이나 우리나라 사계절을 무난히 견딥니다.

해를 거듭할수록 지상 위로는 줄기가 기듯이 퍼져나가고 지하로는 뿌리가 발달해 주변을 잠식합니다. 월동한 2년 차부터는 목질화되는 줄기가 길게 올라와 꽃을 피웁니다. 꽃이 피면 잎이 억세집니다. 포복과 직립을 동시에 하면서 주변을 장악하기 때문에 주변에 다른 식물에 피해를 줄 수 있습니다.

또 땅속이 뿌리로 가득 차면 성장도 방해됩니다. 이럴 때는 '포기 갱신'을 해주는 것이 좋습니다. 삽으로 뿌리째 캐내어 엉킨 뿌리를 정리하고 새로 심어주는 것입니다. 그러면 굳은 흙이 부드럽게 되어 분갈이 효과를 줍니다. 포기 갱신을 하면 다시 어린 잎이 올라오고 꽃이 피는 것이 늦어집니다.

1년 차 재배

2011년 7월 30일. 두 달에 걸친 긴 장마와 부족한 토양으로 힘들어하는 1년 차 오레가노. 제대로 성장을 못하고 있다. 과습과 영양 부족, 햇빛 부족 등 총체적 난국이다.

어렵게 꽃을 피우고 월동에 들어갔다.

2년 차 재배

2012년 5월 초. 위쪽은 육묘해서 옮겨심은 모종이고, 아래쪽은 월동한 후 올라오는 2년 차 오레가노이다.

5월 21일. 맹렬하게 자라는 오레가노

6월 26일. 개화 시작

수정되어 씨앗이 영글고 있다.

3년 차 오레가노

오레가노는 우리나라 노지에서 완벽하게 월동합니다. 월동하는 동안 지상부가 완전히 사라졌다가 봄에 다시 올라옵니다. 뿌리가 깊이 발달한 만큼 더 왕성하고 강력해지면서 지상부를 장악합니다.

2013년 3월. 월동하고 이듬해 3월에 올라온 오레가노

6월 중순. 전년도보다 더 강하게 번성한다.

6월 29일. 화려하게 꽃을 피워 벌과 나비가 몰려들었다. 잎 수확이 목적이면 꽃대가 올라오기 전에 자른다.

울창하게 줄기가 올라와 키가 1m까지 되어 꽃이 핀다. 이듬해 봄에 포기를 모두 갱신하는 것이 좋다.

10월 10일. 줄기가 목질화되고 잎이 굳었다.

5년 차 오레가노. 5월 초에 이미 무성하게 자랐다. 해를 거듭하면서 성장이 왕성해진다.

번식

오레가노는 줄기가 땅위를 기면서 번식하고 동시에 땅속줄기가 뻗어 나가면서 지상부로 줄기를 올린다.

하나의 포기가 퍼져나간 모습

포기 갱신. 너무 밀식된 오레가노를 땅속에서 뿌리째 캐낸다.

싹과 줄기가 몇 개 붙도록 뿌리를 잘라낸 후 옮겨심는다. 실패가 없고 성장이 빠른 번식법으로 그해 바로 수확할 수 있다.

병해충

오레가노는 내병성이 강한 식물로 대부분의 허브가 여름철 통기불량인 환경에서 발병하는 곰팡이류의 피해가 적은 편입니다. 봄여름에 애벌레의 먹이로 잎 중앙이나 가장자리에 구멍이 나기도 하지만 생육에는 아무런 지장이 없습니다.

수확

가장 향이 강할 때가 개화 직전이므로 이때가 수확 적기입니다. 생육이 강하고 빠른 속도로 성장하며 무성하게 자라므로 줄기째 잘라 수확하는 게 좋습니다. 봄에 생육이 왕성하게 성장하여 그대로 여름 장마철을 맞을 경우 통기가 나빠집니다. 봄에 잎이 무성할 때 1차 수확을 하고, 꽃이 피기 전에 줄기째 수확하여 통풍을 좋게 해줍니다. 장마 이후 다시 성장합니다.

줄기째 잘라서 수확한다. 아래에 10~20cm를 남기고 자른다.

남은 줄기에서 새순이 올라오고 있다.

갈무리와 활용

오레가노는 생허브보다 건조허브가 향이 더 강하고 좋아서 수확하면 바로 건조합니다. 건조허브는 향신료와 요리용으로 사용됩니다.

오레가노는 이탈리아 시즈닝, 케이준 시즈닝, 칠리 파우더 등에 빠지지 않고 들어가며 향신료로서 중요한 위치에 있습니다. 오레가노 식초, 오레가노 오일 등 다양하게 사용할 수 있습니다. 오레가노는 토마토를 넣는 요리, 피자, 파스타, 스튜나 샐러드드레싱, 오므라이스, 우스타소스나 토마토케첩 같은 소스에 들어갑니다. 육류요리에서는 고기의 냄새를 제거해줍니다.

향미는 마조람과 거의 비슷하지만 마조람보다 더 강하고 달콤한 향과 섬세함이 적은 편입니다.

 차는 신경성 두통, 진정, 뱃멀미에 효과가 있고 베갯속에 넣어 수면에 도움을 받기도 합니다.

신경에 대한 강장제, 자극제가 되어서 심리적인 우울, 신경 강화제로 효과가 있습니다. 소화계 작용이 가장 중요한데 위, 간장, 비장을 진정시키고 위산과다, 구풍, 식욕 촉진에 이용합니다. 호흡기에도 좋은데, 감기, 기침, 기관지염, 가래와 천식, 백일해에도 효과가 있습니다.

 전통적으로 오레가노는 자극제, 구풍제, 발한제, 신경기능 강화제로 사용되어 왔습니다. 오레가노 정유 속의 티몰은 방부력, 진정, 강장 효과가 있어 먹는 것과 피부에 모두 사용이 가능합니다.

류머티즘에 효과가 있어서 건조한 잎과 꽃을 포에 넣어 온찜질을 하면 좋습니다. 오레가노는 자극작용이 있어서 정신과 신체의 원기를 북돋아 생기를 되찾게 하는 효능이 있고, 행복감을 주는 허브입니다. 목욕제, 습포나 마사지 등으로 적용할 수 있습니다.

성분 중에 페놀이 있어 피부에 자극이 있을 수 있으니 에센셜오일 원액은 민감성 피부나 어린아이의 경우 주의해야 합니다.

줄기째 건조한 후에 잎만 떼어서 보관한다.

밀봉해서 보관한다.

제라늄 ㉑ Geranium

이용 부위 꽃, 잎
재배난이도 ★★☆☆ 해충피해 ★☆☆☆ 추천도 ★★★☆

★ 원산지는 남아프리카로 17세기경에 유럽으로
  전래된 후 수많은 변종이 나왔습니다. 센티드
  제라늄(Scented geranium, 향제라늄)은 수백
  종의 변종이 있지만 그중 장미 성분이 많은 '로
  즈제라늄'이 대표적입니다.

★ 키는 1m 정도로 목질화되는 반저목성의 다년
  생이며 자연종, 변종, 교배종이 수천 종에 이
  르는 허브입니다. 화분재배가 용이하며, 실내
  로 들여와 월동할 수 있어 다년 재배가 가능
  합니다.

★ 성장이 빠르고 아래 줄기부터 목질화됩니다.
  이 성질을 이용해서 순지르기로 곁순을 내어
  수형을 아름답게 만들 수 있습니다.

★ 1월 평균기온이 영상이면 노지재배가 가능합니
  다. 고온다습한 여름을 힘들어하고 건조에 강한
  편입니다. 토양을 건조하게 유지하고 분갈이를
  잘해주면 무던하게 잘 자랍니다.

★ 로즈제라늄은 균형을 잡아주는 효능이 탁월한
  허브로, '진정과 상승' 효과를 다 갖고 있습니
  다. 정신적으로는 우울증에 효과가 있고, 기분
  이 고양되도록 도우며, 신체적으로는 몸의 균
  형을 잡아줍니다. 잎과 꽃에서 유효성분을 추
  출해서 건강을 돌보는 데 이용합니다.

1월	2월	3월	4월	5월	6월	7월	8월	9월	10월	11월	12월
상 중 하	상 중 하	상 중 하	상 중 하	상 중 하	상 중 하	상 중 하	상 중 하	상 중 하	상 중 하	상 중 하	상 중 하

아주심기 개화 수확

재배

로즈제라늄은 특유의 장미향과 사랑스러운 꽃으로 시중에서 쉽게 구할 수 있는 허브입니다. '모기를 쫓는 풀'이라며 '구문초'라고도 불리는데, 모기를 쫓는 능력은 미미해서 그런 용도로는 추천하지 않으며, 그것을 기대하여 실내에 두면 살 수 없습니다.

제라늄 수확

로즈마리 재배에 준하면 로즈제라늄을 실패 없이 재배할 수 있습니다. 흙을 건조하게 유지하고 물을 자주 주지 말며, 충분한 햇빛과 통풍을 확보해주는 것입니다. 통풍이 안 좋으면 온실가루이가 발생할 수 있으니 주의하고, 잎 뒷면에 발생하면 조기에 처리합니다. 추위에 약하므로 서리의 위험이 있으면 바로 옮겨심거나 수확합니다. 잎과 꽃을 수확해서 건조한 뒤 사용합니다.

번식과 수형 잡기

로즈제라늄은 삽목으로 번식할 수도 있으나, 제가 추천하는 가장 좋은 번식 방법은 곁순을 떼어내 뿌리를 내리는 것입니다. 이것은 제가 시도해서 성공한 방법으로, 그 어떤 번식보다 안정적이고 빠른 번식이 가능합니다. 씨앗을 통한 번식은 추천하지 않습니다. 또한 목질화되면서 성장이 빠르기 때문에 순지르기를 통해서 수형을 만들 수 있습니다. 순지르기를 하면 아래 잎에서 곁순이 맹렬히 자라 풍성한 포기를 만들 수 있습니다.

번식

1. 잎이 4~5장 있는 곁순을 원줄기에서 조심스럽게 떼어낸다.

2. 곁순을 떼어낼 때 순이 흩어지지 않게 떼어내는 것이 중요하다.

3. 떼어낸 곁순

4. 화분에 다소 깊이 심어준다. 만일 잎이 마른다 싶으면 투명컵을 위에 씌워 반밀폐한다.

5. 2~3주 후 곁순이 좀 자라면 무사히 뿌리를 내린 것이다.

6. 뿌리내린 것을 확인하고 나서

7. 새 화분에 옮겨심었다.

수형 잡기

8. 밑에 잎이 3~4장만 있으면 원줄기를 잘라낸다.

9. 순이 잘린 후 아래 마디에서 곁순이 나오고 있다.

10. 곁순이 자라는 모습

11. 곁순이 자라면서 여러 개의 줄기가 된다.

12. 작지만 여러 개의 곁순이 올라와 풍성하다.

13. 곁순이 자라면서 풍성해진 로즈제라늄

14. 연속 순지르기로 곁순을 유도하거나 정리하면서 키운다.

제라늄 팅크처 만들기

활용

제라늄은 차로 마시기도 하지만 아로마테라피로 활용하는 것이 가장 좋습니다. 에센셜오일은 알콜계가 60% 이상으로 수용성입니다.

제라늄은 '균형을 잡아주는 효능'이 탁월한 허브로 '진정과 상승' 효과를 다 갖고 있습니다. 적은 양은 진정효과를, 많은 양은 상승효과를 줍니다.

균형을 잡는 효능으로는 정신적인 면과 신체적인 면이 다 있습니다.

 호르몬의 활동을 정상화시키고 신경계의 강장제로서 마음의 안정을 돕고 스트레스를 감소시키며 기분이 고양되도록 돕습니다.

생리적으로는 갱년기 장애, 생리전증후군, 생리 양이 과다할 때 균형을 잡도록 돕습니다. 이뇨작용이 있어 독소나 노폐물을 배출하는 효과가 있는데, 부종이나 생리 전 몸이 부을 때 사용하면 좋습니다.

수렴, 지혈성이 뛰어나서 멍든 곳, 화상이나 상처 난 곳에 침투해 세포 재생을 도와줍니다. 피부 관리에도 좋은데 피지 생성을 조절하는 작용이 있고 모든 피부 타입에 좋습니다. 피부를 정화하는 역할을 하고, 혈액 흐름을 개선해서 혈색이 좋은 피부로 만들어주고 피부 연화작용을 합니다.

차이브 ②② Chives

이용 부위 **잎**
재배난이도 ★★☆☆ 해충피해 ★★☆☆ 추천도 ★★☆☆

★ 차이브는 유럽, 시베리아가 원산인 야생파의 일종으로 세계적으로 재배됩니다.

★ 백합과의 다년생 허브로 20~30cm로 키가 작고 잎은 가늘고 동그라며 속이 비어 있습니다. 외형상으로는 쪽파와 비슷하게 보입니다. 봄에 일찍 보라색의 아름다운 꽃이 피니 화단 맨 앞에 군락으로 재배하는 것이 가장 좋습니다.

★ 우리나라 어디에서든 월동이 가능합니다. 노지에서 월동한 후 봄에 제일 먼저 올라오며, 수시로 수확해서 신선하게 활용할 수 있습니다.

★ 차이브는 무더기로 심어서 재배하면 아름다워 관상용으로 가치가 높습니다.

★ 차이브는 철분이 많아 빈혈 예방에 효과가 있고 소화를 도우며 피를 맑게 하는 정혈 작용을 합니다.

★ 차이브는 파의 일종으로 유황이 함유되어 있어서 잎, 뿌리, 꽃에서 톡 쏘는 맛과 독특한 파향이 납니다.

★ 생허브로 활용하며 피네허브의 하나로 샐러드, 수프, 드레싱, 장식용으로 많이 쓰입니다.

	1월			2월			3월			4월			5월			6월			7월			8월			9월			10월			11월			12월		
	상	중	하	상	중	하	상	중	하	상	중	하	상	중	하	상	중	하	상	중	하	상	중	하	상	중	하	상	중	하	상	중	하	상	중	하

파종 개화 수확

밭 만들기

차이브는 한번 재배하면 해마다 매년 봄 다시 올라오는데, 월동하면서 포기가 늘어납니다. 토심이 깊도록 깊이갈이를 해주고 거름을 넉넉히 넣어줍니다. 밑거름 위주로 재배하는 것이 좋습니다. 너무 많은 거름은 좋지 않으며 수확이 많아지면 수확 후 약간의 복합비료를 주는 것으로 충분합니다. 월동을 앞둔 9월 말경부터는 비료를 주지 않습니다.

차이브와 부추의 차이

해가 잘 들고 유기물이 많아 보수력이 있는 양토를 좋아합니다. 긴 장마 동안 토양이 과습하면 포기가 약해질 수 있으므로 배수가 잘되어야 합니다.

재배

차이브는 암발아종자로 종자가 단단해 발아가 오래 걸립니다. 육묘하는 것보다 재배할 곳에 바로 직파하는 것이 수월합니다. 다만 씨앗이 적을 때나 토양이 건조하거나 가물 때는 육묘가 좋습니다.

차이브는 한 포기씩 별도로 재배하는 것이 아니라 부추처럼 군생 재배하는 것이니만큼 재배할 곳에 호미로 줄긋듯 파주고 직파합니다. 너무 밀식되면 자라면서 포기가 늘어날 공간이 없으므로 솎아냅니다. 손가락 한 마디 간격이 좋습니다.

차이브는 땅속의 뿌리가 자연분구가 계속되어 해를 거듭하면서 포기가 늘어나고, 아주심기를 할 때도 여러 개를 모아서 심어줘야 관리도 쉽고 꽃이 피었을 때도 아름답습니다.

발아는 20℃ 내외에서 10일 정도 소요되나 노지 직파 시에는 좀 더 걸릴 수 있습니다. 직파를 늦게 하면 올라온 싹이 장맛비로 죽을 수 있어 3월부터 4월까지 육묘, 직파하는 것이 안전합니다. 가을에 파종하면 그대로 월동에 들어가 이듬해 봄에 다시 올라옵니다.

육묘 후 아주심기를 할 때는 다소 깊게 심어줘야 합니다. 얕게 심으면 뿌리가 늘어날 때 땅 위로 솟구칠 수 있습니다.

한여름 고온에 약하고 건조에 약하니 주변에 볏짚이나 풀 등을 덮어서 토양 건조를 막아줍니다.

재배 1년 차

육묘한 새싹

직파해서 올라온 새싹

재배 2년 차

3월 29일. 이른 봄에 강한 싹이 올라온다.

4월 23일. 꽃봉오리가 올라오기 시작한다. 이른 출발이다.

4월 24일

5월 11일

개화와 채종

개화는 언제 파종했느냐에 따라 달라지는데 첫해에는 6월경에 개화하지만 겨울을 나고 올라온 차이브는 5월 초에 개화합니다. 개화기간은 보통 한 달 정도로 개화가 앞당겨지면 지는 것도 빠릅니다.

꽃이 피면 잎이 딱딱해지고 풍미가 떨어지기 때문에 잎을 계속 수확하려면 꽃을 제거해줘야 합니다. 그러나 관상용 역할도 크기 때문에 꽃을 키우는 경우가 많습니다. 꽃이 피면 벌과 나비가 무척 많이 모여들고 씨앗을 맺어 채종할 수 있습니다.

5월 18일

6월 21일. 씨앗이 영글었다. 채종 시기다.

5월 24일

5월 30일. 수정되어 꽃이 시들어간다.

차이브 씨앗

포기나누기

차이브의 번식은 파종과 포기나누기입니다. 파종보다는 포기나누기가 훨씬 유리합니다. 파종해서 수확까지는 많은 시간이 걸리는데 반해 포기나누기를 해서 나눠 심은 것은 그해 바로 수확이 가능합니다. 포기나누기는 포기 갱신을 겸해서 해야 효과가 있습니다.

포기 갱신은 2년 차 봄에는 해줄 필요가 거의 없고 3년 차 봄에 해주는 것이 좋습니다. 그 뒤로는 2년 간격으로 해주는 것이 좋습니다. 포기나누기 시기는 봄에 싹이 올라오면 해주거나 가을에 해주는데, 가을에 한 뒤 바로 겨울 추위가 닥치면 위험하니 정착하는 데 한 달 여유는 주는 것이 좋습니다.

포기 갱신을 하는 이유는, 한 자리에서 2년 이상 자라면 포기가 늘어나서 빽빽해지고 흙 속은 뿌리로 가득 차서 작물의 생육이 나빠지기 때문입니다. 배수도 나빠지고 물과 양분의 흡수가 나빠져서 잎은 가늘어지고 쇠약해집니다. 이때 포기를 다 캐내서 너무 많은 포기는 정리하고 건강한 새 포기를 다시 심어주는 것을 포기 갱신이라고 합니다.

삽을 포기 아래에 깊이 넣어서 포기 전체를 떠내면 뿌리가 거의 다침이 없이 올라오는데, 먼저 단단해진 흙을 가볍게 부숴줍니다. 공기층이 살아나게 해준 다음에 밑거름을 넣어줍니다. 포기 뿌리에 붙은 흙을 조심스럽게 떨어내고 엉킨 뿌리를 풀어줍니다. 시든 포기는 제거하고 빽빽해진 포기를 2~4쪽 단위로 쪼개줍니다. 그리고 넉넉한 재식공간을 주고 다시 심어줍니다. 그렇게 같은 면적에 심으면 포기가 많이 남습니다. 이것은 번식된 포기이니 다른 곳에 옮겨심거나 수확물로 삼아도 됩니다. 부추나 차이브는 번식 방법이 같습니다.

빽빽해진 차이브의 일부를 옮기고 1년 내 자랄 공간을 확보하기로 했다.

땅에서 캐낸 차이브의 뿌리 발달 모습

수확

차이브는 2년 차 때부터 화려하게 꽃을 피우는데 꽃을 보려면 첫해에 수확을 자제합니다. 필요할 때 줄기를 잘라 수확하는데, 수확이 잦아지면 올라오는 잎의 색이 점점 연해지니 수확 후에는 웃거름을 주도록 합니다.

차이브가 20cm쯤 자라면 수확을 하고 뿌리에서 5cm 정도 위에서 잘라냅니다. 봄에 줄기를 계속 수확해서 꽃대 발생을 막아주거나, 일부만 수확해서 꽃도 보면서 수확도 동시에 합니다.

갈무리와 활용

차이브는 피네허브*의 하나로 생허브로 주로 먹거나 조리 마지막 단계에 쓰고, 향을 돋우는 역할을 합니다. 차이브의 유효성분인 알리신은 휘발성이라 물에 담그거나 가열하면 산화됩니다.

차이브 에센셜오일은 살균, 방부력이 있고 유황이 함유되어 있어 독특한 향미가 있으며, 식욕을 돋우어서 각종 요리에 곁들입니다. 철분이 풍부해서 빈혈 예방에 도움이 되고 혈압을 내리며 피를 맑게 하는 정혈작용도 있습니다.

건조하면 풍미가 사라지지만 냉동하면 유지되기 때문에 작게 썰어서 밀폐용기에 넣고 냉동보관해서 사용합니다.

냉동보관해서 오래 사용할 수 있다.

*피네허브(Fine herbs)
파슬리, 타라곤, 처빌, 차이브

수프 향신료*로 유명하며 달걀 요리에도 많이 사용합니다. 차이브는 향신료처럼 사용하면 되는데 익히는 요리가 아니라 맨 마지막에 곁들입니다. 생선, 육류요리에서 냄새를 없애 주고 음식의 풍미를 더합니다. 생허브를 샐러드, 수프, 오믈렛, 푸딩 요리에 넣으면 연한 파 향이 맛을 좋게 하고 식욕을 돋웁니다.

차이브 꽃은 색깔이 아름답고, 차이브의 향미를 가지고 있습니다. 병에 꽃을 가득 담고 화이트와인식초를 부어줍니다. 따뜻한 곳에 놓고 매일 흔들어줍니다. 3일 정도 두면 완성이 되고 걸러내어 사용합니다. 샐러드에 사용하면 좋습니다.

*수프 향신료
차이브, 세이보리, 처빌

차이브 꽃식초

처빌 ㉓ *Chervil*

이용 부위 잎

재배난이도 ★☆☆☆   해충피해 ★☆☆☆   추천도 ★★☆☆

★ 유럽과 서아시아가 원산으로 '미식가의 파슬리'라고 불리며 재배 역사가 깊은 허브입니다.

★ 파슬리보다 섬세한 샐러드 허브로 유명하며 차이브, 파슬리와 함께 피네허브의 하나입니다. 향미도 독특하고 영양분도 풍부합니다.

★ 여름의 고온에 약하고 강한 햇빛에 취약해 채광을 해줘야 부드러운 잎을 오래 즐길 수 있습니다.

★ 파종 후 40~50일이면 수확기에 도달하며 꽃이 피면 잎 수확을 못합니다. 5월이 개화기여서 일찍 재배를 시작하는 것이 좋고, 늦게 파종하면 꽃이 빨리 펴서 수확기가 짧습니다. 내한성이 있고 발아도 잘 되어서 직파에 적합한 허브입니다.

★ 30~70cm정도의 키, 부드럽고 사랑스런 잎에 작고 귀여운 흰꽃을 피워 관상용으로도 좋고, 노지재배와 실내재배가 다 좋은 허브입니다.

	1월			2월			3월			4월			5월			6월			7월			8월			9월			10월			11월			12월		
	상	중	하	상	중	하	상	중	하	상	중	하	상	중	하	상	중	하	상	중	하	상	중	하	상	중	하	상	중	하	상	중	하	상	중	하

직파   육묘파종   채종   수확

재배

처빌은 파종 후 한 달 반이면 수확이 가능합니다. 성장이 빠른 만큼 꽃대가 빨리 올라오는데 이것을 제거하지 않으면 잎이 굳어져서 먹을 수 없으니 제때 제거해서 수확기를 연장합니다. 또한 파종도 순차적으로 해서 계속 신선한 잎을 먹을 수 있도록 합니다.

번식은 씨앗으로만 가능하고 파종 후 흙은 두껍게 덮지 말고, 재식간격은 15cm 정도, 다소 습한 땅이 적합합니다.

고온과 건조에 약해 한여름에는 밝은 그늘로 옮기거나 차광망을 해주는 것이 좋습니다. 7월 장마와 한여름 무더위를 피해 여름에는 실내 육묘를 하다가 가을에 옮겨심기를 해도 좋고, 가을에 밭에 직파하면 초겨울까지는 수확이 가능합니다. 전년도 재배한 곳 주변에 자연적으로 떨어진 씨앗이 올라오기도 하나 여름에 떨어져 이듬해 봄까지 가기에는 씨앗 유실이 심하므로, 겨울이 되기 전에 이듬해 재배할 곳 주변에 씨앗을 뿌려서 스스로 올라오게 하는 것이 가장 수월합니다.

처빌은 육묘해서 옮겨심는 것보다는 직파가 더 좋습니다. 추운 3월에 일찍 파종하면 일찌감치 수확해서 먹을 수 있습니다. 땅만 녹으면 바로 직파하는 것이 가장 좋습니다.

또 봄에 맺힌 씨앗에서 떨어져 포기 주변에 자연적으로 올라오는 싹이 있는데, 대부분 장마를 견뎌내지 못하니 포기를 화분에 옮겨심어서 가정에서 재배하는 것도 추천합니다. 적당한 햇빛이 있으면 잘 자라고 수시로 생허브로 이용할 수 있어 좋습니다.

2013년 4월 5일. 육묘 중인 처빌 새싹

4월 25일. 육묘 중인 처빌 새싹

5월 13일. 우측은 월동하고 자연적으로 올라온 처빌, 벌써 개화했다. 좌측은 육묘 후 아주심기한 처빌

5월 13일. 꽃대가 올라온 것은 이미 거대하게 자랐다.

5월 30일. 우측은 벌써 씨앗이 영글고 있고, 좌측은 이제 꽃이 피기 시작했다.

4월 25일. 빠른 속도로 자라는 자연발아 새싹

꽃대가 올라오면서 거대해진다.

너무 키가 자라 넘어지려고 해서 지주와 끈으로 지탱했다.

지주가 없어 비와 바람에 쓰러진 처빌

6월 8일. 씨앗이 영글어가고 있다

채종 시기가 된 처빌

처빌 씨앗

장마기간 중 떨어져 주변에 싹이 올라왔다. 장마 중에 다 죽어버리니 옮겨서 실내 재배하는 것을 추천한다.

노출 베란다 재배

6월 초 노출 베란다에 직파해서 재배했습니다. 장마를 거쳐 한여름까지 재배했는데 텃밭에서 처빌 수확이 주춤할 때 많은 수확을 할 수 있었습니다. 노출 베란다이지만 약간의 반그늘에, 장맛비를 피해서 재배했기 때문에 장마를 무사히 넘길 수 있었습니다.

가을에 파종해서 겨울에도 재배 가능하며, 추위를 피해 화분에서 재배해 실내로 들여오거나 비닐로 터널하우스를 만들어주면 월동이 가능합니다.

2013년 6월 17일

6월 25일

6월 25일

7월 28일

수확

처빌은 재배기간 내내 잎을 수확할 수 있습니다. 중앙에서 새순이 올라오므로 바깥쪽 잎을 수확하고, 포기가 어느 정도 자라면 순지르기를 겸해 중심 줄기를 자르면 새순이 올라오고 추대가 늦춰집니다.

활용

처빌은 비타민C, 카로틴, 철, 마그네슘이 다량 함유되어 있습니다.

 처빌은 피네허브*의 일종으로 샐러드 허브로 유명합니다. 정유는 휘발성 오일이라 열을 가하면 향이 사라집니다. 주로 샐러드, 수프, 계란 요리, 생선요리 등에 생으로 사용됩니다.

생허브를 조리하면 향이 날아가므로 생허브를 버터에 버무려 냉동 보존했다가 버터 요리에 사용할 수도 있습니다.

 처빌 차는 소화를 촉진시키고 피를 맑게 하며 이뇨작용에 효과가 있고 저혈압에도 도움이 됩니다.

 처빌은 진통, 소염에 효력이 있어서 아픈 관절에 습포를 하는 데 이용합니다. 인퓨전은 피부를 깨끗하게 하고 소염, 상처 치료 등에 이용할 수 있습니다.

*피네허브(Fine herbs) 오래된 프랑스 조리법의 하나로 신선한 파슬리, 타라곤, 처빌, 차이브 다진 것을 이용하여 만든다. 4가지 허브를 동량으로 섞어서 생선이나 육류요리 등의 냄새를 없애고 향을 돋우는 데, 조리과정 마지막에 넣는다.

*허브버터 만들기는 428쪽 참고

캐러웨이 ²⁴ *Caraway*

이용 부위 **잎, 씨, 뿌리**

재배난이도 ★★☆☆ 해충피해 ★★☆☆ 추천도 ★★☆☆

★ 원산지는 서부아시아, 유럽, 아프리카 북부로 전 세계에서 대규모로 재배되는 향신 허브입니다.

★ 석기시대 지층에서 캐러웨이 종자 화석이 발견되었고, 고대 이집트에서 향신료로 사용될 정도로 역사가 깊은 허브입니다. 유럽에 들어와 베이킹과 각종 음식에 다양하게 이용되고 어린잎은 생으로 다져서 샐러드에, 뿌리는 채소로 이용됩니다.

★ 원래 2년생이나 우리나라는 월동이 안 되어서 일년생으로 재배합니다. 봄에 파종하면 6월에 씨앗이 맺히고 영그는 데 한 달 정도 소요됩니다. 잎과 뿌리도 이용되지만 완숙한 씨앗의 가치가 제일 높습니다.

★ 배수가 잘되고 보수력이 있으며 비옥하고 토심이 깊은 밭이 좋습니다.

★ 키 40~60cm에 가늘고 부드러운 줄기와 잎을 갖고 있고 작은 흰색 또는 분홍색 꽃은 화사하고 사랑스럽습니다. 풍성하고 하늘하늘한 꽃과 잎은 관상용으로도 가치가 있습니다. 잎과 꽃은 흡사 딜, 펜넬과 흡사하고 딜과 생육이 비슷합니다.

★ 줄기 속이 비어 있어서 씨앗이 완전히 영글면 재배가 종료됩니다.

	1월			2월			3월			4월			5월			6월			7월			8월			9월			10월			11월			12월		
	상	중	하	상	중	하	상	중	하	상	중	하	상	중	하	상	중	하	상	중	하	상	중	하	상	중	하	상	중	하	상	중	하	상	중	하

육묘파종 아주심기 개화 채종

재배기

따뜻한 지역에서는 가을에 파종해서 겨울을 나고 이듬해 여름에 씨앗을 받으면 재배가 끝나는데, 우리나라에서는 봄에 파종해서 여름에 씨앗을 받고 재배가 끝납니다.

모종을 파는 곳이 거의 없으니 육묘하는 것이 좋습니다. 씨앗은 발아가 까다롭지 않고 새싹은 초기엔 약하지만 생육이 빠르고 점차 강해집니다. 모종은 물 조절을 잘해서 과습하지 않게 잘 관리하는 것이 필요합니다. 한 달 정도 기르면 아주심기가 가능할 정도로 자라고 한 달 반 정도 기르면 튼튼하게 커집니다.

이식을 싫어하는 허브이기 때문에 옮겨심기를 할 때 뿌리가 다치지 않게 주의합니다. 5월 초, 밭에 옮겨심고 나면 생육이 빨라지고 잘 자랍니다. 아주심기 한 달 후면 꽃을 피우기 시작하고, 꽃을 피우면서 동시에 성장이 진행됩니다. 꽃을 피우고 씨앗을 달고 영그는 것이 한여름에 진행되기 때문에 장마를 잘 넘겨야 합니다. 줄기가 가늘고 많은 씨앗이 달리기 때문에 땅이 무르거나 비바람이 치면 쓰러지기 쉽습니다. 장마 때 토양 관리를 잘해서 뿌리가 물에 잠기거나 포기가 쓰러지지 않도록 주의합니다.

어린잎을 생식으로 이용하기도 하고 뿌리도 당근처럼 이용한다고 하지만 우리나라에서는 재배기간이 짧아 힘듭니다. 어린잎을 수확하면 꽃이 피고 씨앗이 영그는 것이 지체됩니다. 한창 꽃이 피고 씨앗이 영그는 시기와 장마기간이 겹치니 씨앗을 원하면 잎을 수확하지 않아야 합니다.

6월에 꽃대가 올라오면서 흰색 작은 꽃이 핍니다. 꽃이 핀 뒤에 녹색의 쌀알 같은 열매가 되다가 점차 갈색이 되어 반달 모양의 씨앗이 됩니다.

3월 10일. 캐러웨이 새싹(2월 28일 파종)

4월 1일

5월 18일. 밭에 아주심기하고 8일째다.

5월 31일. 성장이 빨라졌다.

꽃대가 올라오기 시작했다.

6월 19일

6월 21일

꽃 색이 변하며 성숙된다.

6월 26일

유일한 해충은 호랑나비 애벌레

7월 6일, 씨앗이 달리기 시작한다.

7월 10일. 쓰러지려고 해서 지주를 해줬다.

7월 14일. 씨앗이 영글기 시작한다.

7월 26일. 씨앗이 완전히 영글었다. 이때가 채종 적기다.

씨앗이 영글면 포기 전체가 말라버린다. 그 전에 포기째 잘라 종이봉지에 담은 후 거꾸로 매달아 후숙한다.

캐러웨이 종자. 씨앗만 깨끗이 골라낸다. 향신료용은 밀봉해 실온보관하고, 종자용은 냉동보관한다.

갈무리와 활용

씨앗이 거의 갈색으로 영글면 쉽게 떨어지니 큰 봉지를 대고 잘라오거나 줄기째 잘라와서 매달아서 후숙시킵니다. 충분히 건조되면 분리시켜 깨끗한 씨앗만 고릅니다.

 어린잎은 샐러드로 이용하고 건조하지 않습니다.

씨앗은 달콤하면서 후추 향을 갖고 있는데 유럽에서는 향신료로 유명합니다. 빵, 케이크, 비스킷, 쿠키를 구울 때 많이 들어가고 스튜, 수프, 치즈, 샐러드 등에 사용합니다. 향신료로 이용할 때는 향이 날아가면 안 되므로 사용하기 직전에 씨앗을 살짝 갈아서 이용합니다.

 종자에는 에센셜오일이 3~5% 들어있는데 씨앗을 우려내서 여러 가지로 이용합니다. 우릴 때는 씨앗을 으깨서 우리는 것이 좋습니다.

진하게 우려낸 인퓨전은 위 속에서 발효를 억제하는 작용을 하기 때문에 입 냄새를 줄이는 데 많이 이용되고, 후두염에 좋은 양치질 약입니다.

거담 작용을 해서 기관지염, 기관지 천식에 도움이 되고, 소화에 효과가 있어서 구풍, 소화불량, 복통, 설사 등에 이용하는 가정상비약입니다. 과거엔 식후 씨앗을 씹어 먹기도 했다고 합니다.

살균, 살미생물, 소독작용을 하고 수렴, 경련 진정, 통경, 이뇨 작용도 합니다.

에센셜오일 원액은 민감한 피부를 자극할 수 있으니 피부 사용은 주의합니다.

저먼캐모마일

캐모마일 ㉕ Chamomile

이용 부위 **꽃**

재배난이도 ★★☆☆   해충피해 ★☆☆☆   추천도 ★★★★

★ 캐모마일은 독일과 유럽이 원산지입니다. 저먼 캐모마일(German chamomile)과 로먼캐모마일(Roman chamomile)이 유명합니다.

★ 저먼캐모마일은 생육이 강한 일년생으로 키가 60cm 이상으로 크고, 로먼캐모마일은 다년생으로 키가 10cm 정도로 작습니다. 둘은 꽃 모양과 효능이 비슷한데, 저먼캐모마일이 쓴맛이 덜하고 꽃이 많이 피어 차로 많이 이용됩니다.

★ 한번 재배하면 그 다음 해부터는 육묘할 필요가 없을 정도로 재배지 주변에서 자생적으로 싹이 올라오므로 재배가 용이합니다.

★ 꽃과 잎에서 달콤한 사과향이 나는데, 향이 강해 벌레들이 기피하여 병충해가 거의 없습니다. 그래서 다른 작물에게도 도움이 되는 유익한 식물입니다.

★ 로먼캐모마일과 저먼캐모마일은 유사한 특성을 갖고 있지만 화학구성은 매우 달라 그에 맞는 활용을 하는 것이 좋습니다. 로먼은 진정효과가 뛰어납니다. 저먼은 항염증 효과가 뛰어난데, 비독성, 비자극, 비민감성이라 아이들에게 안전해 가정에서 유용한 허브입니다.

★ 주변에 심은 관목의 병을 고쳐줘서 '식물 의사'라고 불립니다.

	1월			2월			3월			4월			5월			6월			7월			8월			9월			10월			11월			12월		
	상	중	하	상	중	하	상	중	하	상	중	하	상	중	하	상	중	하	상	중	하	상	중	하	상	중	하	상	중	하	상	중	하	상	중	하

직파   육묘파종   아주심기   수확

밭 만들기

캐모마일은 토양 적응성이 좋아 어떤 땅이든 별로 가리지 않으나 아주 척박한 땅에서는 크게 자라지 않습니다. 저먼은 사질양토, 로먼은 배수가 잘되고 보수력이 있는 땅이 적합합니다. 거름이 많으면 질소 과다로 포기가 연약해질 수 있고 잎만 많아지고 꽃은 줄어드니 적당한 양을 줍니다. 캐모마일은 과습에 약해 건조한 땅에서 잘 자랍니다. 저먼은 일년생이고 키가 크고 직립하지만, 로먼은 다년초로 키는 10cm 정도이고 줄기는 땅에 포복합니다. 로먼은 잔디밭처럼 밟고 다니며 사과향을 맡기도 하는데 내한성이 강합니다.

다이어스 캐모마일: 다년생, 관상, 포푸리, 염색용

저먼캐모마일 재배

봄에 파종하는 캐모마일은 장마기간에 재배가 종료됩니다. 장마 전에 꽃이 다 피며, 장마를 이겨내지 못합니다. 전년도 재배한 곳 주변에 떨어진 씨앗이 다음 해 봄에 자연적으로 싹을 올리니 봄에 그대로 기르면 되고, 파종할 때는 초겨울에 밭에 직파해서 봄에 싹이 저절로 올라오게 하는 것이 가장 수월합니다. 단, 가급적 추위가 닥친 후에 직파해야지 일찍 파종하면 따뜻한 날에 싹이 올라왔다가 추위로 죽습니다. 자연적으로 올라온 싹은 생육이 강하고 성장이 빨라서 개화도 일찍 합니다.

봄에 밭에 직파하면 너무 늦게 싹이 올라와 장마 전에 개화와 채종을 마치기에 시간이 부족할 수 있습니다. 이 경우 육묘해서 밭에 옮겨심습니다. 아주 미세한 광발아종자이기 때문에 씨앗을 뿌리고 흙을 덮으면 안 되고 흙 위에 살짝 얹고 물을 뿌려 정착시켜줍니다. 밝은 곳에서 20℃ 정도의 온도에서 일주일 정도면 발아합니다.

캐모마일 육묘

전년도 캐모마일을 재배한 곳 주변에 자생적으로 올라온 싹들을 파서 기를 곳으로 옮긴다.

로먼캐모마일 재배 과정과 순지르기

캐모마일은 꽃을 수확하기 때문에 순지르기(적심)를 연속하여 줄기 수를 늘이는 것이 필요합니다. 줄기가 늘어나면 꽃도 그만큼 많이 피게 되어서 수확이 몇 배로 늘어납니다. 또한 캐모마일 줄기가 약해 비바람에 잘 쓰러지는데 순지르기로 키를 낮추면 재배에 유리합니다. 순지르기의 효과를 가장 극명하게 볼 수 있는 것이 캐모마일입니다.

1 5월 1일. 아주심기한 10여 포기 캐모마일. 성장 시작
2 5월 6일. 꽃봉오리가 나오려고 한다. 순지르기를 시작했다.
3 줄기의 끝을 잘라낸다.
4 잘라낸 줄기 끝
5 5월 13일. 자른 지 5일 후. 원줄기의 잘린 부위가 아물었다.

6 5월 13일. 잘린 가지 아래로 곁순이
   나와 많은 가지가 생겨나고 있다.

7 5월 13일. 비교를 위해 순지르기 하
   지 않은 캐모마일은 원줄기가 크게
   자라고 있다.

8 5월 13일. 순지르기 한 것(우)과 안
   한 것(좌)의 키 차이.

9~11 순지르기를 통한 가지 증가로
   인한 포기 크기 변화

9 5월 13일

10 5월 18일. 곁순이 무성해졌다.

11 5월 24일. 꽃봉오리가 달리기 시작
   했다.

12 6월 6일. 수시로 한 순지르기 덕택에
   줄기가 수십 배로 많아져서 수많은
   꽃이 달렸다. 순지르기하지 않은 것
   보다 열 배 이상 수확할 수 있었다.

13 중간 중간 활대로 지지대를 세워주
   거나 끈으로 둘레를 묶어 쓰러지지
   않게 보강한다.

14 2010년 5월 19일. 순지르기를 하지
   않고 기르는 캐모마일

15 2010년 6월 1일. 순지르기를 하지
   은 캐모마일의 개화

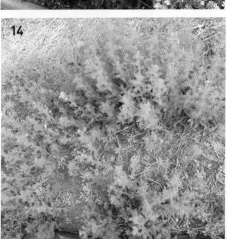

수확

성장이 빠르며 파종 후 8주 정도 지나
면 꽃이 피어 수확이 가능합니다. 새벽
에는 꽃망울이 오므라져 있다가 해가
떠서 기온이 오르면 활짝 핍니다. 꽃의
중심부가 황금색이 되고 볼록하게 부
풀어 오르나 아주 척박한 땅에서는 꽃
이 크지 않습니다.

　개화 후 2~3일째가 에센셜오일이
최고도인 수확 적기입니다. 그 이상 미루면 노란색이 변하고 건조하면 부서집니다.

　소량일 때는 한 송이씩 따지만 양이 많으면 자칫 수확 적기를 놓칠 수 있으니 포기
째 줄기를 잘라서 건조하면서 훑어냅니다. 흐린 날, 습도가 높은 날을 피하고 맑고 건
조한 날 오전에 수확합니다. 건조할 때는 단기간에 건조하되 기후가 안 좋으면 건조기
를 이용합니다. 건조 온도는 35~40℃가 적절합니다.

캐모마일 꽃을 수확하기 전에 손으로 꽃 전체를 많이 흔들어서 붙어
있는 날벌레를 완전히 다 날린 후에 수확해야 깨끗하다.

캐모마일 채종

캐모마일 꽃이 절정기를 지나면 시들어가면서 누렇게 변합니다. 채종을 원하면 씨앗이 여물 때까지 기다립니다. 그러나 이맘 때 장마가 시작되기 때문에 여문 씨앗은 채종을 서두릅니다.

수확과 채종이 끝나면 포기를 뽑아서 잘게 잘라 밭에 유기물로 뿌려서 지력을 강화시킵니다.

캐모마일을 그대로 놔둘 경우 일부는 장맛비에 녹아버리고, 떨어진 씨앗에서 싹이 올라오는데 개화에 이르지 못합니다.

7월 7일. 장마가 시작되면서 쇠약해진다.

여문 씨앗

씨앗 채종

떨어진 씨앗에서 자연발아한 캐모마일 싹들

병충해

캐모마일은 향이 강해 병충해 문제가 그다지 없지만 진딧물이 생기는 경우가 있습니다. 제 경우, 밭 주변에 흔한 노린재가 많이 꼬였으나 캐모마일 자체에는 피해를 주지 않았습니다.

갈무리

차로 마실 것은 가볍게 먼지만 씻어내고, 아로마테라피로 이용할 것은 세척하지 않습니다. 통풍이 잘 되는 그늘에서 충분히 말리되 겹치지 않게 잘 펼쳐놓고 말립니다. 잘 건조된 꽃은 사과향 같은 향이 강해집니다. 꽃잎이 떨어져나가지 않도록 조심스럽게 다룹니다. 완전히 말린 꽃은 공기가 통하지 않는 밀폐 비닐이나 밀폐 병에 넣어 직사광선이 비치지 않는 곳에 보관합니다. 신선한 것과 건조한 것의 약효 차이는 없습니다. 건조한 것은 차나 아로마테라피로 다양하게 활용 가능합니다.

흐르는 물에 가볍게 먼지만 씻어낸다.

물기를 자연적으로 빼고 넓은 채반에 말린다.

완전히 건조된 캐모마일 꽃

보관용 비닐에 소분해 밀봉한다.

활용

캐모마일은 오래전부터 대체의약품으로 이용되어올 정도로 효능이 굉장히 많은 허브입니다. 꽃은 찬 성질이어서 열나는 증상에 쓰는 것이 좋습니다. 열이 난다함은 신체적으로는 염증, 정신적으로는 흥분과 스트레스입니다. 인퓨전, 알코올 팅크처, 인퓨즈드오일로 유효성분을 추출해서 필요한 용도로 활용합니다.

캐모마일은 갓난아기에게 사용해도 부작용이 없으며 모든 방면에서 효력이 있으므로 어린아이를 기르는 가정에서는 꼭 필요한 허브입니다. 국화과 알레르기가 있는 사람은 주의합니다.

 캐모마일 차는 신선한 것이나 건조한 것이나 다 좋습니다. 단맛과 감칠맛이 있으며 다른 허브와 블렌딩해도 좋습니다.

진하게 우린 차는 뜨거울 때 코로 흡입하면 염증에 좋고, 구내염에는 가글로 염증을 가라앉힐 수 있습니다. 또 습포제, 시트마스크로 피부 염증을 가라앉히는 데 사용할 수 있고, 목욕물에 넣어 근육을 이완하고 피부를 부드럽게 하거나 세안, 여성청결제, 린스에 사용합니다.

숙면하려고 할 때 마시면 도움이 되고 소화에도 도움이 됩니다. 넉넉히 우려 마시고 남은 것은 더 진하게 우려서 가글과 세안제로 이용합니다.

스테비아로 단맛을 더한 캐모마일 차

허브 꽃 냉동. 수확이 없을 때 차에 장식용으로 띄운다.

저먼캐모마일은 화학구성성분에 카마줄렌이 많아서 항염증성 능력이 강력합니다.

인체의 모든 염증에 다 효과적이어서 소화계(복통, 위통, 소화불량), 면역계(먹어서 병원균 독성을 줄이고 백혈구 생산을 촉진), 피부(두드러기, 습진, 건조, 가려움, 민감성 피부, 얼굴 홍조), 생식계(생리 불순), 비뇨계(방광염) 등에 효과가 있습니다.

통증을 경감시키는 능력이 있어서 입안 염증, 피부 염증은 물론 관절염, 부종 부위 통증에도 쓰입니다. 먹거나 피부에 습포나 마사지를 해주거나 세척하는 방식으로 사용하거나 연고 등에 섞어 피부에 흡수시킵니다.

방광염 등의 이뇨관의 감염 증상에 캐모마일 차를 마시면 효과가 있고, 하복부를 습포하거나 마사지하는 것도 도움이 됩니다. 인퓨전은 질 세정, 구강궤양 및 구강청정제나 세안제로 손쉽게 사용할 수 있습니다.

로먼캐모마일은 에스테르가 80%여서 진정효과가 뛰어납니다. 스트레스, 불면증, 심리적 안정에 효과가 있습니다. 항경련성, 항염증성이 있어 호흡계(천식 발작), 생식계(생리 불순), 피부(건성피부, 민감성피부), 소화계(복통, 소화불량, 복부 팽만, 내장염증, 약한 위경련) 등에 효과가 있습니다. 아이가 울 때 목욕물에 인퓨전을 넣어 사용하면 좋고 베이비오일에 인퓨즈드오일을 섞어 마사지해주면 좋습니다.

로먼과 저먼 모두 피부습진, 피부염, 피부궤양, 가려움증, 민감성피부에 유용합니다. 피부의 탄력성을 높여주며 파괴된 모세혈관을 완화시키고, 건조하고 가려움증이 있는 피부에 좋아서 바디오일이나 로션에 섞어 발라주면 좋습니다. 덧난 상처를 호전시키고 조직을 강화해서 바디샴푸나 비누에 섞어 피부에 흡수되도록 사용합니다.

저먼은 신체적 증상에, 로먼은 심리적 증상에 더 효과적입니다.

팅크처나 인퓨즈드오일, 인퓨전을 만들어 적합한 방식으로 내 몸에 적응시킵니다.

자궁수축작용이 있으므로 임신 중에는 차나 목욕에 사용하는 것은 피합니다.

*제조법은 417쪽, 화장수 만들기 참고

가려움증에 도움이 되는 화장수

재료: 로먼캐모마일 1, 페퍼민트 1, 라벤더 2
팅크처나 인퓨즈드오일에 증류수를 섞어 사용한다.

캐모마일 + 페퍼민트 인퓨전

인퓨즈드오일. 말린 캐모마일 꽃에 올리브오일을 부어서 만든다. 마사지, 입욕제, 연고, 로션, 바디오일 등에 사용한다. 건성피부에 좋다.

캐모마일 팅크처. 말린 캐모마일 꽃에 보드카를 부어서 만든다. 습포제, 화장수, 로션, 린스 등에 사용한다.

화장수. 캐모마일 인퓨즈드오일, 페퍼민트 팅크처, 증류수를 섞어 만들었다. 피부에 잘 스며든다.

캣닢 ²⁶ *Catnip*

이용 부위   잎, 꽃봉오리
재배난이도 ★★☆☆   **해충피해** ★☆☆☆   **추천도** ★★☆☆

★ 유럽, 북아메리카, 서아시아가 원산지로 캣닢(Catnip), 캣민트(Catmint), 네페타 카타리아(Nepeta cataria) 등 다양한 이름을 갖고 있고, 우리나라에서는 '개박하'로 들판에서 찾아 볼 수 있습니다.

★ 캣닢이란 이름은 이 허브를 고양이들이 무척 좋아한다고 하여 붙여졌습니다. 캣닢 속의 에센셜오일이 고양이를 자극하는데 고양이를 기른다면 추천하는 허브입니다.

★ 키는 30~100cm까지 자라는데 강력한 생명력을 갖고 있어 한번 뿌리내리면 그 어떤 허브와의 경쟁에서도 이깁니다. 해만 잘 들고 배수만 잘 되면 어떤 토질이든 잘 자라지만 습한 땅은 적합하지 않고 건조에 강합니다.

★ 상록 다년생으로 봄부터 생육이 왕성하나 노지에서는 겨울 동안 휴면했다가 봄에 다시 올라오고, 실내에서는 계속 성장합니다.

★ 유럽에서는 홍차가 보급되기 전에 차로 즐겨 마셨는데, 꽃에 최면작용이 약하게 있어서 히피시대에 환각 효과를 위해 이용된 적도 있습니다.

	1월			2월			3월			4월			5월			6월			7월			8월			9월			10월			11월			12월		
	상	중	하	상	중	하	상	중	하	상	중	하	상	중	하	상	중	하	상	중	하	상	중	하	상	중	하	상	중	하	상	중	하	상	중	하

육묘파종   아주심기   수확

재배기

번식은 꺾꽂이, 포기나누기로 하는데, 성장이 왕성해서 포기나누기가 유리합니다. 생육이 무척 왕성하기 때문에 무성해져서 썩거나 통풍이 나빠질 수 있으니, 그때는 줄기를 잘라 수확해주면 아래 남은 마디에서 새순이 올라와 다시 성장합니다. 화분재배가 잘 되는 허브로 넓은 화분을 이용하고 건조하게 토양을 유지합니다.

활용

잎과 꽃을 건조해서 차와 아로마테라피, 포푸리, 고양이 용품에 이용합니다. 캣닢의 에센셜오일에는 네페탈락톤(nepetalactone)이란 성분이 있는데, 이것이 고양이속 동물을 흥분시키는 작용을 합니다. 소수의 고양이는 반응이 없지만 대부분의 고양이들은 이 성분에 흥분하고 행복감을 느낍니다. 놀이를 위해 뿌려주거나 스트레스를 받을 때 장난감 속에 넣어줍니다. 암컷보다는 수컷이, 성장한 고양이가 더 잘 반응하며, 건강에는 문제가 없습니다.

유럽에서는 중국차가 들어오기까지 캣닢 차를 많이 마셨습니다. 뜨겁게 우려내어 목욕제로 이용합니다. 발한, 해열작용이 있어서 감기, 독감 등에 이용하거나 설사, 복통, 헛배 부름, 배탈 등에 이용합니다.

순지르기한 캣닢

아랫마디에서 새순이 올라왔다.

줄기를 잘라 수확한 후 바로 새순이 올라온다.

강한 야로우와 혼식했음에도 야로우를 압도했다.

커먼세이지 ²⁷ Common Sage

이용 부위 잎, 꽃대
재배난이도 ★★☆☆ **해충피해** ★☆☆☆ **추천도** ★★★★

★ 지중해 연안, 남부유럽이 원산지로 커먼세이지 (Common sage)와 클라리세이지(Clary sage) 가 가장 유명합니다.

★ 세이지는 과거 만병통치약으로 이용된 약용식물이었습니다. 세이지는 셀비어(Salvia)라고도 불리는데 셀비어는 '구하다, 고치다'란 의미의 라틴어에서 유래한 것입니다. 만병통치라고 부를 만큼 방부, 항균, 소염, 진정 등 치료 효과가 뛰어나 가정상비용으로 항상 정원에서 재배되어서 가든세이지라고도 불립니다.

★ 커먼세이지는 차와 가금류의 향신료, 음식 재료, 건강을 위한 약초 등으로 다양하게 쓰입니다. 클라리세이지는 여성 호르몬과 같은 성분을 갖고 있어서 아로마테라피로 많이 쓰입니다.

★ 상록소관목으로 키는 60~70cm 정도이며 곁가지를 많이 내며 무성하게 자랍니다. 연중 수확이 가능합니다.

★ 다년생으로 베란다에서 겨울을 날 수 있으며, 노지에서도 보온하면 월동이 가능합니다.

★ 양지바른 곳에서 잘 자라며 초반 성장이 늦습니다. 그러나 생육이 강하고 잎이 크고 무성하게 자라 많은 수확을 할 수 있는 허브입니다.

	1월			2월			3월			4월			5월			6월			7월			8월			9월			10월			11월			12월		
	상	중	하	상	중	하	상	중	하	상	중	하	상	중	하	상	중	하	상	중	하	상	중	하	상	중	하	상	중	하	상	중	하	상	중	하

육묘파종 아주심기 수확 채종 꽃

재배

커먼세이지는 육묘에 3개월 정도 걸려서 모종 구입을 권합니다. 발아에 적합한 온도는 21℃정도로 발아하는 데만 10일 정도 걸립니다. 암발아종자로 발아할 때까지 햇빛을 차단해줍니다. 본잎도 나오는 데 오래 걸리고 성장이 느립니다 .

초반 성장이 느려서 밭에 옮겨심을 때 주변에 키 크고 빨리 자라는 식물과 가까이 심지 않는 것이 좋습니다. 키가 위로 크게 자라기보다는 가지를 내며 옆으로 많이 퍼지니 공간을 확보해줍니다. 밭 앞쪽에 자리를 잡아주는 것이 좋고 과습에 약하니 두둑을 높이는 것이 중요합니다.

줄기가 목질화되는 상록관목이며, 첫해에는 꽃을 피우지 않고 2~3년 차에 5~7월경부터 꽃을 피웁니다. 병충해의 피해가 적어서 밭에 정착만 하면 잘 자랍니다.

통풍이 좋고 배수가 잘되는 사질양토에서 잘 자라며 과습에 취약합니다. 장마철에 뿌리가 물에 잠기는 것을 주의해야 합니다. 화분재배 시에는 통풍이 나쁘고 흙이 마르지 않는 도자기 화분은 피하고, 토양을 건조하게 유지시켜주면 잘 자랍니다.

육묘

2013년 3월 8일. 새싹 출현

3월 23일

3월 31일

5월 24일. 세이지 아주심기하는 날

노지재배 기록

커먼세이지를 육묘하여 밭에 아주심기했습니다. 두 곳에 나눠 심었는데 한곳은 낮은 두둑에 비멀칭한 이랑이었고, 다른 한곳은 높은 두둑에 멀칭한 이랑입니다. 두 곳의 성장 차이와 월동, 2년에 걸친 변화를 기록했습니다.

세이지는 내한성이 있지만 중부이북의 겨울 추위에는 노지 월동이 불가능합니다. 남부지방에서는 가능합니다. 경기도 파주는 석 달간 겨울 최저기온이 영하 15℃까지 내려갑니다. 제 경우, 첫해엔 무방비로 두어 월동에 실패했으나 2년 차, 3년 차에는 가장 쉬운 방법으로 월동에 성공했습니다.

아주심기

2013년 6월 24일. 밭에 아주심기한 지 한 달째

7월 5일. 장마 시작. 낮은 두둑에 심은 세이지

7월 31일. 장마가 끝난 후 낮은 두둑에 심은 세이지가 죽었다.

7월 31일. 높은 두둑에 심은 세이지는 멀쩡하다.

10월 3일. 많이 자란 세이지를 수확했다.

11월 21일. 추운 날이 계속되면서 점점 색이 변색되고 있다.

노지 월동과 2년 차 성장

경기도 파주에서 월동이 가능하면 거의 전 지역에서 가능하다고 보고 노지 월동을 시도했습니다.

에어캡을 여러겹 둘둘 감아서 12월 초부터 이듬해 3월까지 밭에 두었습니다. 그 결과 줄기의 상단은 말라죽었지만 하단에서 새순이 올라왔고, 더 왕성하게 성장했습니다.

2013년 12월 4일. 강추위가 오기 직전 줄기는 말라 들어가고 있다.

에어캡으로 감고 끈으로 고정했다.

2014년 3월 15일. 에어캡을 벗겼다.

3월 26일. 월동에 성공한 세이지. 줄기는 말랐지만 아래에서 새순이 올라오고 있다.

4월 26일. 잎이 풍성해지고 성장이 1년 차일 때보다 빠르다.

5월 21일. 2년생 세이지. 일찌감치 꽃대가 올라오고 있다.

꽃대를 제거한다.

6월 4일. 꽃대 제거 후 풍성하게 자라고 있다.

10월 29일. 추워지면서 잎이 변색하기 시작했다. 줄기를 많이 잘라내고 다시 월동에 들어갔다.

)월 6일. 꽃대를 지속적으로 제거해주면서 풍성해진 세이지(뒷쪽은 레몬버베나, 파인애플세이지)

노출 베란다 재배 기록

외부에 유리창 없이 개방된 노출 베란다에 2년생 모종을 정식한 재배 기록입니다. 노출 베란다는 외부 기온에 노출되어 있지만 고층이라 월동에 조금 유리한 환경입니다.

2011년 6월. 2년생 커먼세이지 모종을 구입해서 베란다에 정식했다.

8월. 1차 수확 후의 커먼세이지

12월 1일. 겨울을 맞아 외부 기온에 노출된 커먼세이지를 에어캡으로 둘둘 감쌌다.

완전밀폐한 것이 아니라 약간 느슨하게 둘둘 감아주고 고정했다.

12월 31일. 중간에 확인해보니 식물의 상태가 양호했다.

2012년 4월 17일. 이듬해 봄 에어캡을 걷어주고 나서 새순을 많이 올리며 왕성하게 자랐다. 외부에 노출된 가지는 추위에 얼어버렸고 에어캡으로 감싸준 나머지 가지에서는 새순이 일제히 올라왔다.

5월 3일. 꽃망울이 생겼다.

5월 15일. 외부에 노출시킨 가지 윗부분은 얼어 죽었고, 노출되지 않은 아랫부분 가지에서는 잎과 꽃이 올라왔다.

5월 24일. 꽃을 피우는 커먼세이지

수확과 갈무리

커먼세이지는 상록수라 1년 내내 수확이 가능합니다. 꽃이 핀 후에 씨방이 누렇게 되면 까맣게 영근 씨앗을 채종합니다. 에센셜오일은 꽃이 피기 직전이 가장 함유량이 많고 2년째에 가장 많다고 합니다.

2012년 7월 4일. 씨앗이 익어가고 있다.

세이지 씨앗

충분히 자란 잎만 따서 수시로 수확하거나 가지를 잘라 수확한다. 잎을 수확할 때는 순을 남기고 수확해서 가지가 더 올라오도록 한다.

세이지 잎만 따거나 줄기 정리 겸 순지르기를 하면서 수확한다.

흐르는 물에 가볍게 세척해서 말린다. 커먼세이지 잎은 도톰해 쉽게 마르지 않기 때문에 방심하면 잘못될 수 있다. 통풍이 아주 좋아야 하고 밑이 막히지 않은 채반에 놓고 빠른 시간에 말리는 게 좋다.

채반에 건조한 커먼세이지

건조한 잎을 믹서에 분쇄했다. 필요한 양만큼 분쇄해서 양념통에 넣고, 나머지는 밀폐해서 보관한다.

활용

커먼세이지의 효능은 요리로 쓰는 것과 약초로 쓰는 것으로 크게 나뉩니다.

세이지 차는 진정작용이 있어서 건강음료로 많이 마십니다. 고기를 먹은 후 마시면 개운해져서 인기가 있습니다. 영국에서는 중국에서 차가 수입되기 전에는 세이지 차를 많이 마셨습니다.

세이지는 생잎을 요리에 이용하는데 두툼해서 장시간 튀겨도 괜찮습니다. 북미에서 칠면조 요리에 반드시 들어가는 필수적인 향신료입니다. 이탈리아요리인 뇨키, 토르텔리니, 라비올리 등에 꼭 들어갑니다. 요리 레시피에 '세이지'라고 되어 있으면 커먼세이지를 말합니다. 쌉쌀한 맛을 갖고 있지만 튀기면 매력적인 맛과 향이 나고 잎은 바삭해집니다. 느끼한 맛을 중화시켜서 육류요리에 많이 쓰이는데 돼지고기, 감자와 잘 어울립니다.

*세이지버터는 428쪽 참고

커먼세이지 향은 굉장히 강해 많이 넣지 않습니다. 생잎 12장이면 세이지 가루 1t 정도에 해당합니다. 에센셜오일이 지방을 분해하는 효능이 있어서 육류요리에 넣으면 냄새 제거와 소화촉진에 좋습니다. 이탈리안 시즈닝, 토마토소스에도 소량 들어가는 등 토마토와도 잘 맞고 버터, 치즈와 잘 어울립니다. 세이지버터*로 만들어 요리에 활용할 수 있습니다.

세이지는 강력한 에센셜오일을 갖고 있어서 먹을 때도, 아로마테라피로 이용할 때도 소량 사용하고, 주의가 필요합니다.

소량이라도 신경을 진정시키는 효과가 있어서 피로나 흥분에 도움이 됩니다.

세이지 에센셜오일은 여성 성호르몬 중에서 가장 중요한 에스트로겐과 비슷한 작용을 보여서 여성생식계에 유용합니다. 월경주기 정상화와 갱년기장해에 효과적이어서 발한과다에 도움이 됩니다. 불임이나 질염을 치료하는 효과도 있습니다.

소화계에서는 강장제 역할을 해서 육식을 했을 때 소화를 돕고 변비에도 도움이 됩니다.

구강위생용으로 이용할 때는 인퓨전으로 사용하면 편한데 입안이나 목구멍의 세균을 제거하거나 증식을 막고, 염증을 치료해서 구내염, 잇몸 염증, 잇몸 출혈에 효과가 좋을 뿐 아니라, 이를 희게 하고 잇몸을 튼튼하게 해서 치약이 나오기 전까지 사용되었습니다.

순환계에 정화하는 효능이 있어서 감기, 기관지염, 세균감염에 효과가 있는데 흡입하는 것이 좋습니다. 지나친 운동이나 과도하게 근육을 혹사했을 때 습포 등으로 통증을 가라앉히는 데 활용합니다.

린스로 사용하여 모발을 윤기 있게 해주고, 피부 재생효과가 있어서 피가 흐르는 상처의 출혈을 멈추게 하고 짓무름, 건선, 궤양, 피부염 등에 효과가 있습니다. 그러나 세이지는 독성도 강한 편이어서 다량 사용, 장기간 사용은 삼가고, 과도하게 자궁을 수축시키고 모유를 멈추게 하기도 해서 임산부나 어린이, 간질환자도 사용을 삼갑니다.

세이지 브라운 버터소스
재료: 버터 250g, 생세이지 잎 40장

팬을 중불로 달구고 버터를 넣습니다. 버터가 갈색으로 거품이 생길 정도로 녹으면 마늘을 넣어 볶다가 생세이지 잎을 통째로 넣어 익힙니다. 세이지가 바삭하게 익으면 다른 재료에 끼얹어 먹습니다. 이탈리아 수제비인데 익힌 뇨키에 세이지소스를 뿌려서 먹습니다. 세이지는 기름진 요리를 소화하는 데 효과적입니다.

녹은 버터에 생세이지 잎을 넣는다.

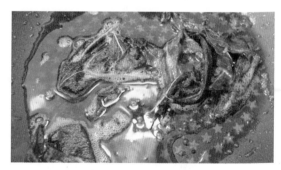
세이지 브라운 버터소스 완성

세이지 브라운 버터소스에 익힌 감자를 넣어 가볍게 섞는다. 소금, 후추로 간한다.

독특한 맛에 세이지 잎의 바삭함이 좋다.

클라리세이지(Clary sage)

클라리 세이지는 유럽 남부가 원산지인 다년생으로 키는 1m 이상 자라며 재배는 커먼세이지와 유사합니다. 이용 부위는 꽃대 윗부분과 잎으로 꽃이 피면 수확해서 건조보관하며 사용합니다.

클라리세이지는 우리나라에서는 거의 재배되지 않고, 식용하지 않는 허브이지만 아로마테라피에서는 독보적인 위치를 차지하고 있는 허브입니다.

클라리세이지에는 리나릴 아세테이트가 70% 정도 들어있는데 라벤더의 50%보다 많은 양입니다. 리나릴 아세테이트는 항스트레스 성분으로 긴장완화와 행복감을 줍니다.

스트레스, 우울증, 불안증에 도움이 되고 근육의 긴장, 정신의 긴장을 풀어주는 데 탁월해서 기분을 상승시킵니다.

비독성, 비자극성, 비민감성 오일로 안전하지만 '진정과 이완'시키는 효능이 아주 강해서 집중력을 떨어뜨리기 때문에 운전 전에는 사용하면 안 됩니다. 알코올 음료와 같이 음용해도 안 되고 과다 사용하면 두통이 있을 수 있습니다.

임신 중 사용도 삼갑니다.

 클라리세이지는 심리적으로 긴장을 완화하고 마음을 편하게 해서 행복감을 주는 심리적 효과가 크기 때문에 일상생활에서 부담 없이 사용할 수 있는 방안을 택하는 것이 좋겠습니다.

'행복감을 주는 효능'이 뛰어나기 때문에 약물 사용을 중단해서 힘든 사람들이 중간단계로 이용할 수 있는 아주 유용한 허브입니다. 사용하면서 균형을 잡고 기분을 고양시켜 신경, 정신적으로 회복되도록 도움이 되어줍니다.

'여성을 위한 허브'로 여성호르몬과 유사한 기능을 하기 때문에 여성호르몬이 부족해지는 폐경기 여성과 갱년기 증상에 매우 유용합니다. 자궁에 좋은 강장제이며 자궁관련 질환에 효과가 있어 월경을 정상화하고 생리통 완화, 생리전 증후군, 여성 질환치료에 유용한 허브입니다. 매일 하복부에 마사지나 습포를 해서 피부를 통해 흡수시키거나 바디로션에 섞어서 발라도 좋습니다.

긴장을 풀어주는 효능이 강하므로 근육 긴장, 근육 경련과 관련된 불안감이나 두통, 편두통에 효과가 있습니다.

면역체계를 강화시켜 약해진 몸에 활력을 주기 때문에 병후 회복기에 도움이 되고,

과도한 발한작용을 억제하기 때문에 갱년기 증상의 발한과다에 유용합니다.

피지분비를 조절하기 때문에 지성피부, 지성모발, 비듬 등에도 도움이 됩니다.

각 증상별로 에센셜오일 원액을 이용하거나, 인퓨즈드오일이나 팅크처로 추출해서 마사지나 습포, 목욕, 연고, 흡입 등 각자에게 편하고 도움이 되는 방식을 적용합니다.

코리앤더 ²⁸ Coriander

이용 부위 **잎, 씨앗**

재배난이도 ★★☆☆   해충피해 ★☆☆☆   추천도 ★★★☆

★ 코리앤더는 지중해 동부연안이 원산으로 동남 아시아와 중남미 등 여러 나라에서 향신료로 이용되고 있으며, 우리나라에도 찾는 사람들이 늘고 있습니다.

★ 코리앤더는 잎은 실란트로(Cilantro), 씨앗은 코리앤더(Coriander)라고 부릅니다. 한 식물 에서 잎과 씨의 쓰임새가 완연히 다르고 각각 별개의 특성을 갖고 있습니다. 한국에선 고수, 중국에서는 차이니스 파슬리, 향채라고도 불리 는 등 여러 이름을 가진 허브입니다.

★ 열매는 달콤한 레몬 같은 향과 감귤 같은 옅은 단맛을 내고, 잎은 빈대 냄새 같은 독특한 향을 냅니다. 호불호가 굉장히 갈리나 그 맛 때문에 인기가 있습니다.

★ 실란트로는 생잎을 이용하는 것이 원칙인데 구 하는 것이 쉽지 않으므로 직접 재배해서 활용 하는 것이 좋습니다.

★ 코리앤더는 중요한 씨앗 향신료이자 아로마테 라피의 재료로 다양하게 쓰입니다.

★ 일년생으로 봄에 파종하면 장마 때 씨앗이 영 글면서 재배가 종료됩니다. 키는 60~70cm 정 도이고 전체적으로 약하고 가는 줄기와 섬세한 잎, 꽃을 갖고 있습니다. 조밀하게 재배하는 것 이 좋습니다.

	1월			2월			3월			4월			5월			6월			7월			8월			9월			10월			11월			12월		
	상	중	하	상	중	하	상	중	하	상	중	하	상	중	하	상	중	하	상	중	하	상	중	하	상	중	하	상	중	하	상	중	하	상	중	하

직파   육묘파종   아주심기   수확

밭 만들기

코리앤더는 배수가 잘되고 과습하지 않은 토양에서 잘 자랍니다. 너무 건조하면 일찍 꽃대가 올라오고 과습하면 녹아버리니 지대가 낮은 곳이면 고랑을 높입니다. 건조와 과습을 극복하려면 풍부한 유기물 토양을 만들어줍니다. 토양에 질소가 많으면 웃자라고 허약해져서 잘 쓰러집니다. 씨앗이 많이 달리려면 인산비료를 넉넉히 줍니다. 산성토양에서는 재배가 좋지 않습니다.

육묘와 아주심기

코리앤더는 직파하는 것이 가장 좋으나 조건이 안 되면 육묘합니다. 초반 발아가 늦으나 성장은 까다롭지 않습니다. 단, 아주심기를 한 후 몸살을 앓는 경우가 있으니 주의해야 합니다.

3월 27일

4월 7일

4월 20일

5월 초. 아주심기

아주심기 후 일주일 뒤 안정적으로 활착했다.

직파와 재배

씨앗을 뿌리기 전에 열매를 두 개로 갈라지게 한 뒤 하루 정도 물에 담갔다가 파종하면 훨씬 발아가 앞당겨집니다. 얕게 파종하고 흙을 가볍게 덮어준 후 물을 줍니다.

잎 수확을 목적으로 한다면 씨앗을 조밀하게 파종해서 솎으면서 수확합니다. 봄부터 일주일 간격으로 직파하면 성장에 차이가 나서 어린잎을 오래 수확할 수 있습니다. 꽃대가 올라오기 시작하면 잎을 수확할 수 없습니다.

씨앗 수확을 목적으로 한다면 20cm 정도 간격을 줍니다. 씨앗에 여유가 있다면 조밀하게 파종한 후 솎는 것이 좋습니다.

발아적온은 15~20℃ 정도이며, 기온이 올라간 5월에 발아가 되니 4월 중순경에 파종합니다.

1 5월 초. 직파한 코리앤더
2 6월 8일. 우측의 키가 큰 코리앤더는 일찍 파종한 것이고 좌측은 뒤늦게 2차 파종한 것이다.
3 7월 1일. 우측의 코리앤더가 꽃을 피웠다.
4 파종시기에 차이를 두어 연속 수확한다. 어린잎은 수확해서 먹고, 꽃이 핀 코리앤더는 씨앗을 목적으로 계속 재배한다.

5 코리앤더는 하얀 작은 꽃을 피운다.
6 7월 초. 장마 전에 씨앗이 달린다.
7 완전히 여문 코리앤더 씨앗
8 10월 초. 씨앗이 떨어져 자연발아한 코리앤더 새싹

장마와 병충해

코리앤더는 잎이 얇고 연약하기 때문에 장마를 견디기 힘듭니다. 봄 파종한 코리앤더
는 장마 전에 결실하고 장마기간 동안 다 녹아서 재배가 종료됩니다. 계속 수확하려면
하반기에 다시 파종하고, 추워지면 부직포를 덮어 수확기를 연장할 수 있으나 월동은
불가능합니다. 강한 향으로 별다른 병충해는 없습니다.

수확과 갈무리

잎을 활용할 때는 어릴 때 수확하고 생잎으로 사용합니다. 씨앗은 완숙되면 수확하는데, 갈색이 되어가면 줄기째 잘라 꼬투리를 종이 봉지에 씌워 매달아두면 후숙되면서 씨앗이 완전 건조하여 봉지에 떨어집니다. 밭에서 씨앗만 수확하려 하면 떨어뜨리는 양이 더 많습니다. 잘 건조된 씨앗은 밀폐된 통에 보관하면서 활용합니다.

활용

어린잎은 요리에 이용하고, 씨앗은 향신료의 주요 재료입니다. 잎은 빈대 냄새가 난다하여 처음엔 거부감이 많으나 익숙해지면 중독성이 있다고 할 정도로 선호도가 높습니다. 잎은 실란트로라고 불립니다.

　씨앗은 미숙할 때는 묘한 냄새가 나지만 완숙하면 상큼한 레몬과 비슷한 방향성 향기가 나고 맛은 옅은 단맛이 느껴지는 감귤류와 비슷합니다. 향신료로는 물론 오일, 차, 약재로까지 다양하게 쓰입니다.

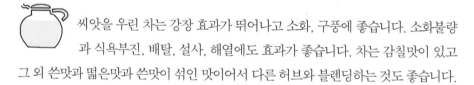

씨앗을 우린 차는 강장 효과가 뛰어나고 소화, 구풍에 좋습니다. 소화불량과 식욕부진, 배탈, 설사, 해열에도 효과가 좋습니다. 차는 감칠맛이 있고 그 외 쓴맛과 떫은맛과 쓴맛이 섞인 맛이어서 다른 허브와 블렌딩하는 것도 좋습니다.

잎은 각종 요리의 마지막 단계에 많이 사용됩니다. 고기를 많이 먹는 중국에서는 중요한 향신채이고, 현재는 전 세계 요리의 주요 재료입니다.

씨앗은 피클, 소스, 수프에는 통째로 사용하고 카레, 스튜, 샐러드, 소스, 닭고기 요리, 베이킹, 과자류에는 가루를 내어 사용합니다. 향신료로 이용할 때는 향을 보존하기 위해서 씨앗을 통째로 보관하다가 사용하기 전에 살짝 볶아서 분쇄통에 갈아서 사용합니다. 사용할 때 정량을 사용하고 양을 넘기지 않는 것이 좋습니다.
　향신오일이나 향신식초를 만들어 사용하면 좋은데, 코리앤더, 딜 씨앗, 펜넬 씨앗 등을 갈아서 으깬 후 올리브오일이나 천연식초를 부어주고 으깨지 않은 씨앗을 좀더 넣어줍니다. 샐러드드레싱으로 사용합니다.

 씨앗은 중세 때 미약, 최음제로 사용되기도 했는데 화학성분 속에 알콜계가 60%여서 독성이 적으면서 기분을 고양시키고 긴장을 풀어주며 피로할 때 도움이 됩니다. 두통과 편두통에 효과가 있습니다. 17세기 갈멜회 수녀들이 만든 화장수 성분 중의 하나가 코리앤더였습니다. 알코올 팅크처를 이용합니다.

코리앤더 에센셜오일은 몸을 따뜻하게 하는 작용이 있어서 몸을 전반적으로 좋아지게 하는 효능이 있는데 그중 소화계 작용이 큽니다. 구풍작용, 위를 건강하게 하는 작용, 자극 작용을 하고 위경련을 낮게 하며 위를 따뜻하게 하는 효과가 있어 식욕도 자극합니다.

심리적으로는 무기력하거나 정신적으로 피로할 때, 신경쇠약 등에 자극을 주는 효과가 있습니다.

살균, 진통, 근육통에 효과가 있어 팅크처나 인퓨즈드오일을 연고에 섞어서 관절 통증 부위에 바르는 데 이용하지만, 먹어서 효과를 보는 것이 좋으니 차나 향신료, 요리 등으로 이용하는 것이 좋겠습니다.

줄기째로 잘라서 거꾸로 매달아 말린 뒤 씨앗을 털어낸다.

채로 걸러 깨끗한 씨앗만 받는다.

코리앤더, 딜, 펜넬 씨앗에 사과식초를 부어 만든 향신 식초. 건강음료나 요리용이다.

아스파라거스 피클. 피클주스에 코리앤더, 펜넬, 딜 씨앗을 넣었다.

코리앤더 씨앗은 통째로 보관한다.

콘플라워 ²⁹ *Cornflower*

이용 부위 잎, 꽃
재배난이도 ★☆☆☆   **해충피해** ★☆☆☆   **추천도** ★☆☆☆

★ 콘플라워는 국화과에 속하는 일년생 초본으로 원산지는 유럽 동남부입니다. 우리나라에서는 수레국화라고 부릅니다.

★ 보통은 키가 30cm 정도로 자라고, 성장이 좋으면 80cm까지 자랍니다. 파란색이 꽃이 가장 유명하고 흰색, 분홍, 자색 등 다양한 꽃이 있습니다.

★ 토질은 크게 가리지 않지만 배수가 좋은 양토나 사양토에서 잘 자랍니다. 거름이 많으면 줄기와 잎이 너무 자라고 꽃이 늦게 핍니다.

★ 관상용이 주목적이나 꽃잎을 이용해 요리에 장식합니다. 건조한 꽃은 향기가 없어 장식용으로 사용되며, 반쯤 피었을 때 줄기째 수확해서 거꾸로 매달아 묶음으로 건조합니다.

	1월			2월			3월			4월			5월			6월			7월			8월			9월			10월			11월			12월		
	상	중	하	상	중	하	상	중	하	상	중	하	상	중	하	상	중	하	상	중	하	상	중	하	상	중	하	상	중	하	상	중	하	상	중	하

직파   개화   채종

재배

콘플라워는 직파 재배가 가장 좋습니다. 군락으로 재배하는 것이 가장 좋기 때문에 가급적 화단 가장자리에 일렬로 직파합니다. 줄기가 많이 올라오지만 곧게 서고 그림자를 많이 드리우지 않아 작물에 피해가 적습니다. 발아율이 높고 생육이 빠릅니다.

초봄, 추울 때 미리 뿌려놓으면 일찍 올라옵니다. 직파에서 발아까지 2주가량 걸립니다. 침종한 후 직파하면 좀 더 빨리 발아합니다. 파종 후 가볍게 흙을 덮어줍니다.

줄기가 성장할 때 잎이 여러 장 달리면 그 위에 원줄기의 생장점을 잘라 순지르기를 해주면 더 풍성해지고 키를 낮출 수 있습니다. 토양이 좋으면 키가 크게 자라며 쓰러질 수 있습니다.

5월이면 싹이 올라와 왕성하게 자라고 6월이면 꽃이 만발합니다. 계속적으로 새로운 꽃이 피면서 7월까지 꽃이 피고 씨앗이 여뭅니다. 그 시기가 장마와 겹치기 쉬워 씨앗이 제대로 영글지 못하거나 유실되는 경우가 많습니다.

베란다에서 직파해도 발아가 잘된다.

다른 야생화들과 같이 밭 가장자리에 직파하면 화사하고 아름다운 관상용 허브다.

1 6월 중순. 꽃이 한창 절정인 시기
2 7월 중순. 꽃이 시들면서 씨앗을 맺는다.

3 씨앗이 영그는 모습
4 완전히 영그는 데 긴 시간이 걸리는데, 장마와 겹치는 경우
　가 많다.
5 속의 씨앗이 잘 여물었는지 확인하고 채종한다.

활용

콘플라워 꽃에는 소염, 흥분, 강장, 항생 작용이 있어서 인퓨전으로 우려내서 활용할
수 있습니다. 우려낸 물은 린스로 사용하거나, 결막염이나 피로한 눈에 세안제로, 가
벼운 상처나 피부궤양 등에 사용하기도 합니다.

꽃은 건조해도 색이 변하지 않아서 향기는 없지만 포푸리나 장식용, 공예에 이용됩
니다. 푸른색 꽃은 염료를 만드는 데 쓰이기도 합니다.

 콘플라워 차는 소화를 돕고 이뇨작용도 있으며, 기관지염, 기침 등에 효과
　가 있습니다.

콘플라워 차

꽃은 그늘진 곳이나 저온에 빠른 시간 내에 건조한다. 날씨가 좋으면
줄기채 잘라와 거꾸로 매달아 다발로 말리는 것이 제일 좋다.

타임 ③⓪ *Thyme*

이용 부위 잎, 꽃대
재배난이도 ★★☆☆ **해충피해** ★☆☆☆ **추천도** ★★★★

★ 지중해, 유럽이 원산으로 종류가 많습니다. 자극이 강한 풍미로 세계적으로 폭넓게 사용하며, 특히 유럽 요리에서 중요한 향신 허브입니다.

★ 300여 종이 있으나 우리나라에서는 가장 보편적인 커먼타임과 레몬타임, 실버타임, 클리핑타임 등이 주로 재배됩니다. 향신료로 주로 사용하는 것은 커먼타임이고, 레몬타임은 가열하면 레몬향이 날아갑니다.

★ 다년생이며, 줄기가 목질화되는 소관목으로 월동만 가능하면 무한 번식할 수 있습니다.

★ 성장이 느린 편이고 잎이 작습니다. 풍성한 수확을 원하면 여러 그루를 재배하는 것이 좋습니다. 키는 10~30cm에 폭은 20cm에서 해를 거듭할수록 퍼져나갑니다.

★ 우리나라에는 타임과 같은 종류로 백리향과 섬백리향이 있는데, 섬백리향은 천연기념물이고 민간요법에서 약으로 사용하지만 향신료로는 쓰지 않습니다.

★ 타임은 사용도가 광범위한 허브입니다. 타임의 에센셜오일은 방부, 살균력이 뛰어나 질병과 감염증에 뛰어난 효능이 있습니다. 요리, 향신료, 아로마테라피 등 모든 면에서 탁월한 허브입니다.

	1월			2월			3월			4월			5월			6월			7월			8월			9월			10월			11월			12월		
	상	중	하	상	중	하	상	중	하	상	중	하	상	중	하	상	중	하	상	중	하	상	중	하	상	중	하	상	중	하	상	중	하	상	중	하

육묘파종   아주심기   개화   수확

밭 만들기

타임은 원산지에서는 야생으로 초원에서 자라는 식물이라 척박한 땅에서 잘 자랍니다. 너무 비옥한 밭에서 재배하면 도리어 향이 약해질 수 있습니다.

고온과 건조, 추위에 강하나 과습에는 약합니다. 따라서 햇빛이 잘 들고 물이 잘 빠지고 건조한 석회질 땅을 좋아합니다. 점질토이거나 두둑이 낮아 물에 잠기면 우기를 넘기지 못할 수 있습니다. 또한 햇빛이 충분해야 하므로 그늘지거나 키 큰 작물 옆에 배치하지 않도록 합니다. 산성토양일 경우에는 반드시 석회를 넣어서 중화시킵니다.

튼튼하게 자라게 하려면 질소비료를 절대 과다하게 주지 말고 인산, 칼리 비료를 많이 줍니다. 해충이 없어 관리가 쉬우나 실내재배 시에는 통풍이 안 될 경우에 응애를 주의해야 합니다.

3월 10일. 지피펠렛에 육묘 중

유성번식

타임은 씨앗을 통한 유성번식과 삽목, 분주, 휘묻이를 통한 무성번식이 모두 가능합니다. 미세종자로 광발아종자이기 때문에 씨앗을 흙위에 뿌리고 흙을 덮지 않습니다. 플러그트레이, 지피펠렛, 지피포트가 모두 잘 되나 지피포트를 이용하면 옮겨심기와 흙에 정착하는 것이 보다 용이합니다.

3월 초에 파종하면 아주심기할 때까지 충분히 자랄 수 있습니다. 발아적온은 20℃ 정도이며, 봄가을 파종이 모두 가능합니다. 모는 약하지 않은 편이고 어릴 적부터 줄기가 강해 성장이 좋은 편입니다.

지피포트에 육묘 중

무성번식

꺾꽂이

타임은 줄기가 가늘어서 뿌리를 내리는 것이 쉽지 않습니다. 삽목하려면 봄에 새로 나온 가지로는 무르기 쉬우니 줄기가 좀 굳어진 늦은 봄이나 가을에 하는 것이 유리합니다. 육묘용 상토를 쓰거나 물꽂이를 하되 마르지 않도록 유의합니다.

4월 29일. 플러그트레이에 육묘 중

포기나누기

타임은 포기가 늘어나는 식물이라 무성해지면 줄기가 엉키고 밀식하게 되므로 적당한 시기에 엉킨 포기를 나눠줘서 여러 그루를 만들어줍니다.

땅에서 캐낸 포기에서 뿌리와 줄기를 정돈한다.

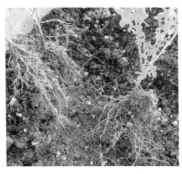

조심스럽게 양손으로 줄기를 나누면 순조롭게 갈라지는 가지가 있다.

만일 서로 붙어서 안 떨어지는 가지가 있으면 가위로 깔끔하게 잘라줘서 상처를 최소화한다.

휘묻이

휘묻이는 타임의 가장 적합한 번식 방법입니다. 긴 줄기의 중간 부분을 땅에 묻거나 땅에 닿게 고정해주면 그 부분에서 뿌리가 나옵니다. 뿌리가 나오면 연결된 줄기를 잘라내어 독립된 포기로 만들어줄 수 있고 다른 곳으로 옮겨심기를 해도 됩니다.

더 쉬운 방법은 옆으로 퍼지는 줄기의 아랫부분을 흙으로 도톰하게 덮어 북주기를 해줘서 줄기에 뿌리가 나오게 해주는 것입니다. 이렇게 뿌리를 내린 후에 잘라서 옮겨심으면 됩니다. 식물체가 스트레스 없이 안정적으로 번식하는 방법입니다.

*79쪽 타임 휘묻이 참고

긴 줄기의 중간을 흙속에 묻는다.

뿌리가 내린 것을 확인하고 연결된 줄기를 잘라낸다.

재배

원예재배일 경우에는 통풍이 나쁘면 응애 같은 해충 피해가 있을 수 있으나, 노지재배
는 병충해 피해가 거의 없으며 튼튼한 편이어서 재배가 수월합니다. 겨울이 다가오면
월동하기 힘든 중부이북은 추위를 피할 수 있도록 해주거나 실내로 옮겨심거나 해야
합니다. 그렇지 않으면 노지 월동이 거의 힘듭니다.

5월 16일. 아주심기

6월 13일. 개화

10월 30일

12월 초. 강추위가 몰려오기 직전의 타임

6월 7일

월동

경기도 파주는 겨울 평균기온이 영하 10℃ 이하이고 밤에는 영하 15℃ 이하인 날이 많은 추운 지역입니다. 이 지역에서 타임의 노지 월동을 시도했으나 첫해엔 실패했습니다.

그 이듬해에는 에어캡으로 월동 가능 여부를 실험했습니다. 에어캡은 투명하여 햇빛이 투과되고 공기층이 가운데 있어서 외부의 차가운 공기를 차단해줄 수 있다고 판단했기 때문입니다.

에어캡을 여러 겹으로 타임에 덮어주고 벗겨지지 않도록 고정했습니다. 한겨울이 지난 후 열어보니 타임이 무사했습니다. 사용한 에어캡은 포장용으로 쓰는 일반적인 제품입니다. 남부지방은 아주 추운 날에만 사용하면 되고, 추운 지역은 이런 방식으로 월동이 가능할 것으로 보입니다. 터널하우스나 비닐로는 월동이 불가능합니다. 화분에 심어 노지재배 하다가 겨울에 실내로 들여오는 방법도 있습니다.

2012년 5월 16일. 위쪽은 겨울을 못 넘기고 죽은 타임. 아래쪽은 봄에 새로 심은 타임

2013년 12월 4일. 강추위 전

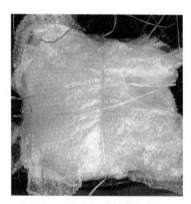
같은 날, 키가 작은 타임을 감쌀 수 없어 두툼하게 에어캡을 여러 겹 위에 이불처럼 덮었다. 덮은 에어캡이 날아가지 않게 끈으로 둘러 핀으로 양쪽에 고정했다.

2014년 3월 26일. 이듬해 봄, 에어캡을 걷어 월동 성공 여부를 확인했다.

3월 26일. 월동에 성공했다.

5월 2일. 활발하게 잘 자라는 타임. 첫해보다 더 왕성하게 자라고 있다.

수확과 갈무리

타임은 상록수이므로 월동만 가능하게 해주면 언제든지 수확이 가능합니다. 그러나 전체적으로 수확할 때는 시기를 맞추는 것이 좋습니다. 타임은 꽃대가 따로 올라오는 것이 아니고 줄기의 마디에서 꽃이 피므로 꽃이 필 무렵 꽃을 제거할 겸 줄기를 잘라 수확하면 다시 새순이 나옵니다. 이때 아래 잎을 여러 장 남기고 잘라야 합니다. 봄가을에 두 번 수확하고 월동하고 나면 다음 해 더 잘 자랍니다.

타임을 건조저장하려면 꽃이 피기 전에 수확해서 건조하는 것이 좋습니다. 잎에 상처가 나지 않게 주의해서 수확합니다. 타임은 건조하면 향기가 더 짙어지고 장기간 저장해도 향이 손실되지 않습니다. 먼지만 잘 털고 씻지 않은 상태에서 바람이 잘 통하고 그늘진 곳에 몇 가닥씩 모아서 거꾸로 매달아 건조한 후 밀봉해두었다가 필요할 때 꺼내 씁니다.

향신료로 쓸 것은 건조한 후에 줄기를 훑어서 잎을 떼어낸 후에 통에 담아 사용합니다.

꽃이 피기 전 6월 초에 꽃 제거를 겸해 1차로 수확한다.

수확한 타임

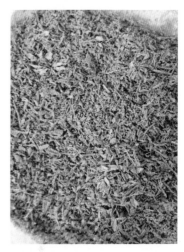
향신료로 사용할 타임. 당분간 쓸 양만 살짝 분쇄해서 사용한다.

활용

 타임 에센셜오일의 주성분인 티몰은 자극성이 적으면서도 강한 살균성과 구충성이 있어 호흡기 질환에 많이 이용합니다. 거담, 기관지염, 감염, 만성피로, 호흡기 기능 강화에 흡입이나 가슴 마사지 등으로 이용합니다. 특히 어린이에게 사용하기 안전해서 인후염, 기관지염, 백일해, 천식치료에 활용됩니다. 초기 감기보다는 증상이 심해져서 누런 콧물이 나올 때 사용합니다. 가글링으로 사용하면 구강 내 세균 제거 효과를 볼 수 있습니다. 무독성하고 무자극성이지만 일부 개인에게 과민할 수도 있습니다.

소화계에도 좋아서 소화를 돕고 구풍제로, 위장의 살균 소독제로 작용합니다. 위장의 각종 감염증에 효과가 있고 요로의 살균 소독제로 방광염에 도움이 됩니다.

면역과 관련된 모든 병에 이용되고, 특히 감염성 질병이 반복될 때 좋습니다.

타임은 따뜻한 성질을 갖고 있어서 몸을 따뜻하게 해주고 혈액순환을 도우며 저혈압을 고혈압으로 올려줍니다.

근골격계에도 잘 듣는데 류머티즘, 관절염, 좌골신경통에 효력이 있고, 운동 부상이나 경련성, 오래된 통증 등에 마사지나 습포합니다. 습포를 환부에 대면 부기가 빠지는데 자극작용, 이뇨작용이 있어 요산 제거에 도움이 되기 때문입니다.

비듬과 탈모에 효과가 있고 피부의 짓무름, 피부염, 부스럼, 종기에 효과가 있습니다.

신경계통으로는 우울, 두통, 스트레스에도 효과가 있어서 강장효과를 비롯해 집중력, 기억력 강화에 효과가 있습니다.

적용하는 방법은 인퓨전, 인퓨즈드오일, 팅크처로 만들어서 음용, 흡입, 목욕, 습포, 마사지, 연고, 스프레이, 샴푸, 바디오일 등으로 다양합니다. 알코올 팅크처를 소독하고 싶은 곳에 스프레이해서 일상적으로 사용할 수도 있습니다.

로즈마리와 성격이 많이 비슷하나 로즈마리가 더 선호되는데 그 이유는 타임이 자극성이 강하기 때문입니다. 사용 중 거부반응이 있을 때는 사용을 중지합니다.

 타임은 부이용*이나 스톡*을 만들 때 넣는 부케가르니에 반드시 들어갑니다. 장시간 가열해도 향과 맛이 유지되기 때문에 오래 가열하는 요리(수프, 스튜, 토마토소스 등)에 들어가며 요리 초반에 넣어야 합니다. 건타임을 사용할 때는 잎을 손으로 잘 비벼서 넣으면 향이 더 강해집니다.

*부이용
육류, 생선, 채소, 향신료 등을 넣고 맑게 우려낸 육수

*스톡
부이용을 농축한 것으로 수프나 소스의 기본이 된다.

향신료로도 중요한 위치를 차지하고 있는데, 육류의 냄새를 제거하는 데 아주 탁월하기 때문에 육류요리, 소스, 스튜, 햄, 피클, 드레싱 등에 다양하게 쓰입니다. 허브프로방스, 이탈리안 시즈닝, 케이준 시즈닝에도 꼭 들어가는 광범위하고 필수적인 향신료입니다. 또한 방부력을 이용해 저장식품을 만들 때 보존제로 들어갑니다.

타임 차는 감칠맛과 떫은맛이 있는 오래전부터 약효가 입증된 차입니다. 신선한 것과 건조된 것을 모두 사용할 수 있는데, 생것은 줄기째로 씁니다. 타임 차는 맛보다도 치료와 예방을 목적으로 이용합니다.

타임 차는 먼저 공기 중으로 살균성분이 분산되고 코로 성분을 흡입하며, 마셔서 몸속으로 흡수합니다. 미리 만들어놓지 말고 마실 때마다 만들어 마시고, 아픈 사람이 있는 곳에서는 뚜껑을 열고 끓이면 강한 살균 성분이 증기로 날아가 실내 살균 효과가 있습니다.

몸속에 탈이 났거나 감염이 있을 때 마시면 효과가 있습니다. 폐를 강하게 하며 감기, 기침, 인후염, 천식 등에 효과적입니다.

진하게 끓인 허브차에 감염 부위를 담그면 효과가 있고, 구내 감염엔 가글링으로, 비염에는 증기 흡입을 하면 좋습니다.

주로 잠들기 전에 마시면 불면증을 해소하고 숙면에 도움이 됩니다.

목욕이나 마사지보다는 흡입하는 것이 가장 효과가 좋으며, 피부를 자극할 수 있으니 주의합니다.

임산부나 수유부, 고혈압 환자는 장기간 대량 사용을 삼갑니다.

타임 팅크처

타임 인퓨즈드오일

컬리파슬리

파슬리 ③① *Parsley*

이용 부위 잎줄기, 씨앗
재배난이도 ★★☆☆ **해충피해** ★☆☆☆ **추천도** ★★★☆

이탈리안파슬리

★ 지중해 연안, 유럽 남동부, 아프리카 북부가 원산지이며, 미나리과의 두해살이풀로 서양요리에서는 약방의 감초처럼 쓰입니다.

★ 파슬리는 잎이 꼬불꼬불한 컬리파슬리(Curly parsley)와 잎이 넓은 이탈리안파슬리(Italian parsley)가 있습니다.

★ 생육적온은 10~18℃, 고온에는 약하고 저온에는 강해 영하 가까운 날씨에도 동해를 입지 않습니다. 이탈리안파슬리는 더 강해 영하 5℃ 정도에도 버팁니다.

★ 재배가 까다롭지 않으며 다소 박토에도 잘 자라는 무던한 허브입니다.

★ 서양요리에 절대적으로 빠져선 안 되는 파슬리는 장식용으로뿐 아니라 비타민A, B, C, 철분, 칼슘, 마그네슘 등의 영양가가 풍부합니다. 인체에 미네랄과 비타민을 공급하는 중요한 허브이며, 아로마테라피로도 유용한 허브입니다.

★ 텃밭에서 재배하면 수시로 신선한 파슬리를 소량씩 수확해 쓸 수 있어 유용합니다.

재배력 기입표

	1월			2월			3월			4월			5월			6월			7월			8월			9월			10월			11월			12월	
상	중	하	상	중	하	상	중	하	상	중	하	상	중	하	상	중	하	상	중	하	상	중	하	상	중	하	상	중	하	상	중	하	상	중	하

육묘파종　아주심기　수확

육묘와 아주심기

컬리파슬리는 우리가 일반적으로 '파슬리'라고 부르는 것으로 장식용으로 많이 쓰입니다. 이탈리안파슬리는 요리용으로 '향파슬리'라는 이름으로 씨앗이 팔리기도 합니다. 텃밭에서는 두 가지 다 재배하기를 추천하고 하나를 추천한다면 이탈리안파슬리를 추천합니다. 이탈리안파슬리가 생육이 더 왕성해 많은 수확이 가능합니다.

발아는 서늘한 기온에서 잘되며 고온에서는 발아율이 떨어집니다. 종자가 작고 발아기간이 길어 적온에서도 10일 정도 걸립니다. 발아율이 저조하므로 파종의 양을 많이 합니다. 육묘기간은 50일 정도입니다.

재식간격은 컬리파슬리는 15~20cm 정도면 적당하고, 이탈리안파슬리는 많이 퍼지므로 줄간격 30cm, 포기간격 25cm로 줍니다. 이탈리안파슬리는 자라면서 포기가 훨씬 커집니다. 좀 어린 모종을 정식해도 잘 자랍니다.

3월 31일. 컬리파슬리

4월 29일. 이탈리안파슬리

5월 3일. 컬리파슬리 아주심기

5월 3일. 이탈리안파슬리 아주심기

재배

생육기간이 길고 재배기간 내내 수확이 계속되기 때문에 밭을 만들 때 충분한 거름을 줍니다. 생육 상태를 보아가면서 장마 이후로 웃거름을 주는 것이 좋습니다. 뿌리는 직근성이며 넓게 많이 퍼져서 가뭄 피해를 덜 받습니다.

파슬리는 호냉성 채소로 생육적온은 10~18℃로 저온에 강하고 고온과 건조에 약합니다. 한여름 28~30℃까지 올라가면 겉잎이 마릅니다. 서리가 내린 후에도 끄떡없으며 강한 추위가 오지 않는 한 11월까지 노지에서 버틸 수 있습니다. 그러나 경기이북에서 노지 월동은 불가능하고 남쪽에서는 가능합니다.

토양은 비옥하고 유기물이 풍부한 점질양토가 좋습니다. 배수가 불량한 토양에서는 무름병이 잘 발생하고 여름에는 시들음병이 와서 포기가 시들어버리는 경우가 있습니다. 그런 곳은 연작을 피해야 합니다. 장마기간에도 큰 피해를 입지 않으며 가뭄에도 잘 견디는 편입니다. 곁순이 많이 나오면서 포기가 커지고 과밀해지는데, 수확을 겸하면서 곁순을 제거해줍니다. 굴파리가 발생하는 지역에서는 초기에 막지 못하면 잎을 수확하기 어려우니 한랭사를 덮어주어 방제하는 것이 가장 좋습니다.

이탈리안파슬리는 한여름의 강한 햇빛을 힘들어하기 때문에 반그늘을 해주는 것이 좋습니다. 습기가 있는 비옥한 토양을 좋아하나 장마철에는 많이 약해지니 배수가 좋은 토양에서 재배해야 합니다.

이탈리안파슬리는 20~30cm 정도로 키가 크고 옆으로 무성하게 퍼지므로, 주변에 키가 작은 식물을 심으면 피해를 입습니다.

2011년 6월 4일. 토양이 박토일 때 성장이 많이 떨어진다. 6월 초임에도 생육이 부족한 이탈리안파슬리

1월 중순. 노지의 이탈리안파슬리. 완전히 죽었다.

컬리파슬리

이탈리안파슬리

이탈리안파슬리가 무성해져서 포기나누기로 번식 겸 옮겨심었다.

포기나누기

노출 베란다에서 월동 재배

중부이북에서는 노지 월동이 힘들어서 파슬리를 포기나누기하여 노출 베란다에 옮겨 심었습니다. 파슬리에 비닐을 덮어 겨울을 나게 했습니다. 노출된 곳이지만 노지보다는 기온이 높아 비닐만으로 월동이 가능했고 겨울에도 수확이 가능했습니다. 노출 베란다에서는 겨울을 날 수 있으나 노지 텃밭에서는 지상부는 사라지고 뿌리만 살아남아 월동합니다.

겨울에도 신선한 파슬리 수확을 원한다면 화분에 옮겨 실내 베란다에서 재배할 수 있습니다.

실내 베란다의 화분에서 겨울을 난 파슬리

노출 베란다 흙에 그대로 아주심기한 파슬리

노출 베란다 월동. 이탈리안파슬리에 충전제를 이불처럼 두툼하게 덮어서 추위를 막아준다.

1월 중순. 이탈리안파슬리가 겉잎은 말라도 속잎은 싱싱하다. 겨우내 수확해서 요리하고 봄에 본격적으로 다시 2년 차 생육에 들어갔다.

2년 차 재배

파슬리는 월동에 성공하면 이듬해 6~7월에 꽃대를 올립니다. 꽃대가 올라오면 잎 수확을 할 수가 없어 매년 해마다 시작하는 것이 좋습니다.

잎을 수시로 수확하니 가을 들어 웃거름을 줘서 늦게까지 수확할 수 있도록 합니다.

수확

컬리파슬리는 광합성에 필요한 10장 정도의 잎만 남기고 수시로 수확해서 활용합니다. 향이 강한 편이 아니라서 필수적으로 꼭 들어가야 하는 요리는 거의 없고, 이탈리아요리에 약방의 감초처럼 들어갑니다. 파슬리가 들어가면 맛과 향이 풍부해지기 때문에 파스타, 채소, 육류요리에 빠지지 않고 사용됩니다. 또한 모양이 예뻐 장식용으로도 많이 이용됩니다.

이탈리안파슬리는 무성하게 자라므로 장마 전에 잎을 군데군데 수확해서 통풍이 잘되게 합니다. 줄기가 과습으로 썩지 않게 해주는 것입니다.

6월 13일. 2년 차 이탈리안파슬리가 꽃을 피웠다.

컬리파슬리 수확

이탈리안파슬리 수확

활용

 컬리파슬리는 생파슬리로 사용하거나 건조해서 향신료로 사용합니다. 냉동하기도 하나 건조하는 것이 가장 수월하고 사용하기 용이합니다. '생파슬리 1t = 건파슬리 1T' 비율입니다. 생파슬리는 요리 끝에 위에 뿌려주는 것으로 향미를 더합니다. 생파슬리와 마늘을 버터에 넣어 허브버터를 만들어두면 요리하기 쉽습니다.

분쇄한 건파슬리

*435쪽, 이탈리아식 홍합 찜 참고

 이탈리안파슬리는 처음부터 요리에 넣어서 음식의 맛을 냅니다. 기름에 볶아 향을 내는 향채소로 많이 쓰이는데 볶으면 그 향미가 뛰어나서 봉골레 파스타에 필수적인 재료입니다. 이탈리안 파슬리는 해산물과 특히 잘 어울립니다.

 컬리파슬리는 잎이 곱슬곱슬하고 이뻐서 요리 장식용으로 주로 쓰입니다. 요리 위에 생으로 뿌려서 향미를 높이거나 샐러드에 생채로 넣어 즐깁니다.

파슬리는 정유 성분이 강하고 비타민A와 C가 풍부하며 에센셜오일은 종자에서 추출합니다. 가정에서는 잎으로 추출해서 사용할 수가 있습니다. 파슬리가 가진 효능에는 혈액을 정화하는 작용이 있어 순환기의 강장 효과가 있고 식욕을 자극하고 소화기를 진정시킵니다.

혈관을 수축하고 근육 경련과 수축을 진정시키는 작용도 해서 염좌로 인한 고통을 덜어줍니다. 류머티즘, 관절염 완화에 효과가 있습니다.

부종 시 수분을 없애는 강력한 이뇨제로, 방광염과 신장 문제에 효과가 있고 특히 자궁 기능을 향상시켜서 무월경, 생리불순, 통경 등에 도움이 됩니다.

피부에는 혈액순환을 자극하며, 상처 치료, 타박상에 도움이 되고, 두피와 모발 영양제로 효과가 있으며 이가 발생하지 않게 해줍니다. 비타민A는 병에 대한 저항력을 높이고 피부를 매끈하게 합니다.

　인퓨즈드오일과 알코올 팅크처로 유효성분을 추출해낸 다음, 아랫배에 온습포하거나 마사지하거나, 젤이나 크림과 섞어서 마사지하면 효과를 볼 수 있습니다. 임산부는 에센셜오일 원액 사용을 금합니다.

파슬리버터. 녹인 버터에 생파슬리, 다진마늘, 설탕, 올리브오일을 섞는다.

마늘빵. 식빵에 발라 오븐에 구웠다.

홍합 파스타. 이탈리안파슬리를 사용한다.

팬에 마늘과 이탈리안 파슬리를 볶는다.

홍합살을 넣어서 육수를 냈다.

마지막에 파스타를 섞어준다. 깔끔한 맛의 홍합 파스타

파인애플세이지 ㉜ Pineapple Sage

이용 부위 **잎**

재배난이도 ★★☆☆ 해충피해 ★★☆☆ 추천도 ★★☆☆

★ 상쾌한 파인애플 향에 꽃이 오래 피어 원예용으로도 매력적인 다년생 허브입니다.

★ 멕시코 원산으로 여름의 고온다습한 기후에 강하나 추위에 약해서 서리에도 쉽게 동해를 입습니다.

★ 키가 1m를 넘을 정도로 크고 가지가 풍성하게 발달해 많은 공간을 차지합니다. 가까이에 키가 작은 작물을 심으면 안 됩니다. 재식간격은 50~100cm까지 줘야 밀집되지 않습니다.

★ 보통 여름부터 꽃이 피나 수확을 많이 하면 늦가을에 꽃이 핍니다.

★ 요리보다는 차로 많이 마십니다.

	1월			2월			3월			4월			5월			6월			7월			8월			9월			10월			11월			12월		
	상	중	하	상	중	하	상	중	하	상	중	하	상	중	하	상	중	하	상	중	하	상	중	하	상	중	하	상	중	하	상	중	하	상	중	하

육묘파종 아주심기 수확

재배

파인애플세이지는 관상용과 잎차용으로 인기 있는 허브입니다. 성장이 빠른 만큼 줄기가 연하고 부드러워 새로 올라온 가지로 꺾꽂이를 하면 쉽게 무릅니다. 잎이 넓고 크므로 수분 증발이 많아 쉽게 마를 수 있으니 굳은 가지로 밀폐삽목을 시도하는 것이 좋습니다.

노지 월동은 불가능하고 뿌리가 발달해서 화분에 옮겨심는 것도 힘듭니다. 고로 줄기를 잘라 실내에서 삽목해서 뿌리를 내려 새로운 화분을 만드는 것이 낫고, 아니면 봄에 다시 새로운 모종을 구입합니다.

향이 좋고 잎이 부드러워 섬서구메뚜기의 피해가 큽니다.

5월 5일. 모종 아주심기

5월 25일

6월 7일

7월 8일

9월 3일

9월 27일. 수많은 곁순이 나와서 무성하다.

10월 5일. 늦게까지 꽃이 핀다.

섬서구메뚜기의 피해

체리세이지

원예용으로 재배하는 체리세이지는 작고 귀여운 잎에 성장이 빠르며 화사한 꽃이 핍니다.

수확과 갈무리

장마에도 그리 영향을 받지 않으며 더위에 강한 편이나 추위에는 약하므로 서리 내리기 전에 줄기 전체를 잘라 수확합니다.

흐르는 물에 가볍게 세척한다.

거꾸로 매달아 건조한다. 건조한 후 줄기에서 잎을 분리하는 것이 편하다.

건조한 파인애플세이지

파인애플세이지 차

펜넬 ㉝ Fennel

이용 부위 잎, 벌브, 씨앗
재배난이도 ★★☆☆ **해충피해** ★★☆☆ **추천도** ★★★☆

★ 펜넬은 지중해 연안이 원산지로 딜, 아니스와 향이 비슷합니다.

★ 플로렌스펜넬은 이탈리아에서 '피노키오'라고 불리며, 비대해진 줄기 밑둥의 벌브(bulb)를 식용으로 합니다. 스위트 펜넬은 다년생으로 벌브는 없으며 잎을 식용으로 하고, 브론즈 펜넬은 식용보다 조경용으로 쓰입니다. 여기에서는 플로렌스펜넬을 중심으로 설명합니다.

★ 펜넬은 생육이 강하여 주변에 키 작고 약한 허브를 압박하므로 여유 공간을 많이 줘야 합니다. 키가 크고 잎과 꽃이 풍성해서 관상용으로도 아름답습니다.

★ 재배한 곳에 씨앗이 떨어져 봄에 자연발아하기도 합니다. 육묘가 어려우면 겨울이 시작되기 직전에 씨앗을 뿌려두면 5월 초중순경에 자연발아합니다.

★ 펜넬은 포기 전체를 다 활용할 수 있고 잎과 씨앗, 벌브가 다 중요한 수확물입니다. 수확물은 요리, 향신료, 약용, 관상용 등 다양하게 이용되며 특유의 효능이 있어서 유용한 허브입니다.

	1월			2월			3월			4월			5월			6월			7월			8월			9월			10월			11월			12월		
	상	중	하	상	중	하	상	중	하	상	중	하	상	중	하	상	중	하	상	중	하	상	중	하	상	중	하	상	중	하	상	중	하	상	중	하

육묘파종　아주심기　직파　개화　벌브수확　채종

육묘

육묘할 경우에는 가급적 뿌리가 다치지 않게 지피포트를 활용하면 좋습니다. 한 달 반 정도의 육묘기간을 가집니다. 씨앗의 발아 수명이 3~4년까지 길고 발아가 잘 되는 편이어서 직파도 충분하고, 전년도 재배한 곳 주변에 떨어진 씨앗에서 자연발아도 잘 되고, 가을 파종한 것도 잘 올라옵니다. 잎을 수확하는 것이 목적이면 가을 파종도 가능합니다. 씨앗 수확이 목적이면 직파보다는 일찍 육묘해서 5월 초에 아주심기하는 것이 가장 확실합니다.

3월 14일. 지피포트 육묘 (3월 초 파종)

4월 29일. 아주심기 할 정도로 충분히 성장했다.

재배

펜넬의 재배는 그다지 어려운 점은 없으나 토양이 가장 중요합니다. 건조하고 영양이 부족한 흙에서는 성장이 좋지 않은데 특히 플로렌스펜넬은 유기물이 풍부해야 벌브의 성장이 좋습니다. 장마철에 배수가 잘되지 않으면 생육이 현저히 나빠지며 뿌리가 썩기 쉽습니다.

플로렌스펜넬은 밑동의 벌브가 커지는데, 벌브를 수확할 계획이면 밑거름이 넉넉해야 합니다. 그러나 질소비료를 과용하면 줄기가 웃자라고 약해져서 쉽게 넘어질 수 있습니다. 벌브를 수확하고자 한다면 줄기가 올라오기 전에, 벌브가 주먹만 해지면 바로 잘라내어 수확합니다. 벌브를 잘라낼 때 밑동을 약간 남기면 그곳에서 싹이 나오는데 길러서 잎을 수확할 수 있습니다. 그러나 성장이 늦어져서 종자 수확까지는 시간이 부족합니다. 종자 수확이 목적이면 벌브도 잎도 수확하지 말고 그대로 키워 꽃을 피우면 종자가 영그는 것이 늦어지지 않아 겨울 전까지 수확이 가능합니다.

펜넬은 원래는 다년초이나 우리나라에서는 월동이 안 되니 일년초입니다. 재식간격은 30cm 이상, 간격이 넓을수록 성장이 더 좋습니다.

1, 2 5월 3일. 지피포트째로 밭에 아주심기한다. 두둑에 홈을 판 후 물을 흠뻑 부어 땅을 적신 후 재식간격에 맞춰 포트를 놓고 심어준다.

3 밭에 정착한 모습

4 5월 19일

5 6월 4일. 북주기를 시작했다.

6, 7 자라는 것을 보며 북주기한다. 벌브의 흰색 유지와 부드러움을 위해 햇빛을 차단하는데, 흙이나 짚을 이용한다. 파의 연백 재배를 위한 북주기와 같다.

8 벌브 수확기

9 7월 10일. 줄기가 자라면서 벌브가 사라진다.

10 7월 31일. 줄기가 길어지고 무성해져서 바람에 잘 쓰러진다. 쓰러진 줄기를 세워 지주를 받쳐주는 것이 좋다.

11 7월 10일. 꽃대가 올라오며 꽃이 피기 시작한다.
12 7월 25일. 꽃이 만발한 펜넬과 여러 허브들
13 10월 5일. 씨앗이 여물었다.

포피 ❸❹ *Poppy*

이용 부위 **씨앗**
재배난이도 ★★☆☆ 해충피해 ★☆☆☆ 추천도 ★☆☆☆

★ 포피는 지중해 연안 또는 소아시아가 원산으로 우리나라에서는 '양귀비'라고 불립니다. 양귀비란 이름은 당나라 현종의 왕후였던 양귀비의 아름다움에 비견할 만한 꽃이라는 의미로 붙여진 것입니다.

★ 양귀비라고 하면 마약 양귀비를 떠올려서 꺼리는 분들도 많고 주변에서 보면 신고하는 경우도 있는데, 포피는 원예용 양귀비와 마약 양귀비로 나뉩니다. 마약 양귀비는 국내 재배가 금지되어 있고 일반 양귀비는 원예용으로 많이 재배되고 있습니다.

★ 우리나라에는 붉은 꽃잎을 가진 야생 개양귀비가 많으나 전 세계에 아이슬란드 포피, 캘리포니아 포피 등 화려한 양귀비가 많습니다. 원예종의 경우 식물 전체에 작은 털이 나 있어 마약 양귀비와 쉽게 구별할 수 있습니다.

★ 양지 바른 곳이나 반음지에서 다 잘 자라며, 늦가을에 씨를 뿌리면 이듬해 이른 봄에 싹이 올라와 꽃을 빨리 볼 수 있습니다.

★ 2월 말부터 육묘해서 옮겨심기하면 6월 중순경부터 꽃이 핍니다. 장마 중에 씨앗이 영글 수 있습니다. 봄에 밭에 직파하면 올라오는 것이 더 늦습니다. 이때는 8월쯤에 씨앗이 영글게 됩니다.

★ 포피는 씨앗이 중요한데, 씨앗은 완숙된 것을 수확해야 합니다. 완숙되지 않은 씨앗은 채취가 잘 안 되며 곰팡이가 생길 수 있습니다. 채종기와 장마시기가 겹치는 경우에는 씨앗이 영글지 못하고 그대로 썩는 경우가 많습니다.

★ 포피 씨앗은 케이크, 머핀, 베이글, 파이, 과자를 만드는 데 많이 사용됩니다.

	1월			2월			3월			4월			5월			6월			7월			8월			9월			10월			11월			12월		
	상	중	하	상	중	하	상	중	하	상	중	하	상	중	하	상	중	하	상	중	하	상	중	하	상	중	하	상	중	하	상	중	하	상	중	하

직파 육묘파종 아주심기 개화 채종

재배

4월 10일. 전년도 떨어진 씨앗에서 자연발아한 싹

4월 22일. 육묘

4월 30일. 육묘한 포피를 아주심기

6월 6일. 꽃봉오리가 올라왔다.

수정이 되면 꽃잎이 떨어지고 수술이 떨어져나간다.

잘 건조된 것은 손으로 잘 으깨진다.

완숙된 종자. 맑은 날 햇빛에서 바짝 말라야 한다.

완숙된 꼬투리만 골라서 채종한다.

바짝 말려서 채반에 놓고 으깨서 씨앗만 받는다.

피버퓨 ③⑤ *Feverfew*

이용 부위 **꽃**
재배난이도 ★☆☆☆   해충피해 ★★☆☆   추천도 ★☆☆☆

★ 원산지는 서아시아, 남유럽으로 이름에도 나와 있듯이 '열병(fever)'에 효과가 있는 것으로 알려져 왔습니다. 그러나 해열로 사용하기보다는 편두통에 효과적인 허브입니다.

★ 국화과 다년초로 꽃 모양은 국화와 비슷합니다. 잎은 쑥갓 잎같이 생겼으며 소담하게 올라와 풍성해집니다.

★ 번식은 씨앗과 꺾꽂이, 포기나누기로 하는데 씨앗은 발아가 잘 되는 편이고, 꺾꽂이는 줄기가 굳어지면 합니다. 다소 굳어진 줄기를 잘라 모래에 묻으면 뿌리가 나옵니다.

★ 배수가 잘되고 비옥한 토양을 좋아하고 건조에 강하며 햇빛이 잘 들어야 합니다. 전체적으로 강한 쓴맛이 있어서 해충이 기피하지만 진딧물의 피해가 있습니다.

★ 꽃이 활짝 피었을 때 줄기째 잘라 거꾸로 매달아 바람이 잘 통하는 그늘에서 건조하는 것이 좋고, 소량일 때는 꽃만 잘라 수확합니다.

★ 미세종자여서 잘못하면 한곳에 뭉쳐서 뿌릴 수 있으므로 모래나 배양토 조금에 씨앗을 섞은 후 파종하면 좋습니다. 파종 후 흙을 덮지 않습니다.

★ 재배한 주변에 씨앗이 떨어져 이듬해 싹이 올라오거나, 겨울 전에 직파해두어도 자연발아가 가능합니다.

	1월			2월			3월			4월			5월			6월			7월			8월			9월			10월			11월			12월		
	상	중	하	상	중	하	상	중	하	상	중	하	상	중	하	상	중	하	상	중	하	상	중	하	상	중	하	상	중	하	상	중	하	상	중	하

육묘파종   아주심기   개화   채종

재배

2월 29일 파종. 3월 10일 발아

5월 6일

5월 6일. 밭에 아주심기하다.

5월 13일

6월 7일

6월 19일

꽃망울이 올라왔다.

7월 1일

7월 1일

7월 13일

활용

 쓴맛이 강해서 벌레가 기피하기 때문에 잎을 옷장에 넣어두어 살충제로 이용하거나 나방을 쫓는 용도로도 이용합니다. 또는 물에 우려낸 것을 살균제로 사용합니다.

편두통에 건조한 잎을 복용하면 효과가 있는데 장기간 많은 양을 먹는 것은 삼갑니다. 인퓨전을 목욕제로 사용해서 통증완화제로 관절염, 피로회복에 이용합니다.

캐모마일이나 국화에 알레르기가 있으면 사용하지 말고 생잎은 궤양을 일으킬 수 있으니 먹지 않습니다. 어린이나 임산부는 사용을 삼갑니다.

3부

허브 활용

OIL

Vinegar

Flowers

seeds

수확 후 손질과 보관

허브의 유효성분 추출법

가정에서 만들어 쓰는
아로마테라피

허브 향신료

수확 후 손질과 보관

허브 세척 | 허브 건조 | 건조허브의 손질 | 생허브의 보관

허브 세척

허브는 흐르는 물에 가볍게 씻어 먼지를 제거합니다. 채반에 놓아 물기를 제거한 후에 요리나 건조에 들어갑니다. 만일 냉장보관하거나 물꽂이를 하여 한동안 생명력을 유지하길 원하면 세척하지 않고 보관했다가 사용하기 전에 세척합니다.

　지나친 세척은 유효성분 손실이 있으니 아로마테라피용이나 꽃을 이용하는 경우, 깨끗하게 자란 것은 먼지만 털어내도 됩니다.

페퍼민트. 흐르는 물에 가볍게 세척한다.

허브 건조

수확기에는 생허브를 사용하다가 남는 것은 건조하고, 수확이 없을 때는 건조한 것을 사용합니다. 건조해서 더 좋은 허브가 있고 생것이 더 좋은 허브가 있습니다. 건조하면 대개 향이 강해집니다. 생허브에 비해 1/3에서 1/6까지 양을 줄여서 사용합니다.

자연건조

허브는 생으로 사용하지 않는 경우에는 모두 건조합니다. 허브 건조에서 중요한 것은 변색되지 않고 향을 유지하는 것입니다. 그 방법은 통풍이 잘 되고 직

채반에 놓아 물기를 제거한다.

사광선이 없는 곳에서 빠른 시간 내에 건조하는 것입니다.

　채반에 놓아 건조할 때는 바닥 위에서 떨어뜨려 공기가 위아래로 잘 통하게 하는 것이 좋습니다. 줄기째 수확할 때는 줄기를 묶어서 공기가 잘 통하는 곳에 매달아 건조합니다.

　줄기째 수확하는 경우는 재배 종료기에 줄기째 수확하는 경우, 잎이 작아 잎만 분리하기 힘든 경우(타임, 세이보리), 분리에 어려움이 있는 경우(로즈마리), 한번 수확할 때마다 줄기째 베어 수확하는 경우(민트, 레몬밤, 오레가노 등)에 그러합니다.

　줄기가 약해 매달 수 없는 허브는 채반에 놓아 말립니다. 허브를 많이 사용하는 나라에서는 허브 줄기를 다발로 묶어 거꾸로 매달아놓고 수시로 요리에 이용한다고

하나, 그럴 경우 향이 빨리 사라지기 때문에 향미가 약해서 좋지 않습니다. 향미를 이용할 경우 반드시 건조 후 밀봉 보관합니다.

*452쪽, 건조기 건조 참고
건조기를 이용한 건조*
건조가 오래 걸리는 허브나 빠른 건조가 필요할 때, 날씨가 습할 때는 건조기를 이용하는 것이 좋습니다. 가급적 채반에서 표면의 수분을 최대한 증발시킨 후에 건조기를 사용하는 것이 전기 사용을 절약하는 방법입니다. 또한 고온보다는 상온(30~40℃)에서 건조하는 것이 허브의 향미를 유지시키는 방법입니다.

*454쪽, 전자레인지 건조 참고
전자레인지를 이용한 건조*
전자레인지를 이용한 건조는 짧은 시간 내에 건조할 수 있고 변색이 적다는 장점이 있습니다. 단, 온도 조절이 안 되니만큼 3분 단위로 짧게 건조 여부를 확인하고 뒤집어주는 것이 좋습니다. 바닥에 키친타월을 깔고 건조하고, 전체가 다 건조될 때까지 돌리기보다는 완전히 건조된 것은 골라내는 것이 좋습니다. 전자레인지 건조는 소량의 허브를 빠른 시간 내에 건조할 때 이용합니다.

파인애플세이지. 서리 내리기 전, 줄기째 잘라 매달아 건조

로즈마리. 겨울이 되기 전 줄기째 잘라 건조

스테비아. 재배 기간 중 수시로 잎을 따서 채반에 건조

레몬밤. 재배 중 줄기를 잘라 수확한다. 채반에 건조

바질. 먼저 전자레인지에 키친타월을 깔고 3분 돌렸다.

남은 수분은 건조기로 1시간 건조했다.

건조허브의 손질

허브를 줄기와 함께 건조한 경우에는 말린 후 잎과 꽃을 분리해줍니다. 마른 상태에서는 손쉽게 분리됩니다. 말린 허브는 채에 걸러 가루는 제거하고 전용비닐에 밀봉합니다. 이렇게 하면 1년이 지나도 향과 맛이 유지됩니다.

가루를 내서 사용하는 향신료는 가루를 내서 보관할 수도 있고 그대로 보관했다가 사용할 때 가루를 낼 수도 있습니다. 몇 달 사용할 분량만 용기에 담아 밀폐하고, 나머지는 비닐에 담아 밀봉합니다.

건조한 허브는 열기를 식힌 후에 빠른 시간 내에 밀봉·밀폐해줘야 합니다. 그렇지 않으면 습기를 흡수해서 변질될 수 있기 때문입니다.

레몬버베나

채반에 놓고 건조했다.

줄기를 거꾸로 잡고 윗부분에서 아래로 거꾸로 훑어야 쉽게 분리된다.

잎만 모은 레몬버베나

레몬밤

건조 후 잎과 줄기를 분리한다.

분리한 잎에서 나온 가루는 채로 걸러낸다.

파슬리

자연건조를 했다.

살짝 분쇄한 파슬리 가루

마조람

건조기로 건조했다.

건조된 마조람

살짝 분쇄한 마조람

건조허브의 보관

각종 허브차

각종 스파이스 양념통

비닐로 밀봉한 허브들. 통에 담아 보관한다.

생허브의 보관

물꽂이 보관

허브를 수확하자마자 바로 요리에 이용하는 것이 가장 좋지만 바로 사용하지 못할 경우 최대한 싱싱함을 유지해야 합니다. 수확하는 순간부터 허브는 시들어 갑니다. 잎을 수확한 허브는 신문지에 싸서 비닐에 넣어 작은 구멍을 낸 후 냉장고 야채칸에 보관합니다. 허브에서 나온 습기는 신문지가 빨아들이고 구멍으로 호흡이 유

바질을 줄기째 꺾어 투명한 통에 물꽂이를 했다.

투명한 비닐이나 통으로 밀폐하고 물은 매일 갈아준다. 씌운 비닐을 벗겨 외부 공기가 들어가게 한 후 다시 덮어준다.

지됩니다. 통에 담아 보관할 때도 바닥에 신문지를 깔아줍니다.

줄기가 있는 허브는 물꽂이를 합니다. 가지의 끝을 물에 잠기게 한 후 투명한 통에 담아 햇빛을 보게 해주면 그 안에서 시들지 않고 일주일 정도는 성장하며 자랍니다.

냉동보관

냉동이 가능한 허브는 냉동해서 요리에 활용합니다. 냉동했을 때 맛과 향이 떨어지더라도 건조한 것보다는 낫거나, 건조할 수 없는 허브는 냉동으로 보관했다가 사용할 수 있습니다. 생꽃이나 잎이 장식으로 이용될 경우에는 냉동했다가 음료에 띄워 사용합니다.

차이브를 썰어서 냉동했다.

바질을 갈아서 물과 함께 냉동했다.

수레국화꽃 냉동. 장식에 사용한다.

허브의 유효성분 추출법

물을 이용하는 방법(인퓨전) | 기름을 이용하는 방법(인퓨즈드오일) |
알코올을 이용하는 방법(팅크처) | 식초를 이용하는 방법(팅크처) |
꿀을 이용하는 방법

허브 속 유효성분

아로마테라피

식물은 뿌리로부터 흡수한 물과 공기 속의 이산화탄소, 햇빛을 이용해 광합성 작용을 합니다. 이것을 1차대사라고 하는데, 광합성으로 식물의 생육에 절대적으로 필요한 물질을 만들어냅니다. 이 광합성으로 만들어진 잎, 열매, 뿌리가 우리가 먹는 일반 채소입니다. 2차대사는 식물의 생육과는 직접 관계가 없지만 특유의 물질을 만들어내는데, 담배의 니코틴, 커피나무의 카페인, 허브의 에센셜오일 등이 그것입니다. 외부공격으로부터 도망칠 수 있는 동물과는 달리 도망칠 수 없는 식물은 자기를 보호하기 위해 방어 물질을 만들어내는데 이것이 바로 그 식물이 가지는 고유성분입니다. 허브가 어떻게 이런 방어물질을 만들어내게 되었는지는 알 수 없으나 자기 보호를 위해 만들어진 물질이기 때문에 항바이러스, 항균, 항염 등의 효능을 갖고 있습니다.

사람들은 허브 속의 항균성이나 방부성, 치유 능력을 오랜 시간 이용해왔는데, 그것이 허브 속 유효성분인 에센셜오일 때문이라는 것을 19세기에 이르러서 비로소 알게 되었습니다. 19세기 프랑스에서 질병을 발생시키는 것이 미생물이라는 것이 밝혀지면서, 허브가 그 미생물을 죽이는 능력이 있다는 것도 밝혀졌습니다. 결핵이 창궐하던 시대에 프랑스 남부지역이 유독 결핵환자가 적었는데 그 이유가 허브를 많이 재배한 지역적 특성 때문이었고, 실험 결과 제라늄, 오레가노 등이 항바이러스 효능을 가졌다는 것이 밝혀진 것입니다.

아로마테라피(aromatherapy)라는 이름을 붙이고 본격적으로 에센셜오일의 치료법을 연구하기 시작한 것은 프랑스 화학자인 가트포스(1881-1950)에 의해서입니다. 라벤더에서 추출한 에센셜오일을 발라 심했던 화상이 완치되는 경험을 한 후, 그는 아로마테라피라는 이름을 붙이고 그 효능을 알리기 시작했습니다. 1950년대 인도차이나 전쟁에서 프랑스 의사인 장 발레는 부상병 치료에 방부제로 에센셜오일을 사용하면서 그 효과를 입증했습니다. 그 뒤 유럽에서는 에센셜오일을 이용한 대중 치료가 활발해졌습니다.

아로마테라피란 아로마(aroma, 향기)와 테라피(therapie, 치료)의 합성어입니다. 아로마테라피는 '향기를 맡는 것'만이 아닌, '에센셜오일을 이용한 모든 치료'를 의미합니다. 아로마테라피라는 이름이 붙기 전에도 향기 치료는 이집트 고대 문명시대부터 오랜 기간 민간에서 사용되어 왔지만 의학이 발달하면서 쇠퇴하는 듯 했습니다. 식물에서 단일 유효성분을 추출해서 만들어낸 합성약이 증상에 대해 즉각적이고 빠른 치료 효과를 보이는 것에 비해, 아로마테라피는 느리고 전체적이며 예방적인 부분이 강했기 때문입니다.

그러나 의학이 더욱 발전함에도 인간의 질병은 뿌리 뽑히기는커녕 약의 부작용과 내성균, 스트레스성 질환의 증가로 인해 다시금 허브가 주목을 받기 시작했습니다. 병이 발병한 후에 치료하는 것보다, 인간이 가지고 있는 기본적인 치유력을 유지시켜서 병에 걸리지 않게 하고, 병에 걸리더라도 자연치유되는 것이 더 중요하다는 것을 인식했기 때문입니다.

아로마테라피는 어떤 특정 병에 대해 치료 목적의 사용보다는 총체적인 치유에 목적을 두는 것이 좋습니다. 특히 현대인의 스트레스, 불안, 좌절이 결과적으로 육체의 붕괴에까지 이른다는 것이 입증된 바, 정신과 마음의 건강과 일상성 유지는 건강에 매우 중요합니다. 혹자는 이 치료가 플라시보 효과나 코에 걸면 코걸이라고 생각하기도 합니다. 왜냐면 허브의 효능이 너무 포괄적이고 명확하지 않은 것 같아서입니다.

그러나 과학의 발달로 허브 속의 에센셜오일이 수많은 유기화합물이라는 것이 밝혀졌고, 이 각각의 성분들이 고유의 향과 특성을 갖고 있다는 것이 알려지게 되었습니다.

허브 속 화학물과 에센셜오일

하나의 허브에는 다양한 유효성분이 있는데 어떤 성분이 더 많으냐에 따라 주된 효능이 결정되고, 다른 성분과의 조화에 의해 다양한 효능을 갖게 됩니다. 허브에는 물에 녹는 수용성 성분과 기름에 녹는 지용성 성분이 복합적으로 들어있습니다. 그중 가장 많이 알려진 유효성분이 바로 지용성인 에센셜오일입니다. 에센셜오일의 특징은 다음과 같습니다.

에센셜오일

① 방향성이 있어서 향이 강합니다.
② 지용성이어서 물에 녹지 않고 기름과 알코올에 녹습니다.
③ 휘발성이 있어 빨리 증발됩니다.
④ 시판 에센셜오일은 원액 사용이 안 되며, 반드시 희석해서 사용해야 합니다.
⑤ 시판 에센셜오일의 원액은 먹어서는 안 됩니다.

허브의 에센셜오일은 꽃에서 추출하는 것, 열매나 잎에서 추출하는 것들이 각각 다릅니다. 꽃은 성질이 차서 꽃으로 만든 것은 열이 나는 상황에, 주로 스트레스나 염증 같은 것에 이용합니다. 잎은 성질이 따뜻해서 혈액순환에 좋고, 향이 강해 항균성이 강하고, 호흡계에도 좋습니다. 또한 요리로 먹을 수 있는 허브는 소화계에 좋습니다.

허브 속에 있는 화합물들의 종류는 다양한데, 그중 대표적인 것만 소개하면 멘톨, 카마줄렌, 티몰, 리나롤, 리나렐 아세테이트, 아피올, 알데히드, 페놀, 에스테르, 케톤 등 다양합니다. 페놀은 수용성에 멸균력, 에스테르는 항염증성, 항진균성, 케톤은 항바이러스, 리나롤은 방부성 등의 특성이 있습니다. 따라서 이 화합물을 갖고 있는 허브는 그 효능도 갖게 되는 것입니다.

〈2부 허브 작물별 재배법〉에서 각 허브마다 허브의 활용을 소개했는데, 각 허브마다 가진 효능은 바로 그 허브가 가진 에센셜오일의 특성인 것입니다.

에센셜오일의 추출 방법

현실적으로 열심히 기른 허브를 허브차와 요리, 향신료로 다 소비하지 못하고 쌓아놓기만 하는 경우도 많습니다. 먹는 것 외에 건강 유지에 도움이 되도록 보조적으로 사용하는 방법을 알게 된다면 일상생활에서 아주 유용하게 활용할 수 있습니다.

허브 속에 있는 유효성분을 추출하는 방법은 허브를 이용해온 역사만큼 거듭 발전해왔습니다. 시판되는 에센셜오일은 거의 대부분 증류법으로 추출됩니다. 이 방법이 개발되기 전에는 냉침법과 온침법으로 추출해왔습니다. 여기에서 소개하는 것은 바로 이 방법에서 유래합니다.

이 장에서는 '추출하는 방법'을 소개하고 다음 장 〈가정에서 만들어 쓰는 아로마테라피〉에서는 여기에서 추출해낸 것을 활용, 응용하는 구체적인 방법을 소개합니다.

- **압착법**: 감귤류에서 에센셜오일을 추출할 때 이용하는 방법입니다.
- **증류법**: 천여 년 동안 이용해온 방법으로 기계를 이용해야 하며 가정에서는 할 수 없습니다. 순수하게 에센셜오일만 추출해냅니다.
- **휘발성 용매 추출법(온침법과 냉침법)**: 간단하여 가정에서 할 수 있습니다. 뜨거운 기름이나 알코올에 식물을 담가서 추출하는 것을 '온침법', 차가운 것을 이용하는 것을 '냉침법'이라고 합니다.

가정에서 허브 속 유효성분을 추출하는 방법

물, 기름, 알코올, 식초, 꿀을 이용하여 추출할 수 있습니다. 물을 제외한 나머지 재료는 모두 세균이 살 수 없는 재료이므로 안전합니다.

각 재료에 허브를 담글 때 수분을 제거하면 세균 발생 위험이 없어 안전하며, 생허브를 쓸 경우에는 허브 속의 수분으로 인해 사용기간이 짧아질 수 있습니다.

만드는 동안 병을 흔들어주는 것이 좋고 알코올, 식초는 햇빛을 피하는 것이 필요합니다.

- **물을 이용하는 방법(인퓨전)**: 허브 속의 수용성 성분을 추출하는 방법입니다. 빠른 시간 내에 만들고 손쉽게 사용할 수 있습니다. 변질되니 가급적 빠른 시간 내에 사용하고 냉장보관합니다. 물과 같이 이용하는 방법이면 다 가능하고, 식용할 수 있는 허브로 만든다면 식용이 가능합니다. 식용은 허브차, 비식용은 건강용으로 몸에 이용합니다.
- **기름을 이용하는 방법(인퓨즈드오일)**: 허브 속의 지용성 성분인 에센셜오일을 추출하는 방법입니다. 사용하는 데 2주 이상의 시간이 필요합니다. 장기저장이 가능합니다. 식용, 비식용, 다양한 재료로 활용할 수 있습니다.
- **알코올을 이용하는 방법(팅크처)**: 허브 속의 지용성 성분을 추출하는 방법입니다. 에탄올, 보드카를 사용하며 한 달~세 달 정도 소요됩니다. 장기저장이 가능합니다. 의약용 등으로 다양하게 사용됩니다.
- **식초를 이용하는 방법(팅크처)**: 2~3주의 시간이 필요합니다. 각종 요리에 사용할 수 있고 화장수, 린스에 사용됩니다.
- **꿀을 이용하는 방법**: 한 달 정도 시간이 필요합니다. 차, 세안, 스크럽, 요리 등에 사용됩니다.

가장 쉽게 허브를 이용하는 방법은 인퓨전(Infusion), 즉 우려내는 것입니다. 뜨거운 물에 허브를 넣어 물에 녹는 성분을 우려내는 방법으로, 음료를 만들 때 많이 활용합니다. 이 방법은 허브 속의 지용성 성분을 추출하지는 못하나 수용성 성분과 여러 유효성분을 추출해냅니다.

콘플라워 차

허브차가 그 대표적인 방법으로 뜨거운 물에 허브를 넣고 1~3분 정도 우려서 마십니다. 그러나 마시는 용도 외에 다른 용도로 사용할 때는 끓는 물에 5분 이상 끓여서 진하게 우려낸 후 허브를 건져냅니다. 끓인 물로 스팀타월, 구강 세정, 세안, 목욕 등을 할 수 있고, 식초를 섞어 린스 등으로 다양하게 활용할 수 있습니다. 뜨거운 차를 마시면서 증기를 코로 흡입하는 효과도 큽니다.

다른 방법보다 자극이 적어서 다양하게 활용될 수 있으며 부작용도 덜합니다. 특별한 물이 아니라 생활수를 사용해도 상관없으나 물을 사용했기 때문에 장기저장이 안 됩니다. 냉장보관해서 사용하는 것이 좋고 오래 사용하려면 냉동합니다.

생허브를 이용할 수도 있고 건조허브를 이용할 수도 있습니다. 건조허브는 생허브의 1/2 양을 사용합니다. 어떤 허브를 이용하느냐, 건허브냐 생허브냐, 허브의 양, 끓이는 시간 등으로 효능에 차이가 있습니다.

여기에서는 식용, 비식용으로 '허브차'와 '의약용'으로 크게 나누었습니다.

 허브차

허브차를 내는 도구

도구: 티포트, 거름망, 워머, 워머용 양초, 가스라이터

허브차를 마실 때 이 모든 도구가 꼭 필요한 것이 아닙니다. 허브만 있어도 충분합니다. 도구를 갖추고자 한다면 거름망만 있어도 됩니다. 허브를 걸러내는 거름망은

1,000원짜리 정도도 충분합니다. 티포트 없이 일반 주전자에 허브차를 만들어도 좋지만 거름망은 마련하는 것이 좋습니다.

허브차 전용 티포트를 장만한다면 허브차를 마시기에 좀 더 좋습니다. 티포트는 1인용 300㎖에서 더 큰 용량까지 다양합니다. 허브 티포트는 아름다운 허브의 모양과 색을 즐기기 위해 유리로 만들어져 있는 것을 주로 사용합니다.

워머(warmer)는 허브차의 온도를 유지하기 위한 것으로 밑에 작은 양초를 켜놓고 위에 티포트를 올려놓게 되어 있습니다. 뜨거운 물을 부어 티포트를 올려놓으면 온기를 유지시킵니다. 다양한 형태의 워머가 있고, 워머용 양초를 같이 사야 합니다. 가스 라이터는 점화하는 데 도움이 됩니다.

티포트와 허브 잔 세트

워머와 양초

허브차 우리기

먼저 티포트에 허브를 넣고 데운 물을 붓는다.

뚜껑을 덮고 1~2분 기다린다.

잔 위에 거름망을 놓고 차를 따라 마신다.

더운 물을 티포트에 좀 더 붓고 워머에 올려 놓는다.

워머 아래 양초를 놓고 불을 켠다.

마시는 동안 온기가 유지된다.

허브차 마시기

거의 모든 허브는 차로 마시는 것이 가능합니다. 다만 효과가 차이가 있고, 독성이 있어서 주의해야 할 차가 있고, 향미가 좋지 않아 선호되지 않는 차가 있습니다. 강한 자극이 있는 허브는 하루 한 잔만 마시는 것이 좋으며, 임산부가 기피해야 하는 차가 있습니다. 허브마다 가진 효능이 달라 컨디션에 따라 맞는 허브차를 마시면 도움이 됩니다.

허브는 보통 200~300㎖ 정도(1인분)의 물에 1t의 건조허브를 넣고, 생허브 잎은 2~3개를 넣습니다. 꽃이나 잎은 1분 정도만 우리고, 열매나 씨는 2분 정도 우립니다. 우릴 때 반드시 뚜껑을 덮어 휘발성분이 날아가지 않게 합니다.

허브차를 마시기 전에 그 향을 들이키는 '흡입'은 휘발된 화학분자를 코로 들이키는 것이어서 건강에 우선적으로 도움이 됩니다. 허브티에 들어있는 수용성 성분은 비타민, 미네랄, 유기산, 사포닌 등 다양하고 허브차는 항산화 작용이 있어 건강에 도움이 됩니다.

수확 중에는 막 수확한 신선한 허브를 차로 마십니다. 신선한 잎은 건조된 잎보다 우러나는 데 시간이 걸립니다. 잎을 약간 손으로 으깨서 향이 쉽게 우러나도록 합니다. 접대할 때는 건조허브로 먼저 우린 후 건져내고 신선한 생허브를 띄워냅니다.

허브차로 인기 있는 것들은 페퍼민트, 스피아민트, 캐모마일, 레몬밤, 스테비아, 레몬버베나, 파인애플세이지, 야로우, 베르가못, 멜로우, 타임, 로즈마리, 펜넬 씨, 처빌, 콘플라워, 바질, 커먼세이지 등입니다.

허브는 여러 종류를 섞어서 마시면 더 좋습니다. 이것을 블렌딩한다고 합니다. 하나의 허브로는 다소 심심한 맛이어도 다른 허브와 섞으면 더 좋아지는 경우가 많고, 평소 그다지 좋아하지 않았던 허브가 다른 허브와 혼합하면서 입맛에 맞기도 합니다. 허브를 블렌딩하면 맛과 향이 풍부해지고 약효가 높아져서 더 효과적입니다. 우유, 녹차, 홍차, 와인, 주스와 섞어 마셔도 좋습니다.

블렌딩하는 방법은 서너 종류의 허브를 각각 동량으로 섞거나, 중심이 되는 허브를 많이 넣고 다른 허브는 조금씩 넣는 방법이 있습니다. 어떤 방법이든 여러 가지를 시도해봐서 자기만의 허브차를 만들어 봅니다.

향이 강한 허브로는 민트, 레몬버베나, 파인애플세이지, 레몬밤, 로즈마리 등이 있습니다. 단맛을 추가하고 싶을 때는 스테비아 잎을 넣습니다.

허브차는 과용하지 않고 너무 진하게 마시지 않는 것이 좋습니다. 임신 중, 수유 기간 중, 병이 깊을 때는 사용을 주의합니다.

증상별 허브티	
긴장, 스트레스 해소	라벤더, 레몬밤, 로즈마리, 저먼캐모마일, 페퍼민트
불면증	레몬밤, 저먼캐모마일, 페퍼민트
구강세정, 구취	러비지, 레몬밤, 로즈마리, 세이지, 저먼캐모마일, 캐러웨이, 타임, 페퍼민트
방광	야로우
생리통, 월경증후군	라벤더, 마조람, 바질, 세이지, 캐러웨이 씨, 캐모마일, 페퍼민트
갱년기 장애	라벤더, 로즈마리, 레몬밤, 야로우, 저먼캐모마일, 제라늄
두통	레몬밤, 페퍼민트, 피버퓨
감기 예방, 기침, 콧물, 열 날 때	마쉬말로우, 세이지, 오레가노, 저먼캐모마일, 캐러웨이 씨, 타임, 페퍼민트, 펜넬 씨
비염	저먼캐모마일, 타임, 페퍼민트
아토피	라벤더, 붉은 자소, 저먼캐모마일, 타임
피부미용	로즈마리, 말로우, 세이보리, 세이지, 야로우, 펜넬 씨
냉증	로즈마리, 레몬밤, 세이보리, 야로우, 저먼캐모마일
설사	라벤더, 레몬밤, 마쉬말로우, 세이보리, 스피아민트, 저먼캐모마일, 캐러웨이 씨, 타임
위장 장애	레몬밤, 마조람, 세이보리, 저먼캐모마일, 페퍼민트
숙취	레몬밤, 레몬버베나, 페퍼민트
변비	저먼캐모마일, 코리앤더, 타임, 펜넬 씨, 페퍼민트

시럽

스테비아 시럽

스테비아의 단맛으로 시럽을 만듭니다. 끓는 물에 잎을 많이 넣고 식을 때까지 우립니다. 잎을 건지고 냉장보관한 후에 단맛이 필요한 차에 넣어 마십니다.

페퍼민트 시럽

민트 시럽은 쉽고 간편하게 냉차를 즐길 수 있는 방법입니다. 완성되면 냉장고에 넣어두고 필요한 만큼 냉수에 타서 마시면 좋습니다. 어린이를 위해서는 코코아가루를 넣어 코코아민트 시럽을 만들어도 좋습니다. 같은 방법으로 레몬밤 등 원하는 허브를 시럽으로 만들 수 있습니다.

페퍼민트 시럽. 페퍼민트를 줄기째 깨끗하게 씻어 물기를 뺀다.

물1:설탕1의 비율에 줄기째 적당히 썬 페퍼민트를 넣어서 끓으면 불을 끈다.

4시간 후 페퍼민트를 건져낸다.

완성된 페퍼민트 시럽. 냉장보관한다.

코코아민트 시럽. 물1:설탕1:코코아가루1/2 비율로 시럽을 만들어 끓인다.

여기에 페퍼민트를 4시간 우린 후 건져내면 코코아민트 시럽이 된다.

의약용으로 이용하기

허브는 거의 대부분 항균, 항염, 살균 성분을 가지고 있어서 물에 진하게 달인 즙을 건강을 위해 이용할 수 있습니다. 물로 추출한 것은 자극이 적고 안전하며 다양하게 이용할 수 있는 것이 큰 장점입니다. 무엇보다도 빠른 시간 내에 만들 수 있어 쉽게 사용할 수 있습니다.

가장 많이 알려진 것은 욕조에 허브를 넣어 우려내는 것입니다. 보통은 욕조에 허브를 넣어 우리라고 하는데, 그 정도 온도로는 충분히 우려나지 않습니다. 끓는 물에 건허브(또는 생허브)를 넣고 끓으면 불을 끄고 뚜껑을 덮은 채로 우려낸 후에 그 물을 욕조에 부어줍니다. 피부로 흡수하면서 동시에 코로 흡입하는 방법이며 족욕, 수욕, 부분욕을 하거나 얼굴에 스팀을 하기도 합니다.

타임, 민트, 커먼세이지는 우려낸 것을 식후 가글용으로 사용하면 좋고, 구강청정제나 구강세정제, 잇몸이 안 좋을 때도 사용합니다. 또한 감기나 거담, 편도염, 두통, 발열 등에도 구강 소독으로 이용합니다. 머릿결을 위해서는 기존 사용하는 세제에 섞어서 사용하거나 식초를 포함해 직접 만들어 써도 됩니다.

물에 우려낸 것은 다른 추출법에 비해 가장 부작용이 적으니 먹는 것을 포함해서 모든 방법을 다 적용할 수 있습니다. 오래 저장이 가능하지 않으니 많은 양을 만들지 말고 500㎖ 이내의 양을 진하게 만들어 냉장보관합니다. 하루 사용할 양만큼만 컵에 부어 희석해서 욕실에 놓아두고 사용하고, 나머지는 냉장보관하면서 사용합니다.

의약용으로 이용한다 해서 허브차를 만드는 것과 다르지 않다. 다만 좀더 많은 허브를 넣어 5분 이상 충분히 끓이고 식을 때까지 뚜껑을 덮어 우려낸다.

캐모마일 인퓨전. 끓는 물에 건조한 캐모마일 꽃을 넣는다.

12시간 동안 뚜껑을 덮고 우려낸다.

캐모마일을 걸러낸다.

캐모마일·페퍼민트 인퓨전. 양을 적게 하여 가글용으로 하루 이틀 사용한다.

커먼세이지 인퓨전

펜넬 씨 인퓨전

페퍼민트 인퓨전. 병에 담아 냉장보관하면서 가글이나 세안용으로 사용한다.

기름을 이용하는 방법(인퓨즈드오일)

인퓨즈드오일(Infused oil)은 허브에서 많이 이용되는 방법으로, 허브를 식물성 오일에 담가서 지용성인 에센셜오일과 유효성분을 우려내는 것입니다. 만드는 방법은 식용과 비식용의 차이가 없고, 재료의 차이만 있습니다.

식용으로 이용할 때는 주로 올리브유, 해바라기유, 포도씨유 등을 많이 사용하는데, 고온으로 사용하면 안 되는 올리브오일은 저온 요리나 샐러드용으로, 고온으로 요리할 것은 해바라기유나 다른 식용유로 만듭니다.

비식용으로 쓸 것은 올리브오일도 많이 쓰나 피부에 접촉할 경우를 예상해서 흡수력이 좋은 캐리어오일이나 해바라기유, 포도씨유로도 만듭니다.

현실적으로 가정에서는 하나의 오일로 만들어서 식용과 비식용으로 다양하게 사용하기 때문에 올리브오일로 만드는 것이 가장 무난합니다.

식용 허브오일

향신오일은 오일에 허브를 담가 허브의 향미를 배게 한 것입니다. 올리브오일에 허브를 넣으면 샐러드 오일로 쓸 때 좋고, 일반 식용유로 만들면 다양한 요리에 활용할 수 있습니다. 생허브나 건조허브 다 가능합니다. 세척했다면 물기를 완전히 제거한 후에 넣어줍니다.

로즈마리, 바질, 타임, 오레가노, 세이지, 파슬리, 민트 같은 향이 강한 허브를 사용합니다. 샐러드드레싱으로 사용할 때는 피클에 많이 이용되는 딜, 펜넬, 코리앤더 씨앗을 살짝 갈아 넣고 오일을 붓고 으깨지 않은 씨앗을 추가로 넣어서 만듭니다. 허브 잎은 살짝 으깨서 즙이 잘 빠져나오게 해서 병에 담고 오일을 붓습니다. 매운맛을 위해 고추, 후추를 같이 넣거나, 간을 내기 위해 소금을 넣기도 하고, 월계수 잎 등을 추가하기도 합니다.

향이 강한 마늘, 생강, 고추, 파, 양파 같은 수분을 함유한 향신채소로 만들 때는 오일을 끓인 후 뜨거운 상태에서 재료를 넣어주고 식으면 걸러냅니다.

햇볕이 드는 따뜻한 곳에 두고 매일 병을 흔들어서 2주 이상이면 완성됩니다. 더 강한 향을 원하면 새 허브를 넣고 다시 기다립니다. 완성되면 허브를 건져내고 실내에 두고 사용합니다.

바질 잎을 살짝 으깬다.

바질 인퓨즈드오일

각종 요리의 밑간으로 사용한다.

오레가노·타임·커먼세이지를 넣은 오일

펜넬 잎 · 씨앗 오일. 생선요리에 주로 이용한다. 펜넬 오일은 1년 이상 되면 강한 휘발성의 맛이 나니 주의한다.

비식용 허브오일

올리브오일은 비타민A, D, E와 불포화지방산을 함유하고 있고, 건조한 피부와 모발에 윤기와 보습 효과를 주고 항염작용이 있어 피부염에도 좋고 진정 효과가 있습니다. 단, 피부 흡수력이 나빠 마사지하는 데 힘이 들어서 마사지용으로는 적합하지 않고 향이 강한 것이 단점입니다.

그래서 피부 마사지에 사용할 때는 흡수력이 좋은 다른 캐리어오일에 소량을 섞어서 사용하는 것이 좋습니다. 마사지용으로 스위트아몬드오일이 가장 많이 사용되는데, 모든 피부에 적합하고 잘 스며들며, 영양이 풍부하고 가격도 저렴하기 때문입니다. 호호바오일은 가격이 좀더 비싸지만 안전하고 트러블이 없습니다.

캐리어오일에 허브를 담그면 마사지오일로 사용하기 좋고, 올리브오일로 만들면 식용으로도 사용이 가능하고 저렴합니다. 저는 올리브오일로 만들어서 식용은 물론 캐리어오일이나 시판 바디오일에 섞어서 마사지용으로 사용합니다.

에센셜오일의 농도를 높이기 위해서는 완성된 것에 다시 새 허브를 넣어서 우리는 것을 반복하면 됩니다. 농도가 높으면 오일 양을 줄여도 효과는 더 큽니다.

에센셜오일은 절대로 원액 사용은 안 되고 캐리어오일에 희석해서 사용해야 하지만, 인퓨즈드오일은 고농도의 에센셜오일이 아니고 이미 오일에 희석되어 있어서 별도의 희석이 필요하지 않습니다. 기름 성분이 들어가도 잘 섞이는 화장품, 비누, 샴푸나 린스 등에 적절한 양을 섞어서 사용하면 좋습니다. 물과 섞어야 할 때는 잘 섞이지 않으니 목욕법에 사용하는 용도로는 불편한 점이 있습니다.

캐모마일은 피부 진정, 상처 치유, 피부 염증, 건선에 좋고, 라벤더는 화상, 피부 재생, 상처 치유, 건선, 피부염증, 햇빛 화상에 좋고, 로즈마리는 상처 치유, 피부 살균에 좋고, 페퍼민트는 햇볕에 탄 피부를 식히는 데 좋습니다. 이 외에 다양한 허브로 만들 수 있습니다.

여기에서는 캐모마일로 만드는 기본적인 방법을 소개하겠습니다.

캐모마일 인퓨즈드오일 만들기

캐모마일 꽃을 올리브오일에 담가 우려냅니다. 1~2달 후 건더기는 걸러내고 사용합니다. 좀더 농도를 진하게 하려면 건져낸 후에 다시 새 허브를 넣어 우려냅니다. 반복할수록 에센셜오일의 농도는 진해집니다. 사용하는 방법은 다양합니다.

캐모마일은 모든 피부에 적용 가능하며 어린아이에게도 부작용이 없습니다.

건조한 캐모마일 꽃에 오일을 붓는다.

캐모마일 인퓨즈드오일

2달 후

걸러내고 오일만 받는다.

새로운 캐모마일 꽃을 다시 넣는다.

다시 2달간 우린다.

진한 농도의 **캐모마일 인퓨즈드오일**

타임 인퓨즈드오일

말린 야로우 꽃

야로우 인퓨즈드오일

알코올을 이용하는 방법(팅크처)

팅크처란

팅크처(tincture)란 허브를 알코올에 담가 지용성 정유와 유효성분을 우려내어 만든 것을 말합니다. 열을 가하지 않고 유효성분을 추출하는 방법입니다. 만드는 방법은 식용과 비식용의 차이가 없고 재료의 차이만 있습니다. 주로 보드카를 사용하는데, 그것은 식용과 비식용으로 다 사용이 가능하기 때문입니다. 알코올은 살균력, 소독력이 있고, 기름과 달리 물과 분리되지 않고 쉽게 섞입니다. 알코올 자체가 휘발성이 있고 냄새와 색깔이 없기 때문에 흔적이 남지 않으며, 요리나 음료에 무리 없이 섞입니다.

알코올은 의약용으로 사용되는 것과 주류로 음용되는 것이 있습니다. '술'이라 부르는 것은 에탄올(에틸알코올)로, 일반적으로는 알코올이라고 불립니다. 술은 들어있는 알코올의 농도(%)를 도수로 표현합니다. 청주는 15~16도, 포도주는 7~14도, 소주는 14~18도, 증류수나 보드카, 위스키는 35~55도입니다. 의약용으로 파는 알코올은 70~99%까지 있습니다. 무수알코올(99%)을 포함해 높은 함량의 알코올은 증류수를 섞어 40~50%로 희석해 사용합니다(무수알코올 40ml+증류수 60ml=100ml 40% 알코올). 알코올의 살균력은 60% 이하이거나 80% 이상이면 떨어지고 70%가 가장 높으므로, 순도가 높다고 반드시 좋은 것은 아닙니다.

알코올의 함량이 높을수록 유효성분 추출에 좋지만 보통 25% 이상에서 40%의 알코올을 사용하면 적당해서 40도의 보드카가 가장 선호됩니다. 보드카는 무색, 무취, 무미의 알코올로 순도가 높아 유효성분 추출에 좋고 다양한 가공이 가능합니다.

팅크처를 만드는 방법

① 허브를 가볍게 찢어서 병에 담고 40% 에탄올이나 40도 보드카를 담습니다.

② 용기는 유리병을 사용하며 직사광선을 피해 따뜻한 실내에 두고 매일 병을 흔들어 주면서 1~3개월간 보관합니다.

③ 국물팩이나 커피 필터로 걸러냅니다. 걸러낸 후 어떤 것은 일주일쯤 후에 다시 바닥에 침전물이 생기는데 한 번 더 걸러냅니다.

④ 걸러낸 팅크처에 다시 허브를 넣어주어 반복하면 더 진한 액을 얻을 수 있습니다.

⑤ 액체는 햇빛 차단을 위해 색깔이 있는 병에 담아 보관하고 2년까지 사용 가능합니다.

페퍼민트 팅크처. 병에 건조허브를 가득 채운 후 보드카를 채운다.

건조허브는 40도의 보드카로 만들면 된다. 생허브는 40도나 그 이상의 보드카를 사용한다.

이 상태로 실내에 두고 하루 한 번 흔들어준다.

실내에 두고 하루 한 번 흔들어주고 2달 후

걸러낸 페퍼민트 알코올 팅크처

캐모마일 꽃 팅크처. 캐모마일 꽃에 보드카를 채운다.

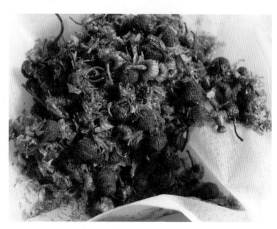

2달 후 걸러낸다.

로즈마리 팅크처(헝가리워터)

레몬밤 팅크처(갈멜워터)

야로우 팅크처

제라늄 팅크처

타임 팅크처

커먼세이지 팅크처

스테비아 팅크처

팅크처의 활용

집에서 만드는 것은 보통 40% 알코올이기 때문에 사용할 때는 증류수에 희석해서 사용해야 합니다. 미리 희석해두고 사용해도 좋고, 사용할 때 희석해서 사용해도 됩니다. 희석하면 보존기간이 짧아집니다. 알코올 향이 거슬리면 증류수를 따뜻하게 덥혀서 희석하면 알코올이 증발됩니다. 소독용이나 직접 몸에 닿지 않는 용도라면 원액이나 2배까지 희석해서 사용 가능합니다. 증류수 4, 팅크처 1의 비율로 희석해서 10%로 만들면 피부에 닿는 용도로 사용할 수 있습니다.

알코올을 사용하기 때문에 지용성 성분인 에센셜오일이 추출되어 그 효능을 이용할 수 있습니다. 차나 음료에 소량만 섞어도 에센셜오일을 음용할 수 있는 것이 장점입니다. 차와 음료에 섞을 때 1/4 작은술 정도 소량만 넣고 하루에 3번 이상은 먹지 않습니다. 또 베이킹 재료에 넣어 향미를 높이는 용도로도 사용됩니다.

기름에 잘 섞이는 성질을 이용해 로션, 샴푸 등과도 섞이고, 물과 잘 섞이는 성질을 이용해 목욕제나 습포 등으로도 무난하고, 잘 휘발되는 성질을 이용해 스프레이 등으로 다양하게 활용할 수 있습니다.

팅크처는 물로 만든 것과는 달리 변질되지 않고 실내보관이 가능하며 항균, 소독 효과가 있어 다양하게 이용할 수 있는 것이 장점입니다. 팅크처는 특히 화장수나 향수, 건강용으로 만들어져 오래전부터 비약으로 사용되어 왔는데, '헝가리워터', '갈멜워터*'가 유명하고, 레몬밤, 로즈마리 외에도 라벤더 꽃, 세이지, 야로우 꽃 등 다양한 허브로 만들어 이용됩니다.

*갈멜워터
레몬밤으로 만든 의약용 팅크처. 177쪽 참고.

헝가리워터

헝가리의 왕비 엘리자베스를 위해 1370년경 만들어진 최초의 화장수이며 향수입니다. 여왕의 손발 마비를 고쳤고 젊음을 유지시켜준 비약으로 유명해졌습니다.

꽃이 핀 로즈마리와 40% 알코올(40도 보드카)을 이용한 팅크처로 일주일 정도 담갔다가 건져내어 사용합니다. 목욕제로 욕조에 섞어서 사용하거나 근육통, 신경통 치료로 환부에 마사지합니다. 2년간 보존할 수 있습니다.

헝가리워터

허브 꽃술에 사용되는 꽃
펜넬, 오레가노, 캐모마일, 스피아민트, 페퍼민트, 라벤더, 레몬밤, 로즈마리, 코리앤더, 야로우, 마조람, 보리지, 세이지, 파인애플세이지, 섬머세이보리, 스테비아, 콘플라워, 바질, 로즈제라늄, 차이브 등

허브 꽃술

건허브나 물기를 제거한 신선한 허브를 다 사용할 수 있습니다. 맛과 향이 강한 술보다는 보드카, 진, 소주, 데킬라 같은 술에 허브를 넣어서 일주일 이상 둡니다. 단맛을 원하면 스테비아를 추가하거나, 마실 때 꿀을 추가해도 됩니다.

식초를 이용하는 방법(팅크처)

식초에 담가 유효성분을 추출하는 식초 팅크처는 알코올 팅크처와 다르지 않습니다. 식용 식초는 6% 정도의 낮은 산도여서 강하지 않고, 식품의 하나로 독성이 없으며 모든 사람에게 유익하며 어린이나 알코올 사용을 꺼리는 사람에게 대체용으로 좋습니다. 음식의 맛을 살리는 것뿐 아니라 건강에 도움이 되는 훌륭한 식품입니다.

식초는 1만 년 전부터 건강을 위해 사용되어온 식품으로 먹으면 콜레스테롤과 혈압을 낮춰 심혈관계 건강에 도움을 주고, 피로를 해소하며, 근육피로를 개선하는 항스트레스 효과와 젖산 생성을 억제해 운동 능력을 향상시킵니다. 또한 매일 먹으면 소변균과 요로 감염의 발생을 억제합니다.

식초 팅크처는 사용 기한이 실온에서는 3~6개월 정도 되나 냉장보관할 경우에는 더 오래 사용할 수 있습니다. 만드는 방법은 알코올 팅크처와 똑같습니다. 도수가 낮기 때문에 물과 희석하지 않고 식초 그대로 사용할 수 있습니다.

허브식초로 많이 이용되는 것은 바질, 로즈마리, 타임, 차이브, 마조람, 세이지, 섬머세이보리, 오레가노, 펜넬, 레몬밤, 딜, 처빌, 민트, 소렐 등입니다. 주로 꽃피기 직전에 줄기째 잘라 넣거나 꽃을 같이 넣습니다. 허브 종자로 만들 때는 주로 피클에 사용되는 딜, 코리앤더, 펜넬의 씨앗을 많이 이용합니다.

허브식초를 만들 때는 100% 곡물 식초인 양조식초나 화이트와인식초, 샴페인식초, 사과식초 등을 사용합니다. 병은 유리병을 사용하되, 뚜껑이 쇠로 된 것은 식초에 의해 부식되므로 코르크나 비금속을 씁니다.

식용으로는, 식초의 맛에 허브의 향미를 더해 음식의 맛을 살리는 향신식초로 사용하거나, 식초와 함께 허브의 유효성분을 먹는데 샐러드드레싱이나 소스 등 허브의 향미가 필요한 요리에 사용하거나, 물에 희석해서 음료로 마십니다. 비식용으로는 일상생활에서 세안, 목욕, 화장수, 린스 대용 등 다양하게 활용할 수 있습니다.

식초 팅크처를 만드는 방법

① 허브 잎이나 종자를 살짝 으깹니다. 허브는 식초의 1/2 정도로 충분히 넣어줍니다.

② 식초는 약간 데워서 부어주면 더 좋습니다

③ 따뜻한 실내에 두고 매일 병을 흔들어줍니다.

③ 한 달 후부터 걸러서 사용할 수 있고 신선한 허브를 다시 넣어 반복하면 더 진한 향
   미를 얻을 수 있습니다.

바질 잎을 으깬다.

타임 잎도 으깬다.

바질 식초

펜넬 식초

민트·바질식초. 샐러드용으로 쓴다.

섬머세이보리 줄기, 바질 잎을 넣은 식초. 독특한 향미를 필요로 하는 요리에 사용한다.

꽃식초. 나스터튬, 오레가노, 딜, 세이보리, 차이브 꽃을 혼합한 식초. 2주 후에 꽃을 걸러낸다.

꽃식초는 예쁜 색감에 달콤한 맛이 나서 다양한 요리에 쓴다. 발사믹식초 대용으로도 쓴다.

건조토마토를 병에 담고 허브(바질)를 넣고 꽃식초와 올리브오일을 부어주어 요리에 사용한다.

종자식초: 코리앤더, 딜, 펜넬 씨 1T에 식초 250㎖를 넣는다. 씨앗을 살짝 으깬다.

완성된 종자 식초

식초 팅크처의 활용

식용

식초 팅크처는 요리에 사용하는 향신식초로 이용하기 좋습니다. 맛을 가미하기 위해 마늘, 건고추, 통후추를 추가하거나 꿀을 넣기도 합니다. 각종 요리, 특히 허브의 향미가 필요한 샐러드드레싱이나 소스 등에 많이 사용됩니다.

물에 희석해서 건강음료로 마십니다. 하루에 3번, 물 20cc에 식초 4cc(5:1)를 섞어 식후 마시면 콜레스테롤과 혈압수치가 좋아진다고 합니다. 감기에 걸렸을 때는 마시지 않는 것이 좋습니다.

식초 팅크처. 먹거나 목욕, 린스로 사용한다.

비식용

식초는 항염증 성분이 있습니다. 거기에 각 증상에 효능이 있는 허브로 만든 팅크처를 활용합니다. 목욕할 때 넣으면 관절염을 포함해 몸의 관절 통증 해소에도 도움이 되고, 벌레 물린 곳에 효과가 있습니다. 피부에 바를 때는 원액을 사용하지 않고 물에 희석해서 사용합니다.

특히 두피 건강에 도움이 되어서 비듬이 많거나 탈모, 두피습진, 특히 지성모발에 도움이 됩니다. 샴푸나 린스 대신 천연비누로 머리카락을 감고 식초 팅크처를 린스로 사용해도 됩니다. 두피용은 두피에 효능이 좋은 허브를 넣어 만든 식초를 이용하는 것이 더 효과적입니다.

• **식초린스**: 식초 팅크처를 물의 1/10 정도로 섞어 머리를 감습니다.

꿀을 이용하는 방법

꿀의 높은 당도로 허브 속의 유효성분을 추출해내는 방법입니다.

단단하게 굳은 꿀이 아니라 흐르는 꿀을 이용하는데, 굳은 꿀은 중탕해서 부드럽게 만들어 사용합니다. 신선한 허브를 이용하는 것이 좋으며 씻어서 물기를 완전히 제거한 다음에 꿀을 부어줍니다. 건조된 허브를 사용하면 완성된 후 사용할 때 허브가 걸리는 단점이 있습니다. 한 달 이상 두어야 완성되며 꿀의 특성상 허브를 걸러내지 않고 사용합니다.

꿀을 이용하는 것에는 모두 사용이 가능합니다. 따뜻한 차에 꿀을 탈 때, 샐러드드레싱, 빵에 발라먹거나 소화를 돕는 용도 등으로 많이 쓰입니다. 세안, 마스크, 스크럽 등 미용에도 쓰입니다.

캐모마일, 라벤더 꽃, 민트, 타임, 레몬밤 등으로 많이 만듭니다.

가정에서 만들어 쓰는
아로마테라피

섭취(복용을 통한 흡수) | 호흡을 통한 흡수 | 피부를 통한 흡수 | 기본적인 허브 용품 응용

다양한 아로마테라피 사용법

앞장에서는 허브에서 유효성분을 추출해내는 다양한 방법을 소개했습니다. 이제 그 추출해낸 것들을 이용하는 방법을 소개합니다.

에센셜오일을 포함한 유효성분을 몸으로 흡수하는 경로는 크게 세 가지가 있습니다. [복용을 통한 흡수, 피부를 통한 흡수, 호흡을 통한 흡수]입니다.

어떤 허브를 어떤 방식으로 내 몸에 적용할 것인지 먼저 정한 후에, 어떤 방식으로 추출해내는지를 결정하는 게 좋습니다. 평상시에 코로 흡입하는 것이 편하다면 흡입법을 택합니다. 피부로 흡수하거나 피부 관리까지 함께 하고자 한다면 피부를 통한 흡수를 하되, 그중에서 가장 편한 방법을 택합니다.

복용을 통한 흡수는 요리나 향신료, 차 등으로 즐거움과 함께 흡수할 수 있습니다.

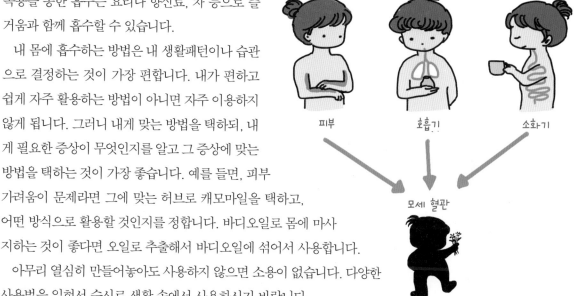

피부   호흡기   소화기

모세 혈관

전신

내 몸에 흡수하는 방법은 내 생활패턴이나 습관으로 결정하는 것이 가장 편합니다. 내가 편하고 쉽게 자주 활용하는 방법이 아니면 자주 이용하지 않게 됩니다. 그러니 내게 맞는 방법을 택하되, 내게 필요한 증상이 무엇인지를 알고 그 증상에 맞는 방법을 택하는 것이 가장 좋습니다. 예를 들면, 피부 가려움이 문제라면 그에 맞는 허브로 캐모마일을 택하고, 어떤 방식으로 활용할 것인지를 정합니다. 바디오일로 몸에 마사지하는 것이 좋다면 오일로 추출해서 바디오일에 섞어서 사용합니다.

아무리 열심히 만들어놓아도 사용하지 않으면 소용이 없습니다. 다양한 사용법을 익혀서 수시로 생활 속에서 사용하시기 바랍니다.

🌿 섭취(복용을 통한 흡수)

인퓨즈드오일이나 식초 팅크처, 보드카 팅크처, 인퓨전은 모두 먹을 수 있습니다. 에센셜오일 농도에 대한 고민 없이 사용할 수 있으나 식초, 보드카의 농도가 빈속에 자극이 될 수 있으니 희석농도를 지킵니다. 식초를 원액으로 마실 때는 물과 1:5 정도로 희석해서 마시고 보드카를 마실 때도 진하면 취할 수 있으니 주의합니다.

호흡을 통한 흡수

에센셜오일이 흡수되어 혈관으로 들어가려면 액체나 기체의 형태로 이용됩니다. 액체는 복용을 통해 위로 들어가 혈관으로 전달되고, 피부조직의 각질층을 통과하거나 모공과 땀샘으로 흡수되어 혈관으로 전달됩니다. 기체는 코로 흡입하면 폐로 들어가 혈관으로 전달되거나 코를 통해 뇌로 전달됩니다.

흡입법

에센셜오일은 휘발성이 있어서 실내에 놓아두면 공기 중으로 분산됩니다. 이것을 코로 흡입하여 몸으로 흡수하는 것을 말합니다. 불쾌한 향기를 덮고 좋은 향으로 바꿔주는 것뿐 아니라 기분을 좋게 하고 스트레스를 해소하고, 피곤함과 우울증 해소, 긴장감 해소 같은 감정적, 정신적인 치료 효과도 줍니다.

신체적으로는, 감기, 기침, 천식, 인후염 등의 호흡기와 두통 등에도 효과적인 방법입니다. 항염, 멸균 등의 효력이 있는 허브의 뜨거운 증기를 흡입하면 코를 통해 폐로 빠른 속도로 흡수됩니다.

흡입법은 효과가 입증된 방법입니다. 살균력 있는 에센셜오일의 증기로 몇 시간 안에 공기 중 미생물을 90%까지 죽일 수 있다는 기록도 있습니다. 증기 흡입 방법이 효과적인 오일은 타임, 로즈마리, 마조람, 라벤더, 민트입니다.

흡입하는 방법은 다양합니다.

- 허브차를 마시거나, 목욕제에 섞었을 때 코로 향을 흡입합니다.
- 에센셜오일이나 팅크처를 손수건이나 티슈에 뿌려 코 주변에서 잠깐 동안 흡입합니다.
- 뜨거운 물이 담긴 그릇에 떨어뜨려서 수증기와 함께 흡입합니다.
- 오일버너나 발향기를 이용합니다. 접시에 적은 물을 담고 오일을 떨어뜨리고 초에 불을 켜고 30분 정도 합니다.

- 기침, 감기, 가래 등을 완화하는 고전적인 방법은 스팀입니다. 그릇에 뜨거운 물을 준비하고 팅크처나 인퓨전을 넣은 후 큰 타월로 그릇을 감싸고 머리를 덮어 증기를 흡입합니다. 뜨거운 증기는 화상을 입을 수 있으니 너무 뜨겁지 않게 하고, 그릇에서 얼굴을 좀 떨어뜨리고, 큰 타월로 목과 어깨까지 감싸고 눈을 감고 5분 정도 합

니다. 세면 후 하는 것이 좋습니다.
- 디퓨저를 사용해서 도움이 되는 허브의 팅크처를 담고 책상 위, 침대 옆에 두고 일상생활 속에 흡입합니다.
- 팅크처를 스프레이통에 담고 공중에 분무하여 흡입하는 방법도 있습니다.

피부를 통한 흡수

마사지법

에센셜오일을 이용한 마사지는 가장 많이 알려진 방법입니다. 마사지의 효과는 다양합니다. 정신적, 육체적 피로회복과 몸의 긴장을 해소하고, 두통 해소에 도움이 되며 근육의 혈류를 개선해서 염증과 통증을 완화합니다. 신경통, 관절, 류머티즘 증상에 도움이 되고, 소화, 배설, 동화작용을 개선하고, 신장의 기능을 개선합니다. 독소배출을 위한 림프선 기능을 자극합니다. 또한 피부 피부 관리에도 이용됩니다.

에센셜오일 원액으로 마사지를 할 때는 반드시 캐리어오일에 희석해서 사용해야 합니다. 원액은 성인은 3%, 어린이나 노약자는 0.5~1% 정도로 희석합니다. 인퓨즈드오일을 만들어서 사용할 때는 캐리어오일에 희석할 필요가 없습니다. 그러나 피부 마찰이 좋은 캐리어오일에 혼합해서 사용하면 마사지하기가 훨씬 수월합니다. 올리브오일로 만들었을 때는 흡수가 좋지 않고 무거워 마사지가 잘 되지 않기 때문입니다. 캐리어오일은 그 자체 영양소도 많아 도움이 됩니다. 혹은 시판 바디오일 제품에 인퓨즈드오일을 섞어 마사지하면 쉽게 사용할 수 있습니다.

그 외에 두피 마사지나 시판 제품을 이용한 마사지도 있습니다. 평소 사용하는 젤이나 연고, 화장품에 인퓨즈드오일을 섞어서 마사지를 하며 피부로 흡수시키는 방법은 부담스럽지 않고 편한 방법입니다.

마사지를 금지하는 경우는 다음과 같습니다. 열이 있는 사람, 급성 감염 질환을 가진 사람은 오히려 악화될 수 있고, 염증이 있어도 감염이 악화될 수 있습니다. 부종, 중독 환자나 고혈압 환자도 금지됩니다. 단, 혈압을 낮추는 라벤더, 마조람은 도움이됩니다. 정맥류 환자도 주의해야 합니다.

국소도포법

마사지가 적합하지 않은 환경이거나 적은 면적에 할 때 하는 방법입니다. 연고, 크림이나 로션, 젤을 이용해서 피부로 흡수하는 방법입니다. 인퓨즈드오일이나 팅크처로 직접 만들어 사용해도 좋고, 시판 제품에 섞어서 사용할 수도 있습니다.

'연고'는 반고형물로 피부에 잘 흡수되지 않고 피부 위에 남게 하는 용도입니다. 물이나 피부 분비물과 섞이지 않아 피부를 외부와 차단해서 증발을 막아 촉촉함을 유지시킵니다. 보호하고 재생하며 부드럽게 하고 촉촉함을 유지하고 시원하게 합니다. 에센셜오일보다 고농도로 사용하는 것이 가능하며 빠른 효과를 위해서는 아주 고농도도 가능하나 단기간만 사용합니다. 습진, 튼살 등에 라벤더, 저먼캐모마일 오일을 연고에 섞어서 사용합니다. 시어버터를 넣어도 좋습니다.

'에멀션'은 우리가 기본 화장품으로 사용하는 로션, 크림을 말합니다. 에멀션은 오일과 물이 잘 섞이도록 유화제를 섞어 만듭니다. 유화제의 양에 따라 농도의 묽기가 결정됩니다. '젤'은 피부를 부드럽고 시원하게 하며 보습제, 마스크, 피부 치료제로 이용됩니다. 에멀션이나 젤에 오일을 첨가해서 피부에 바릅니다. 캐리어오일 없이도 사용하기 좋으며 피부에 잘 흡수됩니다. 갖고 다니며 수시로 피부에 바르기 좋습니다.

그 외 '스프레이'가 있는데, 팅크처로 만든 것을 피부나 두피에 스프레이 하는 방법이 있습니다.

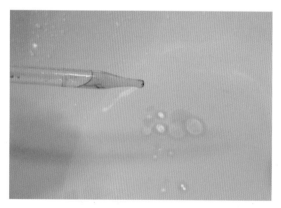

세면대에 인퓨즈드오일과 팅크처를 스포일러로 떨어뜨린다.

손으로 저어서 목욕 후 몸에 씻듯이 마지막에 바른다.

습포법

습포는 마사지하기엔 너무 아픈 부위에 할 때 사용하는 방법입니다. 통증이 있거나 부었을 때, 감염을 완화시킬 때 가장 좋은 방법입니다.

'온습포'는 만성통증이나 생리통증, 관절염, 근육통, 상처 등에 하며, '냉습포'는 과로나 스트레스, 두통, 염증, 급성통증이나 삔 곳에 합니다.

온수나 냉수에 인퓨즈드오일이나 팅크처를 섞어주고 천에 적신 후에 물방울이 떨어지지 않을 정도로 짭니다. 천을 치료 부위에 덮은 후 그 위를 비닐로 싸고 타월을 덮어줍니다. 온도가 변하면 바로 갈아줍니다. 깨끗한 천을 두 개 준비해서 번갈아 하고 냉습포는 얼음을 사용합니다.

마사지를 하면 악화되는 두통에는 흡입이나 습포가 더 적합합니다. 편두통은 페퍼민트와 라벤더를 냉습포하고, 뇌로 가는 혈액 공급이 안 좋을 때 생기는 편두통은 스위트마조람을 우려낸 습포를 뒷목에 놓아 혈관을 확장해주는 것이 도움이 됩니다. 신선한 로즈마리를 넣은 찜질팩을 간 위치에 놓으면 해독작용에 도움을 줍니다. 캐모마일오일로 습포팩을 만들어 민감한 피부에 이용합니다.

목욕법

목욕법은 몸과 마음을 가장 편안하게 할 수 있는 방법입니다. 목욕법은 피부를 통한 흡수와 호흡을 통한 흡입이 동시에 진행되기 때문에 효과가 큰 방법으로, 따뜻한 물에 희석되어 더 잘 흡수됩니다.

먼저 몸을 깨끗하게 씻고 난 다음에 욕조에 담그고, 다 끝나면 물기를 닦지 않고 그대로 말리거나 손으로 문질러서 말려줍니다. 전신을 담그는 것이 부담되거나 장소와 여건이 안 될 때는 몸의 일부를 10분 정도만 담가도 효과가 있습니다.

허브를 바로 욕조에 넣어 사용하라는 권유도 있지만, 그것보다는 뜨거운 물에 충분히 우린 인퓨전을 욕조에 부어주는 것이 훨씬 효과적입니다. 알코올 팅크처, 식초 팅크처나 마사지 소금은 분산제 필요 없이 바로 물에 넣어 사용하면 됩니다.

에센셜오일 원액을 사용할 때는 물과 기름이 섞이도록 분산제를 넣어줘야 하며, 그렇지 않을 경우 원액이 피부에 닿아 부작용을 일으킵니다.

그러나 가정에서 만든 인퓨즈드오일을 사용할 때는 고농도가 아니기 때문에 부작용은 없고, 다만 분산하길 원하면 분산제를 사용합니다. 분산제를 따로 구입을 하거나 알코올, 우유, 식초, 보드카 등을 사용하기도 하는데 오일의 두 배 이상을 섞어도 올리브오일의 경우 완전히 풀어지지는 않습니다. 그러나 어느 정도는 분산되며 피부에 닿아도 안전합니다. 마사지 소금은 해독을 촉진하고 근육통을 완화시킵니다. 소금에 에센셜오일을 섞어서 같이 사용하면 좋은데 제라늄이 적당합니다.

　몸을 모두 욕조에 담그는 '전신욕'은 신경긴장, 근육긴장, 순환관련, 림프계 관련, 두통, 불면증, 생식 관련에 효과가 있으며 피부에 자극이 있거나 하면 즉시 중단합니다.

　'좌욕'은 엉덩이를 담그는 것으로 요즘은 반신욕이 많이 이용되고 있습니다. 좌욕은 비뇨계, 생식계, 소화계에 효과가 있습니다. 뜨거운 물에 10분 이내로 하면 생리 문제나 비뇨기, 치질, 변비, 요통, 통풍 등에 도움이 됩니다. 따뜻한 물에 15분 정도하는 좌욕은 항문, 회음부, 방광염 등의 급성 감염 증상에 도움이 됩니다.

욕실에서 사용하는 허브식초와 팅크처

바질식초

마사지 소금

분무법

스트레이통에 담아서 분무합니다. 겨드랑이에 뿌려 냄새를 제거하는데 이용하거나 머리카락에 뿌려서 모발을 좋게 합니다. 신발장 같은 냄새 나는 곳에 뿌려 향을 덮거나 살균력이 강한 허브를 공기 중에 뿌려 소독용으로 쓰기도 합니다.

　인퓨전, 알코올, 식초 팅크처를 만들어 사용합니다. 감기나 스트레스 등의 상황에서 상쾌한 향의 팅크처를 분무하는 것만으로도 효과를 볼 수 있습니다.

기본적인 허브용품 응용

허브 이용에 필요한 도구
다양한 제품으로 만드는 데 부수적으로 필요한 도구들입니다.

욕실 용품들. 마사지 소금, 커먼세이지 가글, 펜넬 가글, 린스용, 화장수, 헤어스프레이, 캐모마일 오일(좌측상단에서 우측으로)

• **캐리어오일**: 에센셜오일은 원액 그대로 피부에 바르면 안 되므로 희석하는 오일이 필요한데, 이것을 총칭 캐리어오일이라고 합니다. 마사지를 할 때 잘 스며들고 마찰이 좋으며 그 자체에 다양한 영양분이 많습니다. 저렴하면서도 모든 피부에 적합한 오일은 스위트아몬드오일이고, 안전하고 흡수가 잘 되는 것은 호호바오일이며, 그 밖에도 많은 종류가 있습니다.

• **올리브오일**: 허브 속의 유효성분을 추출하는 인퓨즈드오일로 사용합니다. 식용, 비식용이 다 가능하며, 캐리어오일로도 사용할 수 있습니다. 질감이 무겁고 피부 흡수가 잘 안 되는 성질이라 마사지 용도로는 사용이 힘들어서 마사지용으로 사용할 때는 다른 캐리어오일과 혼합해서 사용하는 것이 좋습니다. 해바라기오일이나 포도씨오일로도 대체 가능합니다.

• **분산제**: 지용성인 에센셜오일이나 캐리어오일을 분산해서 쉽게 물에 녹게 만드는 물질로 알코올이나 보드카, 계면활성제 등을 사용하기도 합니다.

• **유화제**: 물과 기름을 잘 섞이게 해주는 물질로 크림 등을 만들 때 사용합니다.

• **증류수**: 물을 가열했을 때 발생하는 수증기를 냉각시켜 정제된 불순물 없는 물로 화장수 등을 만들 때 사용합니다.

• **무수알코올(에탄올)**: 물이 섞이지 않은 99% 에탄올로 증류수를 섞어 40%로 희석해서 사용합니다. 화장수, 팅크처, 양치액, 향수 등을 만들 때 사용합니다. 방부제, 소독제 역할을 합니다.

- **보드카**: 무색, 무취, 무미의 알코올로 에탄올 대신으로 사용할 수 있으며, 팅크처로 만들 때 희석 없이 사용합니다. 식용도 가능합니다.
- **보관용기**: 오일, 식초, 에탄올 등을 담을 때는 에탄올로 소독한 유리병을 사용합니다. 화장품, 화장수 등은 색깔이 진한 병에 담아서 햇빛을 차단해서 보관합니다. 화장수는 드롭병, 스프레이통, 펌핑용기 등이 좋으며 작은 병에 옮겨 담아 사용하는 게 편합니다.
- **왁스**: 크림, 연고, 로션을 만들 때 필요합니다.
- **천연소금**: 마사지용으로는 엡섬염이 적합합니다.
- 평소 사용하는 샴푸, 린스, 바디샴푸, 바디오일, 크림, 로션 등

흡입 용품 만들기

디퓨저(diffuser)

디퓨저는 용기에 알코올 팅크처를 넣어 향을 맡게 하는 가장 단순한 흡입 용기입니다. 알코올 팅크처에 증류수를 섞은 후 그늘지고 서늘한 곳에 일주일 이상 두어 숙성시킨 후 디퓨저 용기에 넣어 향을 냅니다. 에센셜 향을 자연스럽게 맡는 방법입니다. 팅크처와 증류수는 1:1을 기준으로 마음대로 조절합니다.

로즈마리, 라벤더, 페퍼민트, 마조람, 타임 디퓨저를 사용하면 호흡기에 좋고, 로즈마리와 페퍼민트는 정신적 각성과 집중력에, 마조람, 라벤다는 정신적 안정에 좋습니다. 시판 디퓨저 용기에 디퓨저 전용 갈대스틱을 꽂아서 방향과 흡입에 이용하는데, 스틱이 많을수록 향이 강하고 빨리 소모됩니다. 작은 유리병이면 어느 것이나 상관없습니다. 입구가 넓은 접시나 용기에 넣으면 휘발이 많아 효과가 빠릅니다.

손수건에 팅크처를 분무해 향을 맡거나 베갯잇에 분무해서 수면을 유도하는 방법도 있습니다. 티슈에 페퍼민트 팅크처를 적셔 코에 대고 있으면 머리가 맑아지고 감기 초기에 도움이 됩니다.

스팀

흡입법의 하나로 허브를 물에 넣어 끓인 후 뚜껑을 덮어 5분 이상 우린 후 얼굴에 스팀합니다. 원하는 허브를 넣어서 만들어 사용합니다. 물로 우려낸 것을 스팀과 목욕, 세정제 등 다양하게 활용합니다.

재료: 페퍼민트 1T, 캐모마일 1T, 물 4컵

 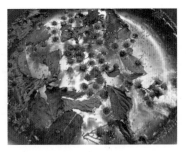 

화장품 만들기

영양크림

로션과 크림은 같은 재료, 같은 방법으로 만들되 유화제의 양에 따라 농도가 달라집니다. 오일을 더 넣으면 더 기름지고, 유화제가 적으면 묽어지고, 유화제가 많으면 크림에 가까워집니다. 농도가 안 맞으면 뭉치지 않고 풀어집니다.

재료: 캐모마일 인퓨즈드오일 12㎖, 캐리어오일(아몬드오일) 12㎖, 유화제 2.5㎖, 정제수 12㎖

* 캐모마일 오일은 위에 설명한대로 직접 만든 것이고, 캐리어오일은 시판 제품으로 흡수가 잘 되기 위한 것이다. 유분이 많은 크림이 만들어진다.

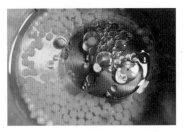  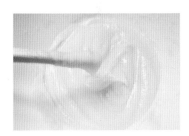

모든 재료를 용기에 담는다.

냄비에 물을 담아 60℃ 정도로 덥힌 후 용기를 안에 넣는다. 중탕하면서 저어서 완전히 녹인다.

완전히 녹으면 다른 용기에 부어서 나무젓가락으로 충분히 저어주면 굳는다. 하룻밤 식히면 더 굳는다.

허브젤

저렴한 젤을 사서 인퓨즈드오일을 적당량 섞어서 내 피부에 맞는 화장품을 만듭니다. 내 피부에 맞는 인퓨즈드오일을 만들어서 섞어주면 용도에 맞게 수시로 피부에 바를 수 있습니다. 젤은 가볍고 흡수가 잘되기 때문에 끈적임이 남지 않아 좋습니다. 잠자기 전에 필요한 오일을 섞은 후 발라주면 흡수가 잘 되어 좋습니다. 무향의 젤에 인퓨즈드오일이나 팅크처를 섞어주고 증류수를 섞어도 됩니다. 아이들이 열이나 기침이 있을 때 로먼캐모마일 인퓨즈드오일을 섞어서 발라주면 좋습니다.

젤에 캐모마일 인퓨즈드오일을 섞는다.

순수한 젤과 오일을 섞은 젤

영양크림에 인퓨즈드오일 섞기
사용하는 영양크림에 피부 타입에 맞는 오일을 섞어서 만듭니다.

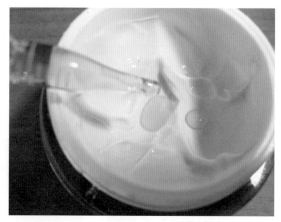
적당량의 오일을 떨어뜨린 후 섞어준다.

화장수 만들기

팅크처, 인퓨즈드오일, 증류수를 섞어 원하는 화장수를 만들 수 있습니다. 이를 응용하여 캐리어오일을 더 섞고 피부에 맞는 팅크처를 섞으면 핸드스킨, 바디스킨 등 다양하게 만들 수 있습니다. 유분기를 더 원하면 오일을 더 섞습니다.

재료: 페퍼민트 팅크처 2T, 캐모마일 인퓨즈드오일 2T, 증류수 8T. (건성피부의 스킨 대용으로 약간의 유분이 있어 로션을 덜 사용하게 된다. 지성피부는 이것만으로도 당김이 없다.)

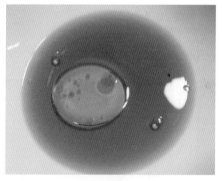
팅크처와 인퓨즈드오일을 먼저 섞는다.

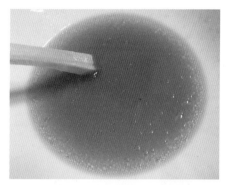
인퓨즈드오일이 분산되도록 충분히 저어준다. 덜 분산되어도 괜찮다.

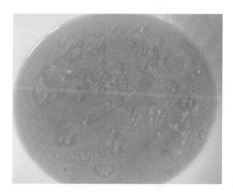
증류수를 섞어 희석한다.

갈색 드롭병에 담아 사용한다. 사용 전에 흔들어준다. 드롭병은 방울방울 떨어져서 사용이 편리하다.

청결 용품 만들기

비누 만들기

인퓨즈드오일, 팅크처를 이용해 만드는 비누입니다. 여기에 캐리어오일이나 천연색소, 영양제를 추가로 넣어도 됩니다. 여기에서 만드는 방법은 MP(녹여붓기)로 가장 쉽고 빠르게 만드는 방법입니다. 여기에서 만든 것은 세 종류로 넣는 재료에 따라 유분감이 차이가 납니다.

재료: 비누베이스, 캐모마일 인퓨즈드오일, 캐모마일 팅크처, 종이컵
비누 베이스 100g으로 100g 미만의 비누 제작. 굳히는 용기는 종이컵을 사용했다.

비누베이스를 작게 잘라 냄비에 담아 녹인다.

녹은 비누 베이스를 종이컵에 붓는다.

인퓨즈드오일이나 팅크처를 넣어주고 섞어준다.

위에 거품이 생기면 알코올을 분사해준다. 그대로 식히면 1시간 이내에 다 굳는다. 하루쯤 두었다가 사용한다.

우측: 캐모마일 인퓨즈드오일 5㎖, 스위트아몬드오일 3㎖ 추가. 유분이 많음
중앙: 캐모마일 팅크처 15㎖ 추가
좌측: 캐모마일 인퓨즈드오일 ㎖, 페퍼민트 팅크처 2.5㎖, 스위트아몬드오일 3㎖ 추가

세척제

구강세정제, 구강청정제, 여성청결제 등 살균력이 강한 허브를 이용합니다. 물로만 끓인 인퓨전이나 팅크처, 인퓨즈드오일을 이용합니다. 소독, 청결, 상쾌함 등에 따라 적합한 허브로 만든 용품을 활용합니다. 예를 들어, 인퓨전을 만들어 냉장보관하면서 매일 반 컵 정도를 따라놓고 가글과 마지막 세안, 여성청결제 등으로 사용할 수 있습니다. 어떤 증상에 어떤 허브를 선택하는지는 〈2부 허브 작물별 재배법〉에서 소개하고 있습니다.

파스용 스프레이

팅크처에 증류수를 반 섞어 스프레이 용기에 넣고 염증 부위에 스프레이합니다. 페퍼민트는 시원한 느낌을 주어 마사지나 피부에 뿌리면 좋고, 화상 등의 열감이 있을 때는 라벤더를 섞으면 더 효과적입니다. 에탄올을 넣어주면 휘발이 잘돼서 피부의 열을 내리는 데 도움이 됩니다.

모발 용품 만들기

헤어스프레이 만들기

재료: 캐모마일 인퓨즈드오일 1t, 페퍼민트 팅크처 4t, 증류수 3T(스프레이 용기)

먼저 오일과 팅크처를 섞어 희석하고 증류수를 마지막으로 섞습니다. 진한 색의 스프레이 용기에 담아서 사용합니다. 사용 전에 흔들어 섞고 스프레이합니다. 모발에 윤기를 주기 위해 사용합니다.

헤어스프레이

린스 만들기

재료: 캐모마일 인퓨즈드오일과 허브식초 1:1 비율(펌핑 용기)

인퓨즈드오일과 허브식초를 섞어서 병에 담아두고 린스할 때 적당량을 물에 떨어뜨린 후 샴푸하고 마지막으로 헹굽니다. 식초와 오일이 잘 분리되니 사용 전 병을 흔들어주고 펌핑합니다. 대야에 10번 정도 펌핑하면 충분히 머리카락이 촉촉하고 부드럽습니다.

린스

마사지소금

엡섬솔트(epsom salt)는 해독작용
이 있는 천연미네랄소금으로 식용
이 아닌 근육통, 관절염에 이용됩
니다. 이 소금에 에센셜오일이나
인퓨즈드오일을 넣어서 섞고 병에
담아 보관합니다.

소금을 2~3스푼 정도 욕조에 풀어

엡섬염에 캐모마일 인퓨즈드오일을 섞었다.

서 입욕제로 사용하면 피부 관리
와 건강에 좋습니다. 라벤더, 베르가못, 캐모마일 등으로 만들어 사용하면 좋습니다.

에센셜오일의 효능

소화계	항균, 진경, 수렴, 구풍, 담즙 배출 촉진, 변비 개선, 소화 식욕 증진
근골격계	통증완화, 항염(부종, 염증, 관절염), 항류머티즘, 해독, 근육과 피부 순환
신경계	불안, 우울, 스트레스, 불면증, 두통, 간질, 대상포진
호흡계	진경(천식, 마른 기침, 백일해 기침), 진해(기침 방지), 거담(가래 배출), 기관지염
생식계	생리주기 관련, 폐경 관련, 감염 관련, 임신과 분만 관련. 질, 방광
심혈관계	신경 진정, 순환 강화(부종, 정맥류), 저혈압성, 고혈압성, 모세혈관 확장, 혈류 증가
피부계	감염성 피부질환, 여드름, 건선, 아토피, 햇빛 관련, 화상
림프계	몸의 독소 제거, 순환 자극. 이뇨작용을 돕고 백혈구 증가와 림프계 순환 자극
면역계	외부의 침입에 대한 방어(항균, 항바이러스), 발열, 염증, 만성피로
미용	방부성, 새로운 세포 생성, 근육 강화, 혈액순환, 염증 완화, 피지분비, 스트레스 완화

각 작용에 이용되는 허브

감기, 천식	라벤더, 러비지, 멜로우, 바질, 베르가못, 세이지, 오레가노, 캐러웨이, 캣닢, 타임, 페퍼민트, 펜넬,
호흡기	라벤더, 로즈마리, 멜로우, 바질, 오레가노, 타임, 페퍼민트
구강세척	러비지, 로즈마리, 세이지, 스피아민트, 캐러웨이, 캐모마일, 타임, 페퍼민트
자궁강장	바질, 세이지, 야로우, 제라늄, 클라리세이지, 파슬리,
생리통	라벤더, 로먼캐모마일, 마조람, 바질, 클라리세이지
통경작용	라벤더, 러비지, 마조람, 바질, 보리지, 캐러웨이, 캐모마일, 클라리세이지, 파슬리, 페퍼민트
구풍작용	딜, 레몬버베나, 로즈마리, 마조람, 바질, 베르가못, 셀러리, 오레가노, 캐러웨이, 캐모마일, 코리앤더, 타임, 파슬리, 페퍼민트, 펜넬
건위작용	딜, 레몬버베나, 로즈마리, 바질, 오레가노, 캐모마일, 코리앤더, 클라리세이지, 페퍼민트, 펜넬

소화촉진	딜, 러비지, 레몬버베나, 로즈마리, 마조람, 바질, 야로우, 오레가노, 처빌, 캐러웨이, 코리앤더, 타임, 페퍼민트
강장작용	러비지, 레몬밤, 로즈마리, 마조람, 바질, 세이지, 야로우, 오레가노, 캣닢, 타임, 페퍼민트, 펜넬
진정작용	라벤더, 레몬밤, 레몬버베나, 마조람, 바질, 세이지, 셀러리, 오레가노, 제라늄, 캐모마일, 클라리세이지
항우울작용	라벤더, 레몬밤, 로즈마리, 바질, 보리지, 제라늄, 클라리세이지
두뇌명석화작용	레몬밤, 로즈마리, 바질, 페퍼민트
발한작용	라벤더, 러비지, 레몬밤, 보리지, 야로우, 오레가노, 캣닢, 페퍼민트
제한작용	세이지, 클라리세이지
해열작용	러비지, 레몬밤, 레몬버베나, 바질, 페퍼민트
세포성장촉진	라벤더, 제라늄
상처치유	라벤더, 제라늄, 야로우
소독작용	라벤더, 로즈마리, 바질, 타임, 페퍼민트
소염작용	라벤더, 러비지, 멜로우, 야로우, 처빌, 캐모마일, 콘플라워, 클라리세이지, 타임, 페퍼민트
살균작용	라벤더, 로즈마리, 캐러웨이, 타임, 펜넬, 페퍼민트
항균작용	레몬밤, 로즈마리, 스피아민트
방부작용	레몬버베나, 스피아민트, 로즈마리, 야로우, 오레가노, 페퍼민트
진통작용	라벤더, 로즈마리, 마조람, 바질, 보리지, 페퍼민트
항독작용	바질, 타임
항경련작용	라벤더, 마조람, 캐모마일, 클라리세이지
수렴작용	로즈마리, 야로우, 제라늄, 캐러웨이, 페퍼민트
이뇨작용	러비지, 보리지, 셀러리, 제라늄, 처빌, 캐러웨이, 타임, 파슬리, 펜넬
구충작용	바질, 캐러웨이, 캐모마일, 캣닢, 타임, 페퍼민트, 펜넬
혈압강하	라벤더, 클라리세이지
혈압상승	로즈마리, 타임
폐경, 갱년기	세이지, 야로우, 제라늄, 클라리세이지, 펜넬

피부 타입에 따른 허브

정상	라벤더, 저먼캐모마일, 제라늄
건성	라벤더, 캐모마일, 제라늄
지성	라벤더, 제라늄, 로즈마리, 클라리세이지
복합성	라벤더, 제라늄
민감성	라벤더, 캐모마일
노화 피부	라벤더, 캐모마일
붉은 피부	라벤더, 저먼캐모마일

허브 향신료

허브 향신료의 활용 | 허브를 이용한 기본 요리

향신료의 정의

우리나라 요리에서 말하는 '양념'이란 음식의 맛을 돕기 위해 쓰는 모든 재료를 의미하는데 조미료, 향료, 기름을 의미하는 '양념(藥念)'과 간을 맞추는 '장(醬)'의 의미를 포함합니다. 서양의 양념은 '조미료(seasoning)'와 '향신료(spice)'로 나뉘는데, 정확하게 구분되지 않는 것들이 많습니다. 조미료는 짠맛, 단맛, 신맛, 감칠맛, 매운맛을 내는 것에 복합조미료를 포함합니다. 조미료 외에 강한 향기나 맛을 가지고 있어서 음식의 향미를 증진시키는 재료들을 '향신료'라고 하는데, 향신료는 대개 스파이스를 의미합니다. 그런데 여기에 요즘은 허브까지 포함하여 향신료라 부르고 있습니다.

허브는 '잎이나 줄기가 식용, 약용으로 쓰이거나 향기나 향미가 이용되는 식물'로 설명됩니다. 보통 향신료는 '스파이스'와 '허브'를 포함한 것으로, 사용하는 부위에 따라 나누는 것이 일반적입니다. 스파이스는 식물의 뿌리, 줄기, 껍질, 씨앗 등 딱딱한 부분을 사용하며 향이 강하고 건조된 것입니다.

허브는 서양의 것이라고 대개 생각하지만 그 용도와 특징으로 볼 때 우리가 항상 사용해온 파, 마늘, 홍고추, 양파, 생강, 울금, 은행도 허브에 속합니다. 우리는 이것들을 요리의 주재료인 채소라고 생각하지만 서양에서는 향신료로 봅니다.

우리가 먹는 채소들과 외국 요리에 사용되는 채소가 크게 다르지 않으나 맛이 다른 것은 사용하는 향신료가 다르기 때문입니다. 텃밭에서 재배한 허브들로 향신료를 직접 만들어 쓴다면 같은 채소로 훨씬 다양한 요리를 할 수 있게 됩니다.

향신료의 역할

향신료는 주로 열대, 아열대, 온대지역에서 자라는 식물의 종자, 과실, 꽃, 잎, 껍질, 뿌리 등을 건조한 것으로 식품의 향, 맛, 색을 내기 위해 사용됩니다. 조미료로 완성된 음식에 향신료를 더하면 음식은 더욱 풍요롭고 고급화되며 복합적인 다양한 맛을 갖게 됩니다.

국가별 주요 향신료

한국: 파, 마늘, 생강, 고추, 참깨, 들깨, 후추, 겨자, 미나리, 계피, 부추, 쑥갓, 산초, 깻잎
일본: 생강, 고추냉이   **중국**: 생강, 후추, 계피, 정향, 회향, 팔각, 코리앤더
이탈리아: 바질, 아니스, 로즈마리   **영국**: 세이지
독일: 세이보리   **프랑스**: 타라곤
중동·그리스: 딜, 오레가노, 박하, 레몬그라스

향신료는 기본적으로 좋은 향과 맛을 내는 작용, 누린내나 비린내를 억제하는 작용을 합니다. 매운맛, 쌉쌀한 맛 등을 내어 식욕을 자극해서 소화를 돕고, 신진대사에 영향을 주어 건강을 돕고, 음식에 색을 더해 착색과 미적인 아름다움을 더하는 역할도 합니다. 거기에 미생물이나 기생충으로부터의 살균작용과 방부작용을 해서 식품의 보존성을 높입니다.

또한 향신료는 소금의 섭취를 줄이는 데 도움을 줍니다. 소금은 신체에 중요한 것이나 너무 많은 나트륨 섭취로 건강에 문제가 되고 있습니다. 그런데도 줄이지 못하는 것은 염분이 줄어들면 맛이 떨어지기 때문입니다. 떨어지는 맛을 보완해주는 것이 바로 향신료입니다. 향신료의 자극적인 맛과 향이 부족한 염분을 보완해줍니다. 이탈리아가 나트륨 섭취가 세계적으로 낮은 이유는 허브를 많이 사용하기 때문입니다. 또 향신료는 식물에서 나온 것이기 때문에 인공조미료나 합성첨가물의 사용을 덜하게 되어 건강에도 도움이 됩니다.

향신료 보관

건조된 허브는 직사광선이 없는 건조한 곳에 두고 사용합니다. 습도가 높거나 열기가 있는 곳은 피합니다. 화기 근처에 두지 말고 사용할 때도 공기에 노출되는 시간을 줄입니다. 조리 시 병을 오래 열어두지 말고 요리에 넣을 때도 병째로 붓지 않습니다. 병째로 부으면 냄비에서 올라오는 수증기가 병 안으로 들어갑니다. 스푼에 부어서 사용하고 즉시 뚜껑을 닫습니다. 실온에 두어도 좋으나 냉장보관을 했으면 계속 냉장보관하는 것이 좋습니다.

양념통에는 사용할 만큼만 담아 사용하고 남은 것은 전용비닐에 소량씩 담아 햇빛이 안 들어오는 곳에 보관하는 것이 맛과 향을 오래 간직할 수 있는 방법입니다. 후추, 코리앤더, 셀러리, 펜넬 씨 같은 씨앗 향신료는 일단 갈면 씨앗 안에 있는 휘발성 오일이 상실되니 사용할 때 그때그때 갈아 사용하는 것이 좋습니다.

향신료 병을 요리 중 열기가 올라오는 팬 위에 병째로 부으면 병 속으로 습기가 들어가서 안 좋다.

스푼에 따로 부어서 팬에 붓는다.

허브 향신료의 활용

피클링 스파이스

피클을 만들 때 사용되며 펜넬 씨, 후추, 겨자 씨, 딜 씨, 코리앤더, 정향, 월계수 잎, 고춧가루, 건조마늘 등을 혼합한 것입니다. 직접 기른 허브를 이용하면 피클을 담글 때 충분히 활용할 수 있습니다.

시판 피클링 스파이스

왼쪽부터 로즈마리, 딜, 코리앤더. 피클에 들어가는 스파이스 허브다.

풋토마토 피클 만들기

시즈닝

향신료는 단독으로 쓰이기도 하지만 그보다 맛과 향을 보완하면서 상승효과를 노려 여러 가지를 같이 쓰는 경우가 많습니다. 우리나라 양념도 '갖은 양념'이라고 해서 '파, 마늘, 소금, 간장, 깨소금, 참기름' 등이 두루 같이 쓰입니다. 서양요리에서는 이 향신료 조합을 시즈닝(seasoning)이라고 하는데, 스파이스와 허브를 조합하여 각 나라마다 특유의 맛을 내는 기본양념 조합이 있습니다.

칠리 시즈닝

멕시코 음식에 사용되며 칠리페퍼에 오레가노나 양파가루, 커민, 후추 등을 섞습니다.

이탈리아 시즈닝

이탈리아 음식에 기본적으로 사용되며 허브를 많이 사용합니다. 바질, 오레가노, 파슬리, 타임, 로즈마리, 세이지, 마조람, 세이보리 등의 허브에 마늘 가루, 양파 가루, 후추, 홍고추 등을 추가합니다. 바질, 오레가노, 파슬리를 위주로 하고 나머지 허브를 적게 조합합니다.

케이준 시즈닝

케이준은 미국으로 강제 이주된 캐나다 태생 프랑스 사람들이 만들어 먹기 시작한 음식입니다. 오레가노, 타임, 파프리카, 고추, 후추, 양파를 섞어 만든 매운 양념으로 케이준 치킨, 샐러드 등을 만드는 데 사용됩니다.

허브프로방스

'프로방스 지방의 허브'라는 의미로 가장 흔한 시즈닝 중 하나입니다. 핵심적인 허브는 타임, 세이보리, 마조람이고, 로즈마리, 펜넬, 바질을 추가합니다. 육류요리와 채소요리에 두루 사용합니다.

타코 시즈닝

칠리파우더, 마늘 가루, 양파 가루, 오레가노, 파프리카 가루, 커민, 후추, 소금을 섞어 만든 것으로 타코를 만드는 데 사용됩니다.

페스토

페스토란 채소를 이용해서 만드는 가열하지 않은 소스입니다. 올리브오일, 잣, 마늘, 파르메산치즈, 소금을 섞어 만듭니다. 가장 유명한 바질페스토 외에도 루콜라, 소렐, 시금치, 명이나물, 열무 등을 이용해서 만들 수 있습니다. 독특한 맛을 가진 채소로 주로 만들며 신선한 채소를 수확해서 만들어두고 오래 이용할 수 있는 방법입니다. 냉장보관해서 일주일 정도 사용 가능하며, 장기보관하려면 소분해서 냉동저장합니다.

바질페스토

재료: 바질 100g. 올리브오일 150g. 마늘 1쪽. 잣 30g. 파르메산치즈 120g. 구운소금
*완성된 페스토는 350㎖

바질페스토는 피자, 파스타, 샐러드, 빵에 발라먹는 등 다양하게 이용할 수 있습니다. 페스토에 들어가는 치즈는 파르메산치즈가 제일 좋고 그라나파다노치즈도 무방하나, 시판 치즈가루는 사용하지 않는 것이 좋습니다.

생바질을 소금 넣은 끓는 물에 30초 데친 후, 찬물에 담
가 식힌다(녹색유지). 이 과정을 생략해도 된다.

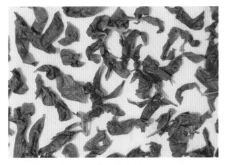

키친타월 위에 바질을 놓고 눌러서 물기를 제거한다.

잣은 마른 팬에 노릇하게 볶아낸다.

치즈를 강판에 간다.

믹서에 바질, 잣, 치즈, 다진 마늘을 넣은 후, 올리브오
일을 1/2의 양만 넣어 재료가 섞일 정도만 돌려준다.

완성된 바질페스토

병에 담고 그 위에 올리브오일을 부어서 공기와 차단
시킨다.

바질페스토 스파게티. 스파게티에 페스토를 적당량 섞
어준다.

허브버터

버터는 다양하게 이용되는 요리의 기본 재료입니다. 상온에 놓아두어 말랑하게 만든 후에 각종 허브를 섞어 다시 굳히면 조리 시 편합니다. 허브 외에 마늘, 레몬껍질, 후추 등을 같이 넣어도 좋습니다.

말랑해진 버터에 건조허브를 섞는다.

충분히 섞은 후 틀에 넣어 냉동실에서 굳힌다.

세이지버터

세이지 잎

곱게 다진 신선한 세이지를 버터에 섞는다.

형태를 만든 후 냉동실에 넣어 굳힌다.

완성된 세이지버터. 냉동보관한다.

필요한 만큼 썰어 사용한다.

옥수수버터구이. 옥수수에 세이지버터를 넣었다. 감자, 생선구이 등 각종 요리에 활용한다.

오레가노 · 이탈리안파슬리 · 바질을 섞은 허브버터

오레가노

이탈리안파슬리

바질

오레가노, 이탈리안파슬리, 바질을 썰어서 버터에 섞는다.

버터를 굳힌다.

마늘파슬리버터

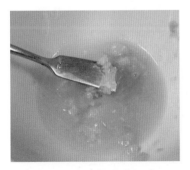

녹인 버터에 다진마늘을 넣어 섞는다.

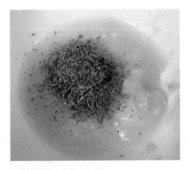

건파슬리를 넣어 섞는다.

식빵에 마늘버터를 바른 후 오븐에 구우면
마늘빵 완성

허브소금

기본양념인 소금에 허브를 더해서 소금을 쓸 때 향미를 더할 수 있습니다. 바질, 파슬리, 마조람, 로즈마리, 타임, 오레가노, 세이보리 등을 소금과 혼합합니다. 단일 허브와 섞어도 되고 여러 허브를 혼합해도 됩니다. 여기에 마늘가루, 후추 등을 추가하기도 합니다.

허브솔트, 셀러리소금, 마늘소금 등이 이미 판매되고 있으나 가정에서는 더 순도 높은 허브솔트를 제조할 수 있습니다. 만들기 쉬우니 대량으로 만들지 말고 조금씩 만들어 쓰는 것이 더 좋습니다.

바질, 로즈마리, 오레가노, 파슬리, 이 4종의 허브를 분쇄해 1t씩 담았다.

소금을 혼합해서 순도 높은 허브솔트가 완성됐다.

셀러리 씨앗 소금

허브식초

식초 팅크처를 만드는 것과 방법은 같습니다. 생허브나 건허브, 허브 종자를 유리병에 담고 식초를 부어서 향신식초를 만듭니다. 식초를 이용할 때 허브의 유효성분을 같이 먹는 효과가 있고, 허브가 가진 향미를 식초에 가미시켜 맛을 돋웁니다.

종자식초, 꽃식초, 다양한 허브식초

허브맛술

맛술이란 술에 조미료를 첨가해서 부드러운 단맛과 향미를 내도록 한 것입니다. 알코올 성분이 비린내를 없애서 주로 생선요리나 육류요리에 많이 사용됩니다. 생선을 조릴 때 맛술을 넣으면 잘 부서지지 않습니다.

주재료는 허브나 생강, 울금 등을 이용하며 술과 매실효소를 추가합니다. 효소를 담고 건져낸 건더기에 술을 부어서 만들어도 됩니다.

재료를 씻어 물기를 말리고 유리병에 담은 후 술을 넣어 따뜻한 실내에 둡니다. 2~3주일 동안 매일 병을 흔들어주고 향과 맛을 보면서 완성합니다. 향이 부족하면 허브를 더 추가합니다. 완성되면 거르거나 그대로 두고 사용합니다.

원하는 허브를 흐르는 물에 깨끗하게 씻어 물기를 완전히 닦아내고 용기에 넣는다(좌측은 바질, 우측은 바질과 로즈마리).

술을 넣고 매실효소를 한두 스푼 넣는다. 가라앉은 갈색 액체는 매실효소

일주일 뒤의 모습. 허브는 건져내고 맛술은 냉장보관한다.

허브맛술을 고등어에 바른다.

허브솔트를 그 위에 뿌린다.

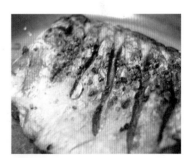

완성된 고등어구이

바질 샐러드 · 카프레제 샐러드

바질 샐러드는 가장 손쉽게 만들어 먹을 수 있는 샐러드로 바질, 올리브오일만 있으면 됩니다. 올리브오일에 소금을 약간 넣어 간을 하고, 바질을 넣고 발사믹식초를 뿌려서 샐러드 채소에 섞으면 상큼한 샐러드가 됩니다.

이탈리아 카프리섬에서 유래한 카프레제 샐러드는 바질, 올리브오일, 모차렐라치즈에 토마토를 넣으면 완성됩니다.

바질 샐러드. 올리브오일에 바질을 더한다.

발사믹식초를 뿌리면 완성

샐러드 채소에 섞어주면 된다.

카프레제 샐러드. 올리브오일에 바질을 섞는다.

토마토와 모차렐라치즈를 섞으면 완성

부케가르니

부케가르니(bouquet garni)는 파슬리 줄기, 타임, 월계수 잎 등을 실로 묶거나 고정한 다발입니다. 스톡이나 소스, 수프, 스튜 등을 만들 때 향을 내거나 잡내를 제거하기 위하여 사용합니다. 여기에 셀러리, 바질, 세이보리, 릭(leek) 등이 추가됩니다. 우리나라로 치면 파, 양파, 무 등으로 기본 국물 맛을 내는 것과 같습니다.

요리에 따라 사용되는 허브의 조합이 다릅니다. 생허브를 통째로 넣어 끓이거나, 요리 끝에 잘게 다진 것을 뿌려서 향을 더합니다. 생허브가 제일 좋지만 없으면 건허브도 좋습니다.

토마토소스

토마토가 들어가는 요리에 가장 기본적으로 들어가는 소스입니다. 재배한 토마토로 만들거나 토마토 캔을 사서 직접 만들 수 있습니다.

재료: 다이스토마토 1캔 · 토마토 페이스트 100g · 생토마토 1개(모두 생토마토로 할 경우 완숙 토마토 3개). 양파 중크기 1개. 마늘 3톨. 월계수 잎 2장. 바질 잎 10장(토마토소스의 맛을 위해서는 건바질이라도 넣는다)

① 올리브유와 식용유를 냄비에 1T씩 붓고 다진 마늘을 넣어 향을 낼 정도까지만 볶습니다. 그리고 양파를 넣어 중불에 볶아 완전히 갈색이 되게 합니다.
② 토마토를 넣고 물 1컵, 소금 약간, 설탕 1/2t, 통후추, 월계수 잎을 넣고 저어가며 중약불에 60~90분까지 끓입니다. 오래 끓일수록 좋습니다.
③ 마지막으로 바질 잎을 넣어 향을 충분히 내주고 식힙니다.

①

②

 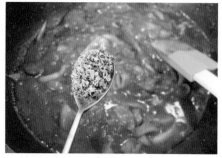

③ 생바질   ④ 건바질

토마토 파스타

재료: 스파게티 면. 토마토소스 1½컵. 양파 반개. 피망 1/4개. 마늘 2톨, 스위트바질 넉넉히(또는 건바질, 파슬리, 오레가노)

① 팬을 달군 뒤 다진 마늘을 볶다가 양파와 피망을 넣어 볶으면서 후추를 뿌려줍니다. 매운 맛을 원할 땐 할라피뇨 피클을 다져넣습니다.
② 삶은 스파게티 면을 넣어 볶다가 면 삶은 물을 반 컵 정도 넣으면 면이 부드러워집니다.
③ 토마토소스를 넣어 볶으면서 허브를 넣습니다(생바질이나 건바질, 파슬리. 오레가노).
④ 후추를 뿌리고 간을 봅니다.

①   ②

③   ④

이탈리아식 홍합찜

이탈리안파슬리와 홍합이 어우러진 요리입니다. 여기에 따로 스파게티 면을 삶아서
홍합에서 나온 육수에 간이 배게 하면 봉골레 파스타가 됩니다.

① 이탈리안파슬리, 마늘, 방울토마토를 준비합니다.
② 올리브오일을 두른 팬에 다진마늘, 이탈리안 파슬리를 볶아 향을 냅니다. 그리고
　 방울토마토를 넣어 살짝 볶습니다.
③ 홍합을 넣어 뚜껑을 덮고 익힌다. 입을 벌리면 불을 끕니다.
④ 그 위에 이탈리안파슬리를 뿌리고 후추를 뿌립니다.

①

②

③

④

토마토소스 치킨덮밥

① 닭고기에 허브솔트를 뿌려 냉장고에 1시간 이상 넣어둡니다. 전날 해두면 더 좋습니다.

② 닭고기를 오븐 200℃에서 20분 정도 익힙니다.

③ 팬에 식용유를 두르고 마늘, 양파, 단단한 채소(당근, 피망, 쥬키니호박)를 넣어 볶아주고, 익으면 씨와 껍질을 제거한 토마토를 넣어서 끓입니다.

④ 타임과 셀러리를 넣고 끓입니다.

⑤ 토마토가 충분히 무르면 익혀둔 닭고기를 넣어 끓입니다.

⑥ 마지막으로 바질을 넣어서 향을 냅니다.

⑦ 밥 위에 얹어 덮밥처럼 먹거나 스파게티 면 위에 얹어 먹어도 됩니다.

① ② ③

④ 셀러리 ⑤

⑥ 바질을 듬뿍 넣어준다. ⑦

채소 수프

재료: 각종 끓일 수 있는 채소. 토마토(토마토 통조림도 좋다), 치킨스톡, 허브(바질, 마조람, 셀러리)

*맛과 영양이 보장된 건강 채소 수프

① 양파, 마늘, 피망, 파프리카, 브로콜리, 당근, 양송이, 토마토, 양배추, 셀러리, 바질
  (허브) 등을 손질합니다.

② 냄비에 식용유를 두르고 다진마늘을 볶아 향을 내고 단단한 채소 순으로 볶습니다.

③ 마지막으로 토마토를 넣습니다. 미리 끓여둔 토마토 퓨레를 넣거나 통조림을 넣습
  니다. 물을 붓고 치킨스톡을 넣어줍니다.

④ 셀러리를 넣어 뭉근한 불에 채소가 부드러워질 때까지 끓입니다. 요리 끝에 바질,
  마조람을 넣어 향을 내고 마무리합니다.

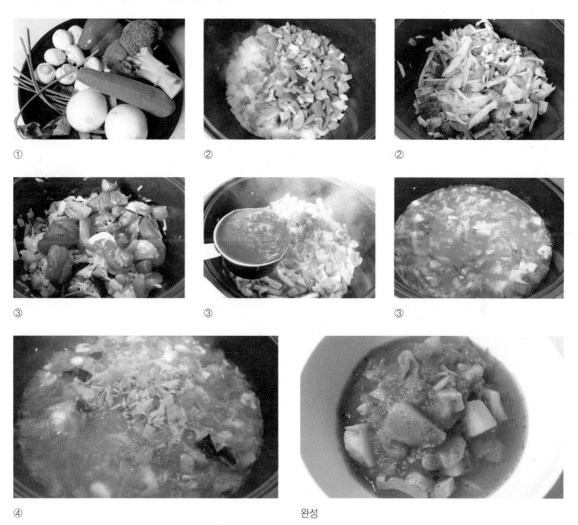

①

②

②

③

③

③

④

완성

4부
도시농부의 갈무리

갈무리에 들어가기 전에

도시농부의 갈무리 원칙 | 채소의 변질에 영향을 미치는 요인

도시농부의 갈무리 원칙

도시인들은 갈무리를 거의 잊어가고 있습니다. 달라진 주거환경, 가공되어 판매되는 다양한 식재료들로 인해 굳이 갈무리할 필요를 느끼지 않는 것이 사실입니다. 그러나 귀찮고 소소한 이 갈무리 과정은 현대인에게 꼭 필요한 정서적, 심리적, 그리고 육체적으로도 중요한 교훈과 깨달음을 줍니다.

21세기 도시인의 상황은 과거 전통적으로 내려온 갈무리를 실행하기에 맞지 않는 것이 많습니다. 광이나 처마, 마당이 없는 주거공간은 물론이고, 과거처럼 식사 준비에 많은 시간을 할애할 수 없습니다. 한 가지 음식을 대량으로 만들기보다는 소량으로 소비하는 시대이고, 식구 수도 적습니다. 하나의 채소로 과거의 전통적인 맛 외에 다양한 요리와 맛을 보고 싶어 합니다.

이 시대는 미식을 즐기고 요리하면서 행복감을 느끼는 시대입니다. 그리고 이를 가능하게 하는 다양한 가전이 있습니다. 가정용 건조기, 가정용 포장기, 오븐, 전자레인지, 냉동고, 냉장고 등이 있어 직접 다양한 갈무리를 할 수 있게 합니다. 도시농부에게 갈무리는 필수입니다. 갈무리를 하면 더 자주 요리하게 되고 즐기게 됩니다.

채소를 갈무리하면 어떤 장점이 있을까요? 첫째, 수확기가 아닌 때에도 먹을 수 있습니다. 둘째, 위생적으로 안전해집니다. 셋째, 1차 가공을 해두면 조리가 간편해지고 시간을 절약하게 됩니다. 다듬고 세척하는 시간과 1차 조리까지 생략할 수 있습니다. 자연히 집에서 요리하는 것이 쉬워지고 즐기게 됩니다. 마지막으로 가장 중요한 것으로 이 과정을 통해 자신감, 정신적인 만족감을 얻게 됩니다.

각 가정에 적합한 양을 제때, 다양한 방법으로 갈무리한다!

갈무리를 할 때는 보관 공간과 요리법을 생각해서 자신에게 맞는 방법을 선택합니다. 갈무리 방법에 따라 요리도 달라지기 때문에 한 작물로 여러 가지 갈무리를 합니다. 먼저 수확한 채소를 가져와 며칠 내로 먹을 것은 그 채소에 맞는 신선함이 유지되는 조건에 맞춰 보관합니다(실온이나 냉장). 그리고 며칠 내로 먹지 못할 것은 보다 장기적인 보관이 가능한 방법으로 바로 갈무리합니다. 냉동할 경우에는 냉동고의 공간을 참고하고 냉동으로 해먹을 요리를 고려합니다. 건조할 경우에는 싱싱할 때 바로 건조해야 합니다. 그 밖의 갈무리를 할 경우에도 최대한 신선할 때 바로 하는 것이 좋습니다.

대개는 냉장고에 넣어두었다가 시들면 부랴부랴 갈무리하는데, 며칠 내에 소비할 것을 빼고 바로 갈무리하는 버릇이 필요합니다.

예) 고추 갈무리

고추 한 그루를 가지고도 다양한 방식으로 갈무리가 가능합니다. 고추를 수확한 날로부터 시간 순서로 갈무리하는 방법을 살펴보겠습니다. 냉장, 냉동, 건조, 절임이 다 사용됩니다. 고추가 들어가는 모든 요리에 직접 기른 고추를 알뜰하게 다 쓸 수 있습니다.

① 수확한 풋고추 중 며칠 내로 사용할 것은 비닐에 담아 작은 구멍을 내어 냉장고 채소칸에 넣습니다.

② 풋고추를 썰어서 냉동해 일정량을 보관합니다. 필요할 때 바로 사용할 수 있습니다.

③ 풋고추로 장아찌, 삭힌 고추를 만듭니다. 1년간 먹을 밑반찬을 장만합니다.

④ 홍고추를 수확하면 역시 일부를 썰어 냉동보관합니다.

⑤ 생홍고추를 그대로 믹서에 갈아서 비닐에 넣어 납작하게 눌러서 냉동합니다. 요리할 때 사용하거나 김치 담글 때 고춧가루와 함께 넣는 데 사용합니다.

⑥ 홍고추를 말려서 통고추로 보관하거나 분쇄해서 고춧가루를 만듭니다. 고추기름도 넉넉히 만듭니다.

⑦ 홍고추를 다 딴 후 다시 달린 끝물 풋고추를 서리 내리기 전에 수확해서 장아찌나 부각을 만들기도 하고, 건조나 냉동으로 내년 수확 때까지 사용합니다.

썰어 냉동한 풋고추나 홍고추

간장 고추장아찌

갈아서 냉동한 홍고추

분쇄한 홍고추

말린 홍고추로 낸 고추기름

풋고추나 끝물 고추로 만든 고추부각

채소의 변질에 영향을 미치는 요인

채소는 빠른 시간 내에 소비되지 못하면 수분, 온도, 광선, 산소 및 미생물의 작용으로 변질되거나 식물 자체가 지닌 효소의 작용으로 변질됩니다. 수확 후 소비할 때까지 채소의 품질이 저하되거나 변질되지 않게 하는 것이 저장의 핵심입니다. 그러려면 채소에 영향을 미치는 요인이 무엇인지 알아야 합니다. 채소는 수확 후 화학적, 생화학적 변화가 계속되므로 이 변화를 늦추거나 멈추기 위해 변화 요인들을 조절하지 않으면 품질 저하가 커져서 사용할 수 없게 됩니다.

1. 미생물

채소 저장에 있어 영향을 미치는 가장 중요한 요인은 '미생물'입니다. 세균, 효모, 곰팡이 같은 미생물들에는 유용한 것과 유해한 것이 있는데 저장할 때는 유해한 균의 생육을 억제하는 것이 중요합니다. 미생물은 어디에나 있으며 식물을 변화시키고 부패시킵니다. 미생물의 생육 조건을 알고 그 조건을 갖추지 않도록 인위적으로 조작하면 미생물의 활동을 막을 수 있게 되고 따라서 채소의 변질을 막을 수 있습니다.

첫째, 미생물은 '수분'이 부족하면 살아남기 힘듭니다. 그래서 채소를 건조하면 생존이 불가능해집니다.

둘째, 미생물은 '온도'에 따라 증식 가능한 범위가 있습니다. 이 범위를 벗어난 온도인 냉장저장, 냉동저장으로 미생물의 생육을 중지시킵니다.

셋째, 미생물 중에는 '산소'가 꼭 필요한 호기성균과 필요 없는 혐기성균이 있습니다. 호기성균의 생육을 막기 위해 공기를 차단합니다.

넷째, 미생물은 생육에 적합한 '삼투압'의 범위가 있습니다. 이 범위보다 삼투압이 높거나 낮으면 미생물의 세포가 파괴됩니다.

다섯째로 미생물은 생육에 적당한 'pH'가 있어서 이 pH를 벗어나는 경우 생육할 수 없습니다.

앞으로 소개될 각 저장법이 이런 미생물의 생존 조건을 막는 방법이며, 각 저장마다 장단점이 있습니다.

2. 수분

모든 살아 있는 생명은 75% 이상의 수분을 갖고 있는데 이 수분 때문에 미생물, 세균, 곰팡이가 번식하거나 성장하여 채소가 부패, 변질하게 됩니다. 이 미생물의 번식을 막기 위해 수분의 함량을 줄이는 저장법을 사용합니다. 수분이란 단순히 채소 내 함량이 문제가 아니라 채소 내 '수분활성도'를 의미합니다. 수분활성도는 임의의 온도로 식품 내 물의 수증기압을 그 온도에서 순수한 물이 가지는 수증기압으로 나눈 비율로 표시합니다. 순수한 물의 수분활성도는 1이며 건조함에 따라서 수분활성도가 줄어드는데, 이를 0.6 미만으로 낮추면 미생물이 생육하기 어렵게 되어 오래 저장이 가능합니다. 이 수분활성도를 낮춘 저장법이 '냉동법, 건조법, 당장법, 염장법'입니다.

냉동법: 수분을 얼려 식물 내 수분활성도를 낮춘다.
건조법: 건조로 수분을 없애서 식물 내 수분활성도를 낮춘다.
당장법: 설탕을 넣어 설탕용질의 농도를 높여 식물 내 수분활성도를 낮춘다.
염장법: 소금을 넣어 소금용질의 농도를 높여 식물 내 수분활성도를 낮춘다.

3. 효소

효소란 생체 내에서 생산되며 생물의 신진대사에 작용하는 단백질로, 각종 화학반응에서 자신은 변화하지 않으나 반응속도를 빠르게 하는 촉매 역할을 합니다. 다양한 효소가 있지만 많이 알려진 것이 소화효소와 호흡효소입니다. 수확 후에도 계속되는 호흡작용으로 채소 내에 축적되어 있는 각종 당이 사용되면서 시간이 갈수록 채소의 품질이 떨어지게 됩니다. 더 이상 흡수할 수 있는 물, 영양소는 없는 데 반해 호흡을 계속하니 결국 시들고 품질이 저하되는 것입니다. 이런 호흡효소를 후숙에 이용하기도 하는데 토마토, 바나나, 딸기, 멜론 같은 것들이 그러합니다. 완숙된 것을 수확하는 것이 아니라 미숙할 때 수확해서 유통과정 중 호흡효소에 의해 숙성되게 하는 것입니다. 그러나 이것들도 시간이 갈수록 완숙을 넘어서 품질이 떨어지게 됩니다. 그래서 채소 내 효소의 활성을 막아서 품질 저하를 방지하는 것이 저장의 핵심으로, 온도를 높이거나 낮춰서 효소 반응을 중지시키는 것이 가장 많이 사용하는 방법입니다.

4. 산소

거의 모든 생물은 생존을 위해 공기 중 산소를 필요로 합니다. 특히 채소는 저장 중에도 계속 산소를 흡수하고 이산화탄소를 배출하기 때문에 품질의 하락이 계속됩니다. 냉장고에 넣으면 어느 정도 호흡작용이 억제되지만 오래 유지되지 못합니다. 산소를 제거하면 산소가 필요한 미생물의 생육이 불가능해지고 식품의 산화, 변색이 방지되고 영양소의 손실이 줄어들고 풍미 저하가 방지됩니다. 그래서 저장할 때는 공기를 제거하거나 진공포장하고 밀폐해서 산소의 유입을 막는 것이 필요합니다.

5. pH

pH란 용액의 산성도를 가늠하는 척도로 수소이온 농도를 의미합니다. pH는 생물의 생육 환경을 규정하는 중요한 인자로 모든 생물은 각각 생육에 적합한 pH가 있습니다. 이것을 최적 pH라고 하며 이보다 높거나 낮은 것은 좋지 않아 생존하기 어렵습니다. 대부분의 세균은 pH7 정도가 최적으로, 이 정도를 중성이라고 합니다. 이보다 낮으면 산성, 높으면 알카리성이라 부릅니다. 식초를 이용한 초절임이 저장성이 좋은 것은 산으로 인해 pH가 낮아져 세균의 생육이 억제되기 때문입니다.

6. 온도

식물체 내의 효소는 단백질이기 때문에 온도가 올라갈수록 반응속도가 빨라지고, 식물체 내 미생물도 번식이 활발해집니다. 그러나 온도가 내려가면 효소작용도 억제되고 미생물의 번식도 방해를 받아 안전해집니다. 또한 고온에서도 미생물이 방해를 받지만 오래 고온을 유지할 수 없기 때문에 저온 방법만을 이용합니다. 온도를 이용한 저장 방법은 냉장, 냉동저장이 있습니다.

7. 광선

태양광선 속의 자외선은 많은 화학반응을 일으켜 생물에 영향을 미칩니다. 태양광선에 직접 쪼인 것, 밝은 장소에 저장된 것은 그렇지 않은 것보다 부패가 쉽게 됩니다. 저장할 때는 반드시 직사광선이 없는 어두운 곳에 보관할 것을 당부합니다. 태양광은 자외선과 같은 에너지가 높은 빛을 갖고 있지만 전등의 적외선이나 가시광선은 에너지가 낮은 빛이기 때문에 영향이 적습니다. 병에 담는다면 투명한 병보다 색깔 있는 병에 담아 햇빛이 닿지 않는 장소에 둡니다. 장식처럼 투명한 병에 담아 햇빛이 들이치는 창가에 두는 것이 제일 좋지 않습니다. 단, 허브 인퓨즈드오일을 만들 때는 일부러 햇빛이 드는 창가에 두어 변화를 유도합니다.

　채소를 변질케 하는 원인을 알고 나면 각 채소의 특성에 따라 그에 맞는 변질 요인을 해결할 수 있습니다. 미생물 같은 생육적인 변질, 효소·산소 같은 화학적인 변질, 수분·온도·광선 같은 물리적 작용에 의한 변질 등에 맞춰 다양한 저장의 원리와 구체적인 방법을 알아보겠습니다.

건조저장

채소를 건조하는 방법들 | 작물별 채소 건조법 | 건조채소의 활용

채소를 건조하는 방법들

채소 건조의 특징

건조는 우리나라에서 가장 오래된 갈무리 중에 하나입니다. 건조된 시래기, 우거지 등은 긴 겨울에도 서민들에게 채소를 공급했고 신선한 채소 못지않게 영양 공급원 역할을 했습니다. 최근에는 전통적인 건조채소뿐 아니라 다양한 채소들을 활용한 건조식품이 새로운 주목을 받고 있습니다. 채소를 건조하여 수분 함량이 13% 정도가 되면 세균, 곰팡이의 생육이 불가능해지므로 건조는 채소 저장의 좋은 방법입니다.

① 건조채소는 저장한 곳의 습도가 높으면 다시 수분을 흡수하여 눅눅해집니다. 습도가 낮은 곳에 두거나 밀봉해서 습기가 침투하지 못하도록 합니다.
② 채소마다 조직의 밀도가 다릅니다. 조밀할수록 건조가 오래 걸리고 느슨하면 건조가 빠릅니다. 고추는 오래 걸리고 호박, 가지 등은 건조가 빠릅니다.
③ 채소 내 수분이 많으면 건조가 오래 걸리고 적으면 짧게 걸립니다.
④ 잎채소는 건조되면 서로 밀착합니다. 그래서 건조 중간에 만져줘서 밀착되지 않게 해주는 것이 필요합니다.
⑤ 맛과 형태, 향기, 색이 모두 변해 원형이 유지되지 않으며, 복원했을 때도 원상회복이 안 됩니다. 건조가 오래 걸리는 것은 복원도 오래 걸리는 편입니다.

채소 건조의 장점

① 건조하면 채소의 부피와 무게가 크게 줄어들어 보관 시 공간을 덜 차지합니다.
② 건조하면 실내보관이 가능해집니다. 냉장고, 냉동고가 필요 없어 저장 공간에 제한이 없습니다.
③ 미생물의 번식이 억제되기 때문에 변질 가능성이 적습니다.
④ 장기저장이 가능합니다.
⑤ 건조되면서 새로운 맛과 질감을 갖게 되어 다양한 요리 재료로 쓰임이 가능해집니다.
⑥ 옮기는 것이 손쉽습니다.

채소 건조의 단점

① 건조하는 시간이 오래 걸립니다.
② 자연건조 시 습도가 높은 시기에는 실패율이 높습니다.

건조 전 열처리하기(데치기, 찌기)

채소를 건조할 때는 끓는 물이나 증기로 열처리를 하면 채소 내의 효소 활동이 중지되어 채소의 색이 유지되고 품질 유지에 도움이 됩니다.

　엽채류는 열처리를 거치지 않고 건조할 경우 원래의 채소 색을 잃어버리고 낙엽처럼 건조됩니다. 데치면 자연스럽게 부드러워지고 부피가 줄어듭니다. 잎채소뿐 아니라 과채류 중에서 감자, 고구마 등은 열처리한 후 갈무리하면 변색이 없고 맛도 좋아지고 저장성도 좋아집니다. 그러나 양파, 토마토, 마늘은 열처리 없이 건조가 되는 채소입니다. 열처리한 채소는 건조하거나 냉장, 냉동해서 보관합니다.

열처리 방법

채소는 다양한 색소를 갖고 있습니다. 녹색, 등황색, 적색, 백색 채소가 있는데 녹색채소는 끓는 물에 소금을 약간 넣어 데치면 더욱 선명한 녹색을 유지합니다.

① 물에 소금을 약간 넣고 뚜껑을 열고 단시간에 삶거나 데쳐내고 바로 찬물로 헹궈야 합니다.
② 조리 시 생기는 휘발성 유기산이 채소를 누렇게 변색시키므로 뚜껑을 열고 휘발시킵니다.
③ 채소에서 나오는 산을 희석시키기 위해 조리수는 많아야 합니다.

엇갈이배추. 끓는 물에 소금을 넣고 데친다.

데친 후 건조한 아욱(좌)과 데치지 않고 그냥 건조한 아욱(우) 비교

얇게 썬 감자를 끓는 물에 데친다.

데친 후 바짝 건조한 감자. 이대로 오래 실온저장이 가능하다.

자연건조

주로 채반에 건조할 것을 올려놓고 자연풍으로 건조합니다. 기후의 영향을 많이 받고 시간도 오래 걸립니다. 계절적으로는 가을이 제일 좋고, 여름과 봄은 습도가 높아 자연건조가 적합하지 않습니다.

자연건조 노하우

① 날씨가 가장 중요합니다. 일기예보를 확인해서 건조 기간 동안 비가 오는지를 확인하고 건조를 시작합니다. 건조 중간에 비가 오면 습도가 높아져 곰팡이가 발생할 수 있습니다. 특히 건조가 오래 걸리는 고추 같은 작물은 10일 이상 여유를 갖고 건조해야 합니다.

② 공기 흐름이 좋은 장소에서 건조해야 합니다. 습도가 낮은 계절이라고 해도 밀폐된 공간에서는 자연건조가 실패하기 쉽습니다.

③ 그늘에서 건조합니다. 직사광선에서 말리면 표면이 순식간에 마르면서 속은 잘 마르지 않는 경우가 많으며, 채소 향이 날아가 향미가 감소합니다.

④ 건조 전 열처리가 필요한 잎채소류와 과채류를 구분해서 먼저 열처리를 합니다.

⑤ 쉽게 건조되는 채소와 시간이 걸리는 채소를 구별합니다.

⑥ 건조물은 구멍이 뚫린 채반을 이용합니다.

⑦ 채반을 바닥에 놓기보다는 공중에 매다는 식으로 하여 밑으로도 공기 흐름이 잘 되게 해야 빨리 건조됩니다.

⑧ 줄에 꿰어 매달거나 끈에 묶어 매다는 것도 건조에 도움이 됩니다. 줄에 꿸 때는 너무 촘촘히 많이 꿰지 않아야 공기 흐름이 좋아 잘 마릅니다.

⑨ 부패나 곰팡이, 벌레 발생 등의 문제가 있으니 빠른 시간 내에 건조되도록 합니다. 건조 중 기후 등의 원인으로 건조가 너무 오래 걸리거나 완전 건조가 되기 힘든 상황이 되면 건조기나 전자레인지를 이용해 빨리 완전 건조하는 것이 좋습니다.

⑩ 과채류(호박, 가지, 토마토 등)는 그 용도에 따라 두께를 여러 가지로 썰되, 건조가 가능한 두께로 썹니다. 두께가 두껍거나 크기가 클수록 건조에 시간이 걸리고 부패 가능성도 높습니다. 일정한 크기로 썰어야 동일하게 건조됩니다. 크기가 들쭉날쭉하면 덜 마른 것에 맞추느라 시간 낭비가 많습니다.

⑪ 건조되면서 크기가 줄어들어 채반 구멍에 빠질 수 있으므로 주의합니다.

⑫ 잎이 큰 채소를 펴서 건조하면 완전 건조된 후 낙엽처럼 부스러집니다. 건조 과정에서 손으로 조물조물해줍니다. 그러면 조직이 파괴되어 부드럽게 건조됩니다.

근대 데치기

근대 자연건조 중

채반이 바닥과 떨어져 있으면 건조가 훨씬 잘된다.

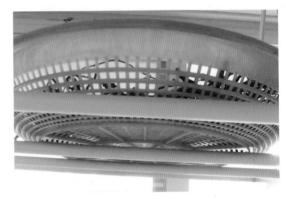
베란다 건조대 위에 올려놓았다.

무청을 매달았다.

무말랭이 건조. 무를 썰어 바늘에 실을 꿰어 매달았다.

근대 건조 중. 부드러움이 남아있을 때 조물조물해준다.

부드럽게 건조된 근대. 건드려도 부스러지지 않는다.

채심 건조. 하루를 자연건조로 말린 후 손으로 주무른다.

주물러 조직을 파괴한 채심

주물러주며 건조한 채심. 움켜쥐어도 부스러지지 않는다.

주무르지 않고 건조한 채심. 움켜쥐면 부스러진다.

가정용 건조기

선반 위에 건조물을 올려놓는다. 중앙의 통로로 열풍이 위로 지나가며 건조된다.

타이머와 온도 조절 장치

건조기 건조

옛날 주택은 처마 밑이나 마당같이 통풍이 잘되는 자연건조가 가능한 환경이었지만, 21세기의 도시인에게 자연건조는 쉽지 않습니다. 우선 통풍이 잘되지 않는 집이 많고, 외출할 경우 베란다 창문을 닫아야 하는 경우도 있고, 무엇보다도 공기가 깨끗하지 않은 도심의 경우에는 자연건조가 꺼려집니다. 또한 습한 계절에도 수확물을 건조해야 하는 경우도 많습니다.

빠른 시간 내에 안전하게 건조하기 위해서 건조기 사용이 늘고 있습니다. 건조기의 가장 큰 장점은 건조가 빨리 된다는 점과 위생적으로 깨끗하게 건조할 수 있다는 것입니다. 그래서 차를 만들 때 특히 유용합니다.

건조기는 기계 하부에서 발생한 뜨거운 공기가, 쌓인 선반 위로 통과하여 선반에 놓인 채소를 건조하는 원리입니다. 건조기별로 성능 차이가 있는데, 온도와 시간 조절이 되는 것이 좋습니다. 온도 조절이 가능하면 작물에 따라 조정할 수 있습니다. 저는 건조기를 사용한 후부터 건조하는 종류가 다양해지고 자주하게 되었습니다.

건조기 건조 노하우

① 세척한 후 바로 건조기에 넣으면 수분이 너무 많아 오랜 시간이 걸립니다. 채반에 널어 하룻밤 이상을 자연건조합니다. 통풍이 안 좋은 집이어도 채소에 묻은 수분이 마를 때까지는 놔둡니다. 하루 이틀 방치하면 표면의 수분이 마르는데, 그 후에 건조기를 사용하면 전기 사용 시간이 짧고 빨리 건조됩니다.

② 건조 선반에 너무 많은 것을 늘어놓으면 맨 아래에서 올라오는 열풍에 가로막히니 여유를 두고 늘어놓습니다.

③ 완전히 건조되면 30분 이상 놔둬서 열기를 식힙니다. 완전히 식으면 바로 공기를 차단해서 보관합니다. 오래 방치하면 다시 공중의 습기를 흡수합니다.

④ 굵기 차이가 나면 건조가 안 되는 것이 나오니 균일하게 자르도록 하고, 굵게 자른 것은 끼리끼리 모아서 열기가 가장 센 맨 하단에 놓아서 건조가 잘되게 합니다.

⑤ 건조가 끝난 후 굵은 부분은 덜 마르는 경우가 많으니 같이 포장되지 않도록 골라냅니다. 덜 마른 것만 모아 맨 하단에 놓고 완전히 마르도록 합니다.

⑥ 건조 중간에 윗단과 아랫단을 바꿔줍니다.

⑦ 향을 중요시하는 것은 자연건조를 먼저 거쳐 최대한 수분을 자연적으로 제

양파 건조

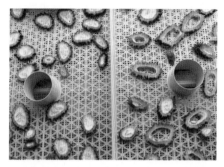
여주 건조. 자연건조를 이틀 한 후에 건조기에서 완전히 건조했다.

셀러리 건조

스피아민트 자연건조 2일째. 10월 건조한 날씨에 잘 말랐다.

거한 후에 낮은 온도로 빠른 시간 내에 건조합니다. 향에 크게 구애받지 않는 것, 수분이 많아 오랜 시간이 걸리는 것은 온도를 높여 빠른 시간 내에 건조합니다.

스피아민트 건조기 건조. 장마철에 40℃에 2시간째 건조하고 있다. 긴 시간이 소요된다.

전자레인지 건조

극초단파의 일종인 마이크로파를 이용한 전자레인지를 건조에 활용할 수 있습니다. 전자레인지의 원리는 열원이 따로 있는 것이 아니라 식품 내부에서 열을 발생시켜 식품을 가열하는 것입니다. 극초단파는 식품 내부에서 열을 발생하면서 동시에 수분을 증발시킵니다. 그러니 전자레인지로 조리할 때는 용기에 포장하여 수분 증발을 방지하고, 건조할 때는 포장하지 않아 수분 증발을 유도합니다.

전자레인지 건조의 장점은 건조가 빨리 이뤄지며 색과 향이 그대로 유지된다는 것입니다. 비타민이 물이나 기름에 흘러나오지 않아 좋고, 조리 시간이 짧아 영양분 손실이 적습니다. 단점은 한꺼번에 많은 양을 건조하기 힘들다는 점입니다.

전자레인지 건조 노하우

① 전자레인지 건조는 많은 양을 말려야 하는 채소류보다 적은 양의 허브류 건조에 활용하기 좋습니다.

② 전자레인지를 이용할 때는 2분, 5분 단위로 가동하면서 건조 상태를 확인하고 위치를 바꿔주며 건조합니다.

③ 빠른 시간 내에 채소 내 수분이 밖으로 배출되기 때문에 접시나 그릇에 그냥 넣어
   건조하면 배출된 수분이 증발되기보다는 바닥에 깔립니다. 키친타월을 깔고 건조
   하면 수분이 키친타월에 묻어 바로 증발되면서 건조가 빨라집니다.

생바질

접시에 바질을 놓고 전자레인지에 1분 돌렸
는데 접시에 물기가 생겼다.

접시 위에 키친타월을 깔고 바질을 전자레인
지에 돌렸다.

④ 균일하게 건조가 안 되는 경우가 많아 크기가 균일해야 합니다.
⑤ 오랜 시간 건조하면 변색되는 허브류의 경우, 전자레인지로 1차 짧게 건조하고, 남
   은 수분은 건조기로 완전히 말리는 방법도 좋습니다.

커먼세이지. 전자레인지에 1차 건조 시작

전자레인지로 7분 건조한 상태. 90% 정도 건
조되었다.

이후 건조기에서 35℃로 1시간 건조했다.

프라이팬 건조

주로 차를 만들 때 사용합니다. 낮은 온도로 긴 시간에 걸쳐서 프라이팬에 잎이나 꽃
을 건조합니다. 시종 지켜봐야 합니다. 잎을 건조할 때는 면장갑을 낀 손으로 주물러
주면 향이 더 좋아집니다. 한 번에 다 말리기보다는 약간 말린 후에 꺼내 식히면서 면

장갑 낀 손으로 주물러 약하게 조직을 깨주면 향이 더 깊어집니다. 그러고 나서 다시 팬에 말리고 주무르는 과정을 여러 번 반복합니다. 프라이팬은 기름기 없는 깨끗한 팬이어야 합니다. 꽃을 건조할 경우에는 덖지 않습니다.

팬의 온도가 높으면 팬에 깨끗한 면보를 깔고 건조합니다.

야콘잎 차 만들기

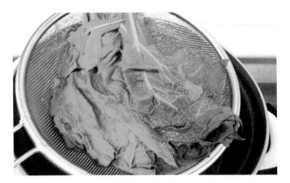
야콘 잎을 끓는 소금물에 살짝 데친다.

데친 야콘 잎은 채반에 놓고 물기가 자연적으로 마르게 한다.

꾸덕하게 마르면 적당한 크기로 썬다.

깨끗한 팬에 약불로 덖는다.

밝은 그늘에서 완전히 건조한다.

완전히 건조된 야콘 잎차

작물별 채소 건조법

잎채소의 건조

건조 가능한 잎채소류: 곤드레, 근대, 대파, 돌산갓, 말라바시금치, 무청 시래기, 배춧잎 우거지, 시금치, 아욱, 양배추, 옥수수수염, 채심, 허브 꽃, 허브 줄기, 허브 잎 등

생채로 먹는 쌈채소를 제외한 끓여서 먹는 잎채소의 경우에는 거의 다 건조가 가능합니다. 대부분의 잎채소가 가열조리를 하므로 거의 모두 가능한 것입니다. 물론 건조한 것이 다 가열조리를 거쳐야 하는 것은 아닙니다. 건조된 그대로 활용하는 것도 가능하므로 작물별로 구별해서 건조 방법을 택하는 것이 좋습니다. 작물에 따라 건조 방법이 다르기도 하고 활용하는 것이 다르기도 합니다. 시래기나 우거지 외에도 건조 가능한 작물이 상당수 있습니다.

과채류의 건조

건조 가능한 과채류: 가지, 감자, 고구마, 고추, 늙은호박, 당근, 동아박, 무말랭이, 브로콜리, 애호박, 야콘, 양파, 여주, 오크라, 울금, 토마토 등

열매, 뿌리채소를 말린 것을 '오가리' 혹은 '말랭이'라고 부릅니다. 오가리는 '호박이나 박의 살을 길게 오리거나 썰어서 말린 것', 말랭이는 '무나 가지 같은 것을 가늘게 썰어서 말린 것'이라고 합니다. 의미는 같습니다. 수확이 풍족할 때 썰어 말려서 수확이 없을 때 반찬으로 사용하는데, 생것으로 먹을 때와는 다른 맛과 질감을 주기 때문에 다양한 요리에 활용됩니다.

가장 대표적인 것이 말랭이입니다. 말랭이로 많이 만드는 것이 무, 호박, 가지 등입니다. 무는 가늘고 길게 썰어 말리고, 애호박은 동글동글하게 썰어 말려서 반찬용으로 사용하고, 늙은호박은 길게 썰어 말려서 떡을 하는 데 주로 사용합니다. 특히 얇게 썰어서 말린 애호박을 '호박고지'라고 하여 물에 불려 나물로 씁니다.

호박과 비슷한 것이 박입니다. 호박보다 수분이 많아 건조에 시간이 많이 걸리고 금세 거무스름하게 변색하므로 빨리 말리는 것이 좋습니다. 박고지는 물에 불려 볶아 먹거나 조림해서 김밥 속재료로도 사용합니다.

그 외 고구마, 야콘, 토마토 등을 말릴 수 있는데 약간씩 다릅니다. 고구마나 야콘은

다른 것처럼 바짝 말리기보다는 수분이 있는, 덜 마른 말랭이를 만듭니다. 고구마를 한번 찐 다음에 썰어서 말리면 수분이 날아가며 단맛이 증가해서 쫀듯하고 좋은 간식이 됩니다. 이 고구마 말랭이는 그대로 먹거나 구워 먹어도 좋고, 남은 것은 냉동보관했다가 자연해동해서 먹습니다. 또한 고구마를 생으로 얇게 썰어 말리기도 하는데, 죽을 끓이거나 가루를 내어 사용합니다. 야콘은 익히지 않고 썰어서 수분이 있게 덜 말려서 먹는데 단맛이 증가해서 좋은 간식이 됩니다. 역시 냉동보관합니다.

토마토는 얇게 썰어 완전히 말리거나 또는 약간 덜 말려서 요리용으로 사용합니다. 수분이 증발하면서 신맛이 줄어들고 단맛과 쫄깃한 질감이 강해져서 좋은 요리 재료가 됩니다.

무말랭이

가지

호박고지

동아박

야콘 말랭이

고구마 말랭이

재수화 과정

재수화(再水和)란 수분이 제거된 건조채소에 물을 다시 가해서 원상으로 돌아가게 하는 복구 과정을 말합니다. 이 과정을 거쳐서 건조채소를 사용할 수 있게 됩니다. 모든 건조식품이 반드시 재수화 과정을 거치는 것은 아닙니다. 채소에 따라 다르기 때문에 작물별로 그 특성과 요리법에 따라 구별해서 합니다.

재수화 노하우

① 그릇에 건조채소를 담고 물을 부어서 잠기게 한 후 적당한 부드러움을 얻을 때까지 불립니다.

② 너무 장시간 과도하게 수분을 흡수하다보면 영양소가 빠져나갈 수 있으므로 필요한 만큼만 합니다.

③ 건조 시간이 긴 것은 재수화도 오래 걸리기 때문에 반드시 재수화를 하는 것이 필요하고, 건조가 쉬웠던 것은 대개 재수화도 짧기 때문에 재수화 과정 없이 바로 요리에 들어가기도 합니다.

④ 건조 기간이 긴 시래기는 쌀뜨물에 하루 이상 불린 후에도 한참 삶아줘야 먹을 수 있습니다.

⑤ 수분이 빠져나간 채소는 원래 맛이나 모습과 유사하기도 하나 큰 차이가 나는 경우도 있습니다.

⑥ 물이 아니라 다른 것을 이용해서 재수화하기도 합니다. 그에 따른 활용도 다양합니다. 예를 들어 건조 토마토(썬드라이드토마토)는 올리브오일과 발사믹오일을 섞은 것에 담가 재수화해서 사용하면 좋습니다.

⑦ 허브 향신료나 차로 만들어진 것은 재수화가 필요 없이 바로 활용합니다.

⑧ 일부 과채류는 건조해서 그냥 먹기도 하는데, 당근처럼 그냥 먹거나 부각으로 만들어서 먹기도 합니다.

근대 물에 불리기

곤드레 물에 불리기

가지를 물에 불리기 시작

자리를 물에 불린 상태

동아박고지(동아박을 말린 것)

동아박고지를 물에 불린 상태

동아박고지 불린 것을 양념장에 졸였다.

쌀뜨물에 불린 시래기, 다시 삶아야 한다.

건조 토마토를 발사믹식초와 올리브오일, 허브가 담긴 병에 넣어 절인다.

부드럽게 된 건조 토마토는 쫄깃한 질감과 풍부한 맛을 지녀 샐러드나 다양한 요리에 활용할 수 있다.

건조채소의 활용

대부분의 채소는 건조가 가능하기 때문에 전례가 없다고 해도 집에서 직접 만들어 사용할 수 있습니다. 과거에 비해 건조채소의 활용 범위도 넓어졌습니다. 기존의 저장성이 강한 전통적인 건조채소 갈무리 외에 간편식, 1차 가공조리, 양념 등으로 제조하여 활용할 수 있습니다.

요즘은 요리가 다양해지고 식구 수가 줄어 구입한 식재료를 제때 활용하지 못하는 경우가 많습니다. 결국 남는 것을 냉장, 냉동고에 넣어두는데 그럴 경우 공간이 한정적이라 무한정 넣어둘 수도 없고, 냉동고에 넣어둔 것은 잘 찾아보지 않는 일이 많습니다. 또 냉장의 경우에는 장기간 저장이 불가능합니다. 건조채소를 이용하는 다양한 방법을 안다면 버려지는 채소가 줄어들고 요리는 쉽고 간편해지며 음식은 다양해질 수 있습니다.

양념용 건조채소

용도: 채소밥, 계란찜, 계란말이, 국, 찌개 등

후레이크(flake)는 '작게 자른 조각'이란 뜻으로, 라면 속에 감칠나게 들어있는 건채소 양념이 이것입니다. 이 후레이크를 직접 만들어 수시로 사용할 수 있습니다. 대파, 양파, 양배추, 청양고추, 당근, 채심, 근대, 아욱, 엇갈이배추, 시금치 등 대부분의 잎채소로 만들 수 있습니다.

채소를 작게 필요한 크기로 자른 후 건조해서 용기에 담아 조리대 부엌 양념 서랍에 넣어두고 요리할 때마다 사용합니다. 요리할 때마다 매번 씻어 다듬는 과정을 생략하고 간단하게 요리에 활용할 수 있어 조리 시간이 단축됩니다. 작게 자른 것과 좀 더 크게 자른 것, 두어 종류를 만들면 더 사용하기 좋습니다.

후레이크는 깊은 맛을 내기보다는 간편한 음식에 향미를 더하고 재료를 풍부하게 하는 용도로 사용합니다.

후레이크 양념 서랍

양파

대파 흰 부분

대파 파란 부분

양배추

풋고추

채심

당근

건조채소를 이용한 간편한 요리

한식을 패스트푸드처럼 쉽고 간편하고 빠르게 만드는 방식으로 건조채소를 요리에 활용합니다. 채소는 요리할 때 손질하는 과정이 많고 시간이 많이 가서 기피하게 되는데, 미리 갈무리해두어서 바로 요리에 활용하면 밥과 반찬의 구성이 반드시 필요한 우리나라 식사에서 좋은 대안이 됩니다. 아래 예시를 참고로 하여 다양하게 응용하면 수많은 활용이 가능합니다.

된장찌개용 건조채소

된장찌개에 들어가는 애호박, 양파, 청양고추, 고추, 대파, 표고버섯 등을 건조해서 활용하면 된장찌개를 별도의 손질 없이 빠른 시간에 조리할 수 있습니다. 각 채소별 비율은 본인의 입맛에 맞게 하되 건애호박 40%, 건양파 25%, 나머지 35%(건표고, 건청양고추, 건대파)를 넣으면 됩니다.

멸치육수(쌀뜨물)에 된장을 넣어 풀고 건조채소를 비율대로 넣어 끓입니다. 끓이면서 거품은 제거하고 입맛에 따라 두부나 팽이버섯 등을 넣습니다. 빠른 조리를 원한다면 미리 조합해서 봉지에 담아두는 것도 좋습니다.

건양배추, 건표고, 건호박, 건양파(왼쪽 상단부터 시계
방향으로)

두부와 건조채소를 넣은 된장찌개

건조채소국(아욱국 · 근대국 · 시금치국)

국거리로 쓰이는 아욱, 근대, 시금치 등을 건조해서 바로 육수에 넣으면 빠른 시간 내에 국을 완성할 수 있습니다. 멸치육수(쌀뜨물)에 된장을 풀고 건조채소를 모두 넣어 끓입니다. 거품은 걷어냅니다. 건조채소는 생채소보다 부드러움은 덜하지만 끓일수록 더 부드러워지며 맛이 좋아집니다. 건조채소를 물에 불렸다가 끓이면 더 좋습니다.

건조채소를 소분하여 봉지에 넣어두면 아주 편리합니다. 일하거나 공부하고 저녁에 집에 들어와서, 혹은 야외 활동 시에 아주 간편하게, 빠른 시간 내에 조리해서 먹을 수 있습니다. 근대가 국으로 끓일 때 가장 빨리 부드러워지고 아욱이 가장 덜 부드러워집니다.

건근대

근대는 재수화 과정 없이 끓는 육수에 바로 넣어 된장찌개를 끓일 수 있다.

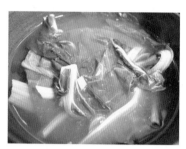

20분 후 완성된 건근대로 만든 근대 된장국

면 요리 후레이크

라면, 수제비, 우동, 국수 등에 건조채소 후레이크를 넣으면 훨씬 풍성한 맛을 즐길 수 있습니다.

건대파, 건조김치, 건당근 후레이크

건조채소 후레이크를 넣은 라면

채소밥

건조채소를 넣어 밥을 해서 그냥 먹거나 양념장을 곁들여 비벼 먹습니다. 곤드레나 시래기를 이용해도 좋습니다.

건조채소를 넣고 밥을 한다.

호박부각

부각이란 채소에 찹쌀 풀을 발라서 말려 두었다가 필요할 때 기름에 튀겨 먹는 음식을
말합니다. 익히지 않고 찹쌀 풀을 발라 말려 보관하는 호박 같은 것이 있고, 고추는 한
번 쪄서 말려 보관합니다.

호박을 도톰하게 썰어서 찹쌀물을 입힌다.

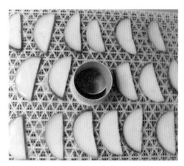

자연건조나 건조기에 말린다. 건조기로 고온
건조하면 빨리 마른다.

건조된 부각

다시 찹쌀물을 바르고 건조한다. 이 과정을
여러 번 하면 좋다.

완성된 부각. 상온에서 오랫동안 보관할 수
있다.

순식간에 타므로 적은 양의 식용유에 소량만
넣어 튀긴다. 1~2초 만에 건져낸다.

튀겨낸 부각. 얇으면 순식간에 타버리니 주의한다.

간장1:설탕1의 비율로 소스를 끓여 막 튀겨낸 부각에 뜨거운 채로 부
어준다. 바삭바삭하고 달콤해 아주 맛있다.

고추부각

고추를 반으로 잘라 밀가루를 두툼하게 묻힌다.

찜통에 놓고 찐다.

자연건조나 건조기에 말린다.

건조된 고추부각

비닐에 넣어 봉해두면 몇 년이고 변질이 없다.

호박부각처럼 식용유에 튀겨서 양념한 고추부각

저온저장

냉장저장 | 냉동저장 | 냉동 채소의 활용

채소는 수확한 후에도 세포 속의 효소로 인해 생리적인 변화가 지속되고 호흡작용도 계속되어 변질의 원인이 됩니다. 이 원인을 제거하거나 억제하는 방법 중 하나가 저장 온도를 낮추는 것입니다.

저온저장에는 크게 냉장저장과 냉동저장이 있습니다. 냉장저장과 냉동저장을 구분하는 기준은 빙결점입니다. 빙결점은 식품을 냉각시킬 때 식품 속의 물이 어는 온도를 말하는데 보통 영하 1~영하 5℃입니다. 그래서 이 빙결점에서 저장하는 것을 '빙온저장'이라고도 말합니다.

냉장저장이란 채소가 얼지 않을 정도의 저온, 일반적으로 10℃에서 빙결점 부근 온도까지 저장하는 것을 말합니다. 주로 단기간 저장에 이용합니다.

냉동저장은 빙결점 이하로 저장하는 것이며, 일반적으로는 영하 18℃ 이하에서 저장하는 것을 말합니다. 안정적으로 장기간 저장이 가능합니다.

 ## 냉장저장

냉장의 원리와 장단점

식품 변질의 주요인인 미생물은 활동적온이 있는데, 그 온도를 벗어나면 생물적인 활동을 중지하게 됩니다. 보통 10℃ 이하에서는 번식이 어려워지기 때문에 저온에서는 채소의 변화, 부패가 억제됩니다.

냉장저장이 진행되면서 발생되는 채소의 변질은 이렇습니다. 생물학적으로는 자체 성분 변화로 선도가 저하되어 맛과 색이 변하고, 저온 장해로 변색이나 무르는 현상이 발생합니다. 또한 저온에서도 미생물은 계속 번식하고 효소작용은 멈추지 않아 영양 손실이 있습니다. 물리적으로는 수분이 증발해서 채소가 변질되고 노화가 발생합니다. 화학적으로도 풍미가 저하되고 변색되며 산패되어 품질이 떨어지고 비타민이 감소되어 좋지 않습니다.

고로 냉장보관은 채소가 신선도를 유지할 수 있는 기한까지 저장하고, 냉장저장이 적합하지 않은 채소는 냉장하지 않습니다. 그리고 빠른 시간 내에 사용할 수 없다면 건조나 냉동 등 다른 갈무리를 하는 것이 필수적입니다. 냉장저장을 할 때도 보다 오래 신선도가 유지되는 방법을 채소마다 적용합니다.

채소의 신선도를 유지시키는 냉장 방법

수분 유지와 호흡을 가능하게

채소는 수확한 순간부터 수분 공급이 중단되는데 호흡작용은 계속되어 수분 배출이 일어나므로 점차 마르고 시들어갑니다. 채소 내 수분을 유지하려면 수분이 날아가지 않게 비닐을 씌워주거나 통에 담아둡니다. 그런데 이 경우, 채소가 배출한 수분이 비닐 안에 고여서 채소가 상합니다. 그래서 신문지로 채소를 감싸면 채소가 수분을 흡수하고, 내부의 습도가 유지됩니다. 채소의 신선함을 좀더 오래 유지하려면 신문지를 매일 갈아주는 것이 좋습니다.

채소의 호흡작용이 계속되려면 비닐에 작은 구멍을 뚫어 공기가 통하게 해줍니다. 시판되는 채소의 포장 비닐에 구멍이 뚫린 이유가 이것입니다. 구멍 없이 완전 밀폐하면 호흡을 방해받고 수분이 가득 차 흐물흐물해지며 부패가 빨라집니다.

수분 유지를 위해 비닐에 담되 호흡이 가능하도록 구멍을 내주고 배출된 수분을 흡수하면서 일정한 습도를 유지하도록 종이나 천으로 감싸주는 것이 냉장저장 시 채소를 좀더 신선하게 보존하는 방법입니다.

적합한 냉장 온도는 0~10℃

냉장고라고 해도 채소에게는 저온이기 때문에 얼 수 있습니다. 그래서 분리된 채소칸에 보관하는 것이 보다 좋습니다. 채소칸은 직접 냉기가 닿지 않고 냉장고를 열어도 냉기와 습기 변화가 적어 생채소에게는 유리합니다. 그러나 원산지가 열대지방인 오이, 토마토, 가지 등은 저온에 약해 채소칸이라도 냉해를 입습니다. 냉기를 직접 쐬지 않도록

냉장고 채소칸의 온도와 습도

감싸도 일주일 이상은 견디지 못합니다. 수확해서 단기간에 먹을 것만 놔두고 나머지는 갈무리하는 것이 좋습니다.

재배 환경과 비슷하게 보관하기

무, 당근 같은 뿌리채소는 잎을 그대로 놔두고 저장할 경우 잎이 계속 자라게 됩니다. 잎이 뿌리에서 영양과 수분을 흡수해 뿌리 상태가 나빠지므로 완전히 잎 부분을 잘

라내고 따로 보관합니다. 무 잎을 잘랐어도 덜 잘렸을 경우에 잎이 나와 자랄 수 있습니다.

흙이 묻은 채소는 흙만 깨끗이 털어냅니다. 씻지 않고 보관하는 것이 신선함을 지속하게 합니다. 잎채소들은 비닐에 여유 있게 담되 밀폐하지 말고 가급적 세워서 채소칸에 보관하는 것이 좋습니다.

무 뿌리와 잎은 잘라서 분리한다.

잎이 달린 무에서 싹이 나오고 있다.

실온보관하거나 냉해를 주의해야 하는 채소들

냉장이나 냉동을 할 경우 변질, 부패되는 것들과 추위에 약한 채소들이 있습니다. 실온보관이 적합해도 일정기간이 넘으면 시들어버리므로 가급적 빨리 소비하거나 가공 저장하는 것이 좋습니다.

고구마: 실내 보관. 베란다에서도 냉해를 입을 가능성이 높다.

감자: 10℃ 이하의 냉장온도에서 전분이 포도당으로 분해되어 질감이 물러진다. 10~20℃ 정도 되는 통풍이 잘되는 곳에, 상자에 넣어 햇빛을 차단해서 저장한다. 장기간 저장 시 휴면기간이 지나면 싹이 올라오므로 그 전에 소비하거나 갈무리한다.

양파: 공기가 통하도록 하고 매달아두는 것이 좋다. 휴면기간 지나면 싹이 올라온다.

마늘: 공기가 통하도록 하고 매달아두는 것이 좋다. 휴면이 끝나면 냉장보관 중에도 싹이 올라오므로 냉장고 보관이 의미가 없다. 싹이 올라오는 10월 이후에는 다져서 냉동보관하거나 가공하는 것이 좋다.

무: 잎은 잘라내고 신문지에 싸서 밀폐상자에 저장하거나 냉장보관한다.

배추: 신문지에 싸서 바로 세워서 얼지 않는 곳에 둔다.

파: 신문지에 싸서 두거나 화분에 심는다.

풋토마토: 실온에 두고 익히고, 익으면 냉장저장한다.

가지: 실온에 두면 시들기 때문에 한 개씩 랩으로 싸서 둔다. 5℃ 이하에서는 변질된다.

오이: 실온에 두면 시들기 때문에 한 개씩 랩으로 싸서 둔다. 10℃ 이하에서 변질된다.

단호박: 실온에 그대로 두되, 자른 것은 냉장하고 익힌 것은 냉동한다.

냉동저장

냉동 채소를 이용한 요리의 편리성

채소 냉동은 일부 채소를 제외하고 상당수의 채소에 가능합니다. 시판되지 않는다고 해서 가정에서 냉동해서 사용할 수 없는 것은 아닙니다. 최근에 가정용 냉동고의 보급으로 냉동식품의 종류와 판매량이 늘어났고 다양한 가열 기구를 사용할 수 있어서 냉동식품은 더 다양해졌습니다.

냉동 채소는 다른 갈무리 방법보다 장소를 많이 차지한다는 단점과 냉동시킨 후 잘 꺼내 쓰지 않는다는 것이 문제인데, 이것을 보완한다면 요리와 식생활에 큰 도움이 될 수 있습니다. 냉동식품은 냉장식품보다 위생 면에서 안전하고 오래 저장이 가능하며, 2차 가공 조리가 되어 있어서 건조한 것보다 더 쉽게 활용할 수 있습니다. 냉동 채소는 냉동 전에 반드시 세척과 손질이 끝나야 해동이나 세척 없이 바로 조리할 수 있습니다.

냉동의 원리

냉동저장은 〔전처리 – 냉동 – 냉동저장 – 해동〕의 순서를 거쳐서 진행됩니다. 냉동저장은 다른 저장에 비해 조직의 변화가 크기 때문에 그 원리를 제대로 아는 것이 필요합니다.

냉동은 채소 속에 있는 수분을 동결시켜 저장하는 것으로, 냉동을 통해 미생물의 생육을 억제하고 효소 활동을 저하시켜 채소의 장기적인 저장이 가능하게 합니다. 냉동할 때는 채소 내의 수분이 동결되면서 얼음입자가 생기는데, 얼음입자가 커지는 최대 빙결점대인 영하 1~영하 2℃를 빨리 통과할수록 얼음입자가 작아지고, 영하 5℃에서 채소 내 수분의 80% 가까이가 동결됩니다.

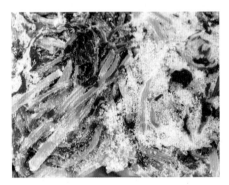
무청 냉동. 완만동결로 얼음결정이 많이 생겼다.

동결 시 만들어지는 채소 내 얼음결정에 의해 세포와 조직이 파괴됩니다. 이 때문에 동결 채소의 품질이 나빠지는데 이것을 줄이기 위해서는 '급속동결'을 해야 합니다. 동결 시간이 짧을수록 얼음결정의 크기가 작아져서 세포의 손상이 적고 미생물의 사멸 속도도 큽니다.

반면 '완만동결'을 하면 천천히 얼면서 얼음결정이 커져서 해동할 때 채소의 부피 변화가 커지고 조직이 많이 파괴되어 식감이 나빠집니다. 채소를 얼렸을 때 주변에 얼음 알갱이가 생기는 것은 완만동결을 시켰거나 냉동 온도가 낮았거나 주위에 같이 얼 수 있는 수분이 있었기 때문입니다.

냉동 노하우

냉동 전 열처리하기(데치기, 찌기, 볶기)

생채소를 냉동하는 것은 대부분 좋지 않습니다. 생채소를 냉동할 경우 변색되거나 식감이 물러져 해동 시 먹기 힘들어지는 경우도 있습니다. 또한 냉동저장을 해도 미생물은 완전히 죽지 않고 살아 있다가 해동할 때 미생물이 증식합니다. 그래서 미생물의 사멸과 채소의 품질 유지를 위해 냉동 전에 열처리를 합니다.

주로 잎채소는 해동 후 가열조리를 하기 때문에 데친 후 냉동해도 아무 문제가 없습니다. 열처리 후 냉동하면 양이 줄어들어 공간을 덜 차지하고, 효소의 불활성화로 변질을 멈추고 조리 시 조직의 변화가 적습니다. 특히 열매채소는 열처리를 거치면 변질이 적고 조리 시간이 줄어듭니다. 열처리는 물로 데치는 방법과 찌는 방법이 있습니다.

급속동결하기

가정용 냉장고로 급속동결하는 것은 쉽지 않지만 비슷한 효과를 내는 방법이 있습니다. 열전도도가 높은 금속쟁반을 이용하는 것입니다. 쉽게 구할 수 있는 스테인리스 쟁반을 이용합니다.

쟁반을 냉동실에 넣어 냉각시킨 후 냉동할 채소를 올리고 위에 다시 쟁반을 얹습니다. 채소를 얇고 넓게 펼쳐서 쟁반에 많이 닿도록 올려놓으면 금속판의 냉기가 채소에 고르게 빨리 전달되어 급속냉동됩니다. 이것은 프라이팬을 충분히 불에 달군 다음에 재료를 놓았을 때 빠른 시간 내에 표면이 익어서 육즙이 흘러나오기 전 겉면이 익어버리는 것과 같은 원리입니다. 동결 시간이 길어질수록 주위에 온도 변동이 있게 되면 주변의 수분과 같이 얼어서 얼음결정이 커지게 됩니다.

급속냉동할 때 채소를 비닐밀봉한 다음에 급속냉동할 수도 있고, 금속판에 놓고 냉동한 다음에 비닐에 넣어 밀봉할 수도 있습니다.

스테인리스 쟁반 2개를 냉동실에 넣어 차갑게 냉각시켜 둔다.

비닐에 넣은 후 쟁반 사이에 넣고 냉동하기

냉동된 파프리카. 얼음결정 없이 깨끗하게 급속냉동되었다.

공기 차단하기

배추 우거지 냉동화상

포장할 때는 최대한 공기를 뺀 후 냉동해야 채소 외부에 많은 얼음결정이 생기지 않습니다. 공기가 많이 있으면 산화되거나 공기 중 수분이 얼어 서리가 끼게 됩니다. 또한 외부 공기가 들어가지 않는 밀폐비닐 포장재를 사용하는 것이 좋습니다. 일반 비닐은 공기 차단이 되지 않아 시간이 흐름에 따라 냉동 채소의 변질이 발생합니다.

사용할 때까지 공기와 접촉이 되지 않게 하려면 내용물을 1회 분량씩 나눠서 동결합니다. 대포장으로 동결하면 사용할 때마다 공기에 노출되어 '냉동화상' 현상이 발생합니다. '냉동화상'이란 냉동고 내 온도 변화가 있을 때나 포장을 열 때마다 냉동한 것이 따뜻한 공기에 노출되면서 얼음결정이 액체가 되는 것(액화)이 아니라 바로 기체가 되는 현상(기화)을 말합니다. 이 현상으로 채소의 표면이 푸석하게 말라버려 냉동식품의 질을 떨어뜨립니다.

냉동화상을 막으려면 보관 전용비닐을 사용하고 적은 양씩 포장해서 공기 중에 가능한 노출되지 않게 하고 온도 변화가 없도록 저장해야 합니다. 전용 비닐이 아닌 일반 비닐 사용 시 시간이 갈수록 비닐 안에서 서서히 말라갑니다.

냉동하기 전에 물기를 닦거나 가볍게 짜내기

잎채소는 너무 물을 짜내면 해동 시 질겨지므로 물이 흐르지 않을 정도로 가볍게 짜주고, 표면의 물기는 닦아내고 냉동합니다.

신선할 때 냉동하기

수확한 채소를 며칠 내에 먹을 것은 냉장, 실온저장하고 냉동할 것은 수확한 날 바로 냉동합니다.

작물별로 적당한 양을 냉동하기

냉동 채소 보관에는 반드시 냉동고가 필요하기 때문에 냉동고 면적을 고려해서 냉동 양을 결정합니다. 가령, 근대가 많다 해도 너무 많은 양을 냉동하면 다른 채소가 들어갈 수 없고 근대는 다 소비하지 못해 처치 곤란이 됩니다. 작물별로 냉동 양을 안배해야 나중에 골고루 다양하게 채소를 먹을 수 있습니다. 냉장, 냉동, 건조, 가공이 모두 가능한 채소일 경우 다양하게 갈무리하면서 냉동도 적당한 양을 하는 것이 실용적인 갈무리입니다.

소분해서 냉동하기

냉동이 잘 되고 사용하기 좋게 하려면 적절한 손질이 필요합니다. 일단 냉동이 되면 인접한 것들끼리는 들러붙어 해동할 때까지는 분리되지 않으므로 덩어리를 작게 소분해서 냉동합니다. 그렇지 않으면 나중에 전체를 해동해야 하고, 요리하고 남은 것은 재냉동할 수 없으므로 사용할 수 없게 됩니다. 한번 해동한 것을 재냉동하면 오염과 품질 하락의 가능성이 크기 때문에 재냉동은 삼가야 합니다.

작물별로 적절한 손질

채소 중에는 덩어리째 냉동하면 안 되지만 작게 자르면 냉동이 가능한 것도 있기 때문에 냉동 전 절단하는 것이 필요합니다. 또한 가급적 작고 얇게 잘라야 급속냉동이 되고 해동이 빨리 되어 품질 변화가 적습니다. 손질할 때는 사용할 요리를 미리 염두에 두고 절단해야 나중에 조리할 때 좋습니다.

기타 참고 사항

- 냉동하면 재료가 무엇인지 구별이 쉽지 않으므로 포장비닐에 반드시 냉동한 날짜와 내용물을 적습니다. 시금치, 근대, 아욱, 엇갈이 등은 냉동하면 거의 비슷하게 보입니다.
- 6개월에서 1년까지 보관이 가능하나 시간이 갈수록 산화되고 건조되어 식미가 떨

어지니 오래된 순서로 빨리 먹도록 합니다.

- 냉동이 맞지 않는 과채류는 건조하는 것이 좋습니다. 애호박, 가지, 오이 같은 채소는 냉동이 맞지 않습니다. 익혔을 때 맛이 없습니다.

해동의 원리

해동은 채소의 얼음결정이 녹아서 원래 상태로 되돌아가는 것을 말합니다. 해동할 때는 동결에 걸린 시간보다 더 긴 시간이 필요합니다. 해동 시 얼음결정이 녹으며 수분이 유출되는데 그 양은 동결 상태나 보관 상태에 따라 다릅니다.

해동에서 주의할 것은 멈췄던 효소 반응이 진행되고 미생물이 다시 활동하면서 변질되는 것과 액즙이 유출되면서 영양소가 손실되는 것입니다. 그래서 가급적 그런 변질을 최소화하고 조리에 속히 들어가는 것이 좋습니다.

해동할 때 중요한 원칙은 질감의 변화를 줄이고 선도를 떨어뜨리지 않는 것입니다. 세균의 번식을 막고 식감이 나빠지지 않도록 해야 해동 효과를 볼 수 있습니다.

해동 방법들

- **자연해동**: 실온에서 해동하는 것으로 해동 시간이 오래 걸리고 변색하거나 표면이 마르고 미생물 번식 가능성이 있습니다.
- **전자레인지 해동**: 해동 기능을 사용하는 것으로 오래 사용하지 말고 짧게 사용합니다.
- **수중 해동**: 포장한 채로 흐르는 수돗물에 담가 해동하는 방법으로 자연해동보다는 빨리 해동됩니다. 고인 물에 하면 물이 차가워집니다.
- **냉장 해동**: 냉장고 저온(3~5℃)에서 서서히 해동하는 것으로, 오래 걸리고 변질 가능성이 있으나 자연해동보다는 좀 더 안정적입니다.
- **가열 해동**: 냉동된 그대로 뜨거운 물이나 뜨거운 팬에 넣어 해동과 동시에 조리하는 방법으로 가장 안전합니다.
- **열처리**: 끓는 물에 데치거나 찜기에 살짝 찝니다. 익히기 위한 조치가 아니라 해동 시 나오는 물을 줄이는 것이 목적입니다. 물을 이용하지 않는 건식조리에 적합합니다.

냉동 채소의 활용

잎채소 냉동하기

국이나 찌개 같은 습열 조리를 하는 채소들은 모두 냉동저장이 가능합니다. 근대, 아욱, 시금치, 엇갈이배추, 배추, 열무, 무청, 돌산갓, 채심 같은 잎채소들입니다. 변색, 변질을 막기 위해 끓는 물에 약간의 소금을 넣고 살짝 데친 후에 물기를 짜내지 않고 채반에 놓고 자연스럽게 물이 빠진 후에 냉동합니다.

냉동한 것은 해동 과정을 거치지 않고 끓는 육수에 바로 넣어 조리합니다. 이미 한 번 데친 것이라 빠른 시간 내에 조리되며 원래 채소의 식감과 거의 비슷합니다.

근대와 파드득나물

냉동하기 전 데칠 때 물을 넉넉하게 사용합니다. 채소를 넣으면 순간 수온이 떨어지기 때문입니다. 데치는 시간은 채소의 숨이 죽을 정도면 됩니다. 너무 오랜 시간 끓이면 나중에 조리할 때 간이 배기 전에 채소가 무를 수 있습니다.

근대 된장국. 근대를 깨끗하게 세척한 후 천일염을 넣은 끓는 물에 데친다.

건진 근대를 찬물에 식히고 채반에 놓아 물기를 뺀다. 손으로 짜서 채소 내 물기를 제거하면 질겨진다.

비닐에 넣고 공기를 최대한 빼고 급속냉동한다.

냉동저장한 근대

끓는 된장육수에 냉동 근대를 넣는다.

끓이면 생근대를 끓인 것과 거의 차이가 없는 근대국이 된다.

파드득나물 무침. 데쳐서 냉동한 파드득나물이다. 끓는 소금물에 가볍게 데친다.

너무 익지 않게 빨리 건진다.

찬물에 식히고 물기를 꽉 짠다.

양념에 무치면 생것과 맛 차이가 없는 파드득나물무침이 된다.

열매채소 냉동하기

열매채소는 그대로 냉동하면 냉동 중 변질 우려가 많으므로 열처리를 해줍니다. 열처리는 삶거나 찌거나, 팬에 볶는 방법으로 하고, 비닐에 넣어 냉동합니다. 미리 절단하는 등의 손질 후에 익힌 후 냉동하며, 사용할 때 해동 과정이나 세척 없이 바로 조리합니다. 따라서 조리 시간이 단축되는 것이 가장 큰 장점입니다. 끓는 물에 살짝 담아 해동하거나 쪄서 해동한 후 조리할 수도 있습니다.

냉동 감자

감자를 썰어 데친 후 물에 담가 식힌다.

비닐에 담은 냉동감자를 차곡차곡 냉동실에 쌓아둔 모습

냉동감자를 육수에 그대로 넣어 끓인 감자국

냉동감자를 오븐에 넣고 기름 없이 구운 감자칩

작게 썬 냉동감자를 냄비에 넣는다.

조림장을 넣고 익히면서 졸인다

완성된 감자조림

냉동 양파

토마토 스파게티. 팬에 볶은 후 냉동해둔 양파를 팬에 냉동한 그대로 넣어 다시 볶는다.

볶은 양파에 토마토소스를 넣어 조리한다.

카레. 냉동 양파를 넣어 볶고 있다.

생것으로 다지거나 잘라서 냉동하기(대파, 쪽파, 마늘, 생강, 피망, 파프리카, 고추)

통째로 냉동하는 것은 부적합한데 다지거나 으깨거나 잘라 섬유조직을 파괴하면 생것으로 냉동이 가능한 채소가 있습니다. 대파, 쪽파, 마늘, 생강, 피망, 파프리카, 고추 등이 그렇습니다.

피망, 파프리카는 통째로 냉동하면 해동 시 물렁물렁해집니다. 작게 잘라서 냉동하면 해동 없이 바로 볶음요리에 사용할 수 있습니다. 마늘도 통으로 냉동할 수 없지만 다져서 냉동하면 요리에 바로 사용할 수 있습니다. 대파, 쪽파도 작게 잘라 냉동해서 바로 요리에 넣어 사용하면 좋습니다.

파프리카를 작게 썰어 비닐봉지에 담아 냉동했다.

달군 프라이팬에 냉동 피망을 해동 없이 바로 볶는다.

냉동 대파

냉동 대파를 라면에 넣는다.

생것으로 통째로 냉동하기(토마토)

통째로 냉동 가능한 채소도 있습니다. 토마토는 그대로 통째로 냉동했다가 꺼내서 살짝 자연해동해서 껍질을 벗긴 후 칼로 썰어서 냄비에 넣어 가열하면 생토마토와 똑같이 사용할 수 있습니다. 가공할 시간이 없을 때 이용하기 쉬운 방법입니다.

토마토를 통째로 얼렸다.

냉동한 토마토를 실내에 놔두니 겉면이 금방 녹았다. 껍질을 손으로 벗겨도 잘 벗겨진다.

토마토 요리에 자른 냉동 토마토를 넣어 조리하고 있다.

여러 가지를 혼합하여 냉동하기

당근, 완두, 그린빈, 피망, 오크라, 아스파라거스 등을 생것으로 작게 썰어 같이 섞어 냉동합니다. 각종 볶음 요리에 사용합니다. 조리할 때 일일이 손질하는 귀찮음을 덜고 빠른 조리를 할 수 있습니다. 센 불에 해동 없이 바로 볶아 남아 있는 수분을 날립니다. 채소 볶음밥, 크로켓, 카레, 수프, 샐러드 등에 다양하게 사용 가능합니다.

팬에 식용유, 마늘로 향을 내고 피망과 파프리카를 혼합한 냉동 채소를 넣고 볶는다.

냉동 브로콜리도 넣고 다른 냉동 채소도 넣어 볶는다.

김치와 밥, 토마토소스, 허브를 넣어 볶은 김치볶음밥

절임(염장·당장·산장)

절임이란

절임이란 식품에 소금, 설탕, 식초를 넣어서 삼투압 현상을 이용하거나 pH를 조절해서 저장을 용이하게 하는 것입니다. 동양에서는 채소를 절이는 데 주로 소금을 많이 사용하고 서양에서는 식초를 많이 사용합니다. 동양은 습도가 높아 곰팡이 번식을 억제하기 위해서 소금을 사용하고, 유럽은 건조해 세균 번식을 억제하기 위해서 식초를 사용합니다.

우리나라는 소금을 이용한 소금 절임 외에도 된장, 고추장 등 장을 이용한 장아찌가 발달했습니다. 서양은 식초에 다양한 향신료를 사용해 독특한 맛을 내는 피클을 만들었습니다. 설탕이 흔해진 요즘은 설탕을 이용한 당장법도 많이 합니다. 주로 과일류로 잼, 젤리 등을 만들고, 요즘은 '효소'라는 이름으로 거의 모든 식물을 설탕을 이용해 만듭니다.

최근엔 소금, 식초, 설탕을 동시에 다 사용하는 절임법이 많이 이용됩니다. 이것들의 비율은 그다지 중요하지 않습니다. 각자의 입맛과 기호에 맞게 하면 됩니다.

소금의 종류

소금은 원료의 출처에 따라서 천일염, 정제염, 암염 등으로 나뉘고, 가공 방법에 따라 재제염, 가공소금 등으로 나뉩니다.

- **천일염(호염)**: 바닷물을 갯벌에서 태양열과 바람으로 자연증발시킨 소금으로 가장 귀하게 여깁니다. 입자가 굵고 색이 약간 검습니다. 정제염보다 염화나트륨의 함량이 낮은 대신 칼슘, 칼륨, 마그네슘 등 미네랄이 3~5배 더 많습니다. 염화나트륨 함량 80~85%
- **정제염(기계염)**: 바닷물을 전기분해해서 순수한 염화나트륨만을 남기고 남은 것들은 제거한 소금입니다. 불순물을 제거했기 때문에 위생적이나 몸에 좋은 미네랄도 제거되었습니다. 정제염에 MSG(글루타민산타트륨)를 첨가해 감칠맛을 더한 것이 맛소금입니다. 염화나트륨 함량 99% 이상
- **암염**: 돌에서 얻는 소금으로 건조지역에서 해수나 염분을 포함한 호수가 퇴적되어 형성된 것으로 공업용, 식염, 소다의 원료 등으로 이용됩니다. 염화나트륨 함량 99% 이상
- **재제염**: 결정의 모습이 눈꽃 모양이라 꽃소금이라고 불리는데, 천일염을 물에 녹여

불순물을 제거하고 재가열해서 천일염보다 희고 입자가 작습니다. 천일염이 20%, 나머지는 정제염과 암염이 혼합되어 있습니다. 염도 90% 이상

• **가공소금**: 맛소금, 죽염 등

염장(소금 절임)의 원리

염장(鹽藏)은 소금에 절이는 것입니다. 육류와 채소 모두 이 방법을 사용할 수 있는데, 소금은 부패 방지와 동시에 맛을 돋우는 작용을 합니다. 소금 절임의 핵심은 삼투압입니다. 소금이 채소에 접촉하면 채소 속의 수분이 밖으로 빠져나오고 소금은 안으로 침투하여 채소가 부드러워지고 줄어들며 소금간이 배게 됩니다. 또한 채소에 있던 미생물도 삼투압으로 인해 세포가 원형질 분리를 일으켜 죽거나 생육이 억제됩니다. 미생물에 따라 소금의 염도에 따른 저항력이 차이가 있는데, 세균은 10%에서, 효모는 15%에서, 곰팡이는 20% 이상의 염도에서 활성이 억제됩니다.

삼투압이란

*용질
용액에 녹아 있는 물질
(소금물 속의 소금)

*용매
용액에서 용질을 녹이는 물질(소금물 속의 물)

생체 내에는 많은 막들이 있는데 그중 '반투막'은 어떤 물질의 성분 중 일부를 선택적으로 잘 통과시키는 막입니다. 삼투압이란, 농도가 다른 두 액체 사이에 반투막이 있을 때, 용질*의 농도가 낮은 쪽에서 높은 쪽으로 용매*가 옮겨가는 현상에 의해 나타나는 압력입니다. 소금물에서는 물이 용매, 소금이 용질입니다. 소금의 농도가 낮은 곳에서 농도가 높은 곳으로 물이 이동하는 현상이 나타납니다.

소금물에 배추를 담가놓으면 소금물의 농도가 높고 배추의 농도는 낮으므로, 배추 세포 안쪽의 물이 소금물 쪽으로 이동합니다. 배추에서 수분이 빠져나가니 배추는 크기가 줄어드는데 이게 바로 삼투현상입니다. 삼투현상으로 배추 내 물이 빠져나와 숨이 죽고 원형질 세포가 파괴되어 배춧속으로 양념이 쉽게 스며들고 배춧속의 미생물의 활동도 정지되고 효소작용도 둔해집니다. 이런 삼투현상을 이용하는 것으로 염장과 당장이 있으며 용매는 소금이나 설탕을 이용합니다.

천일염이 좋은 이유

세계 소금 생산량의 0.15%만이 갯벌 천일염인데 그중 86%인 37만여 톤이 우리나라 갯벌에서 생산됩니다. 특히 세계 5대 갯벌 중 하나인 서해 갯벌의 염전은 염도가 낮을 뿐더러 미네랄이 풍부해 세계 최고의 천일염으로 인정받고 있습니다.

배추를 소금에 절여 만드는 우리나라의 김치를 만일 정제염으로 절이면 어떻게 될까요? 염화나트륨 함량이 높아 배추 조직에서 물이 너무 많이 나와서 조직이 물러지고 소금 흡수량도 많아져서 김치 맛이 나빠집니다. 우리나라에서 배추를 소금에 절인 김장이 발달한 이유는 질 좋은 천일염이 풍부했기 때문이 아닌가 합니다.

천일염은 불순물인 염화마그네슘과 황산칼슘을 함유하고 있는데, 이것들은 채소의 단단함을 유지하여 아삭하게 합니다. 천일염으로 절인 김치는 배추의 수분을 적절하게 유지시키고 김치 유산균의 활동을 촉진시켜 김치 고유의 맛을 살려줍니다.

음식에 소금을 넣을 때는 처음부터 넣으면 잘 무르지 않으므로 익은 다음에 넣습니다. 두부같이 부드러운 것은 처음부터 넣어 단단하게 합니다. 설탕과 같이 사용할 때는 설탕을 먼저 넣습니다.

염장 방법

건염법(건식)
채소에 소금을 직접 뿌려서 염장하는 것으로 적은 양의 소금만으로도 됩니다. 건염법은 삼투압의 차이가 크기 때문에 염수법보다 빨리 절여집니다. 그러나 소금이 닿은 부분과 직접 안 닿은 부분 차이가 있어 균일하게 소금이 절여지지 못하는 단점이 있습니다.

염수법(습식)
소금물을 만들어 채소를 담가 절이는 방법으로 건염법보다 많은 양의 소금이 필요합니다. 소금물에 절이기 때문에 균일하게 절여지는 것이 장점입니다. 절이면서 채소에서 수분이 빠져나와 물의 양이 많아집니다. 소금 사용량은 물 양의 10~20% 정도입니다.

개량건염법
염장의 속도를 높이기 위해 염수법과 건염법을 같이 사용하는 방법입니다. 처음엔 염수법으로 소금물에 채소를 담군 후에 건져서 건염법으로 소금을 뿌려서 절입니다.

김장배추를 절일 때 소금물에 배추를 한번 담갔다 꺼낸 후에 통에 담고 그 위에 소금을 뿌리는 것이 이 방법으로, 배춧잎 사이사이에 소금물이 스며들게 해서 구석구석 소금이 닿지 못하는 건염법의 단점을 보완하고 절임 효과를 높입니다.

건염법, 채소에 소금을 뿌려 절인다.

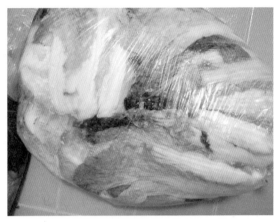

양이 많은 배추를 소금물에 절일 때는 큰 김장비닐에 절인다. 물5: 천일염1의 비율로 20% 소금물을 만들어 배추가 담긴 비닐 속에 부어준다.

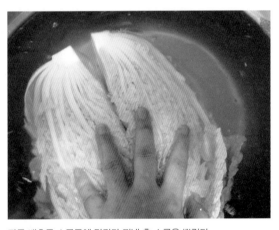

자른 배추를 소금물에 담갔다 꺼낸 후 소금을 뿌린다.

염수법. 고추 삭히기. 고추에 구멍을 내고 소금물을 부은 후 위로 뜨지 않게 해준다.

삭히면서 고추의 색이 변하는 과정

삭힌 고추 완성

당장(당절임법)의 원리

당장(糖藏)은 설탕에 절여 장기보관하는 저장법입니다. 소금과 마찬가지로 설탕도 삼투압의 원리를 이용합니다. 설탕의 농도가 높을 때 채소와 접촉하면 채소 속의 수분이 빠져나와 수분은 줄어들고 미생물의 생육이 억제되어 방부 효과가 있게 됩니다.

야콘 효소

설탕의 양은 채소가 가진 수분의 양만큼이 필요합니다. 당의 농도가 낮으면 오히려 미생물의 성장을 돕게 됩니다. 세균을 억제하고 저장성을 갖게 하려면 충분한 당이 필요합니다. 절임을 통해 나온 수분과 설탕이 합쳐져 또 다른 맛을 줍니다. 수분이 많은 과채류에는 적합하지 않은 편이어서 호박, 토마토, 오이 같은 채소에는 활용하지 않습니다.

야콘, 울금, 작두콩 등을 설탕에 절여 당절임을 만들어두고 차로 많이 마십니다. 효소가 인기를 끌면서 산야초를 포함한 채소류를 설탕에 절이는 저장 방법을 요즘 많이 사용하는데, 채소는 3달 후에 건져내고, 남은 설탕 절임액은 계속 발효시키며 먹습니다. 설탕 절임에 사용하는 설탕은 순도 높은 백설탕이 좋습니다.

산장(초절임, 산절임)의 원리

산장(酸藏)은 식초를 이용한 장기저장법입니다. 식초는 신맛이 나지만 알칼리성식품입니다. 그래서 산성식품을 많이 먹어 체질이 산성화되어 가는 현대인에게 도움이 되는 식품입니다.

산장법은 염장법, 당장법의 삼투압 원리와는 달리 산성으로 미생물을 살 수 없게 해서 저장하는 방법입니다. 미생물 중 세균은 중성인 pH7 내외에서 잘 생존하는데 강산성인 pH5 이하에서는 생육이 억제됩니다. 그래서 초산, 젖산, 구연산을 이용한 산절임은 오랫동안 좋은 저장법이었고, 식초는 새로운 맛을 주는 조리로 좋은 활용이라고 할 수 있습니다.

초절임에 사용하는 천연양조식초는 미생물을 발효해서 만듭니다. 유기산이 주성분인데 유기산은 초산, 구연산 등 수십 가지 산의 혼합이며 물에 잘 녹고 항산화제로서 몸에 나쁜 활성산소를 파괴하는 일을 합니다. 식초는 저장성뿐 아니라 그 자체만으로도 몸에 수많은 유익한 일을 하고, 천연양조식초는 유기산과 비타민이 풍부합니다.

식초에 대하여

식초는 살균, 방부작용, 탈수작용을 해서 장아찌, 피클, 초절임 등에 이용됩니다. 식초는 산도 4% 이상을 함유해야 하고 주로 초산이 주성분입니다. 양조식초와 합성식초가 있습니다.

- **양조식초(釀造食醋)**: 전분, 당류, 에틸알코올을 원료로 하여 미생물의 작용으로 생성한 발효아세트산을 주성분으로 하는 산성조미료입니다. 합성아세트산이 절대로 포함되어 있지 않습니다. 시판 식초는 대개 양조식초로서 과실식초, 곡물식초, 주정식초의 세 종류로 규정되어 있습니다. 원료에 따라 구분하면 곡식초, 과실초 및 알코올초로 나누어집니다. (양조식초=천연식초)
- **합성식초**: 초산 함량이 3~5%가 되도록 빙초산을 희석한 식초

피클

서양에서는 식초 절임 방법으로 피클이 유명합니다. 피클은 염장, 당장을 할 수 없는 채소로도 만들 수 있습니다. 식초뿐 아니라 소금, 설탕을 섞은 조미식초에 절이거나 향신료를 넣어 맛과 향을 가미합니다. 향신료에는 다양한 허브나 고추, 마늘, 통후추 등을 사용하며 그 조합에 따라 다양한 맛을 낼 수 있습니다. 초절임 보관은 유리병에 하는 것이 제일 좋으며, 완전밀폐해서 가열하면 오랜 저장이 가능합니다.

무초절임과 오이피클. 식초, 설탕 혼합물에 절이기

마늘종 장아찌. 식초, 소금 혼합물에 삭히기

염장·당장·산장을 이용한 다양한 장아찌 절임

장아찌는 우리나라에 유독 발달한 채소 절임으로 소금뿐 아니라 간장, 된장, 고추장을 이용한 저장 방법입니다. 짭짤한 소금기로 저장하기 때문에 염장법에 속하는데 오래 저장이 가능하고 독특한 맛이 있어 밥을 주식으로 하는 우리 음식문화에 중요한 밑반찬 역할을 합니다.

그러나 요즘은 같은 채소라도 우리나라 전통 장아찌 식과 피클 식 두 종류로 담그는 추세입니다. 전통적인 방법으로 만드는 장아찌는 오랜 시간이 걸리지만, 요즘은 빠른 시간 내에 먹을 수 있는 방법도 많이 활용합니다. 즉 다양한 채소로 다양한 방식의 장아찌를 담그는 추세로, 설탕, 식초를 같이 혼용하여 달라진 우리 입맛에 맞추어 담급니다. 특히 요즘 인기 있는 피클은 서양식 초절임 장아찌로 소금, 설탕을 넣은 조미식초에 절이거나 향신료를 넣어 향미를 높입니다.

수분이 많고 섬유소가 적은 배추 같은 작물을 빼고는 채소 대부분으로 만들 수 있습니다. 무, 오이, 고추, 마늘 외에도 고춧잎, 깻잎, 마늘종, 곤드레, 콩잎, 쪽파, 풋마늘 같이 많은 종류의 채소로 장아찌를 담글 수 있습니다.

장아찌를 담글 때 제일 중요한 것은 수분 제거입니다. 채소는 대개 수분이 90%를 넘습니다. 미생물의 번식을 막기 위해서 수분의 함량을 줄이는 것이 저장에서 제일 중요합니다. 1차로 수분을 제거한 후에 맛을 들이는 2차 작업에 들어갑니다.

햇빛에 건조한 후 절이기

무, 가지, 박, 참외 같은 것들은 수분이 많은 것들이라 꾸덕꾸덕하게 말리거나 바짝 말린 후에 간장물을 붓거나 장에 박습니다. 고춧잎은 끓는 물에 살짝 데치거나 찐 후에 말려서 담습니다.

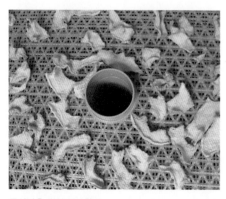

동아박을 썰어 건조한다.

박고지 고추장장아찌. 고추장, 물엿, 매실액 혼합물로 만든다.

소금에 절이기

무는 천일염에 굴려 소금을 묻힌 후 항아리에 쌓고 상온에 놔둡니다. 이틀 후 물이 나온 무에 고추씨를 듬뿍 덮어주고 천일염을 더 붓고 물을 넣어준 후 무가 그 위로 뜨지 않게 눌러주고 서늘한 곳에 6개월 정도 보관합니다. 무짠지를 꺼내 찬물에 짠맛을 조금 뺀 후 썰어서 무쳐서 먹습니다.

소금물이나 간장에 삭히기

오이에 끓인 소금물을 부어서 오이지를 만듭니다.

식초나 설탕, 소주(청주)를 넣어 만들기

최근엔 소금물이나 간장만 붓기보다는 식초와 설탕을 같이 넣어 새콤달콤한 맛을 추가한 장아찌를 만드는 추세입니다. 식초, 설탕, 소주는 모두 방부 역할을 하고 무엇보다도 나트륨의 함량을 낮춥니다. 특히 소주는 방부 역할을 하기 때문에 절임물을 끓이지 않고 그대로 부어도 됩니다. 절임 음식에서 문제가 되는 것은 나트륨 함량이 높은 것인데 염도를 낮추면 저장성이 낮아집니다. 그것을 보완해주는 것이 식초, 설탕, 소주입니다. 오이, 무, 고추 등 다양한 채소를 이렇게 만들 수 있습니다. 고추, 마늘, 마늘종은 소금물이나 간장, 또는 식초를 탄 간장에 삭힌 후에 그대로 먹거나 장에 박거나 양념을 해서 먹습니다.

깻잎 간장장아찌

하루가 지난 뒤의 달콤새콤한 오이지

오크라 간장장아찌

고추 장아찌. 간장, 식초, 설탕, 소주 혼합물

장아찌에 생기는 골마지

장아찌에 사용하는 소금물, 간장, 된장은 모두 염도가 높아 부패를 방지하고 미생물의 활성을 막습니다. 염도가 낮으면 그냥 먹기에는 좋으나 시간이 가면 부패하면서 하얀 '골마지'가 생깁니다. 골마지는 간장, 고추장, 김치 등 물기 많은 발효성 식품의 겉표면에 생기는 곰팡이 같은 흰색 막을 말하는데 염도가 낮으면 생깁니다. 골마지는 인체에 무해한 곰팡이이므로 걷어내면 됩니다.

간장물을 끓이는 이유

간장물을 이용하는 장아찌는 간장물을 끓여서 뜨거운 채로 붓습니다. 단, 깻잎은 끓인 후 식혀서 붓습니다. 요즘은 간장, 식초, 설탕 혼합물에 소주를 섞어서 끓이지 않고 부어 단시간에 먹는 간장 장아찌가 인기 있습니다. 예전처럼 대용량으로 항아리에 만들어 오랫동안 먹기보다는 작은 양을 유리병에 담아 냉장보관합니다.

간장에 담근 것은 두어 달에 한 번쯤 절임물만 따라 내서 끓인 후 식혀서 붓는 것을 두세 번 하면 일 년이 지나도 맛이 변하지 않습니다. 장아찌를 만들 때 채소에서 수분이 나와 절임물의 염도가 낮아지면 부패하기 때문에 중간에 절임물을 다시 끓여 농도를 짙게 해주고, 식힌 후 다시 부어주어 절임물의 염도를 유지해주는 것입니다.

- **오이장아찌와 오이피클**: 오이는 전통적인 한국식 장아찌인 오이지나 오이장아찌로도 쓰이고, 서양식 장아찌인 오이피클로도 활용합니다. 피클은 유리병에 담지만 장아찌는 항아리에 담는 것이 좋습니다. 절임물 위로 오이가 뜨지 않도록 눌러주되 항아리에 담으면 골마지가 생기지 않습니다.

간장에 대하여

장아찌에 많이 이용되는 간장은 메주를 이용해 만든 조미료로 염도가 16~26%입니다. 간장은 소금을 함유하고 있어 삼투현상으로 채소의 수분을 빼내고 소금이 갖는 부패 방지 역할을 하면서 동시에 짠맛과 구수한 맛, 단맛을 냅니다. 간장으로 장아찌를 담으면 발효과정에서 생긴 감칠맛과 특유의 향이 있어 좋은 맛을 냅니다.

양조간장은 콩으로 만든 메주를 소금물에 담가서 미생물을 이용해 발효시킨 것입니다. 항아리에 전통 방식으로 만드는 '재래식 간장'과 대량생산 방식으로 만드는 '개량식 간장'이 있습니다. 재래식 간장은 종균을 사용하지 않고 자연에서 그 지역의 미생물을 통해 만들어지기 때문에 미생물이 균일하지 않고 숙성기간이 깁니다. 개량식 간장은 일정한 온도를 유지하며 탱크에서 6개월간 발효, 숙성시켜 생간장을 만들어서 여기에 식품첨가물을 첨가해서 만듭니다.

간장은 맛에 따라 국간장과 진간장으로 구별되는데, 국간장은 담근 지 얼마 안 된 간장으로 염도가 높고 숙성이 덜 되어 깊은 맛은 부족하나 색이 연해 국, 찌개, 나물 등에 이용됩니다. 진간장은 5년 이상 숙성되어 색이 진하고 짠맛은 적으며 단맛과 깊은 맛이 강합니다.

된장에 대하여

콩 발효식품으로 염도는 10~15%입니다. 재래식 된장, 개량식 된장, 속성식 된장으로 나뉩니다. 장아찌에 이용되는 된장은 염도가 높지만 짠맛을 덜 느끼며 맛을 중화시키는 역할을 해줍니다. 장아찌를 만들 때는 덜어서 사용합니다.

고추장에 대하여

메주를 가루로 만들어 찹쌀가루, 보릿가루, 멥쌀가루 등에 엿기름, 고춧가루, 소금 등을 넣고 섞어 발효시킨 것으로 매운맛과 단맛을 동시에 냅니다. 최근엔 엿기름 대신 물엿이나 조청을 사용해서 단맛이 강합니다.

포장을 이용한 저장

포장의 원리 | 비닐포장 | 병조림이란 | 병조림의 원리 | 병조림 실전

포장의 원리

채소가 부패·변질되는 원인을 최대한 막거나 제거하기 위해 포장이 필요합니다. 채소를 가공하고 저장하는 과정에서 채소는 '수분, 미생물, 효소, 산소, pH, 온도, 빛'의 영향을 받아 변화가 일어나고, 변질합니다. 이 요인들을 막거나 유지시키는 역할을 하는 것이 포장의 핵심입니다.

건조·냉동·냉장·절임을 통해 갈무리한 채소들을 안전하게 저장하려면 미생물의 활동을 차단해야 합니다. 포장에서는 수분, 햇빛, 공기를 차단하는 것이 중요합니다. 가정에서 하는 포장은 수송, 판매의 목적이 아닌 보관에 목적을 둡니다. 안전하게 갈무리된 채소를 보관하려면 여러 변질 조건으로부터 보호되어야 합니다. 포장 재료는 위생적인 소재여야 하고, 외부 환경이나 생물적 환경으로부터 식품을 보호할 수 있어야 하며, 간편하게 개봉하고 사용할 수 있어야 하고, 무엇보다도 소량으로 구입이 쉽고 가격이 저렴해야 합니다.

식품 포장 재료로는 종이, 유리, 비닐, 깡통 등이 있습니다.

- **종이**: 구하기 쉽고 사용하기 간편하나 강도가 약하고 내수성, 방습성, 내유성(기름기에 잘 견디는 성질) 등이 약하고 진공포장이 되지 않습니다. 그래서 수분이 많거나 외부 기온을 차단해야 하는 채소류는 적합하지 않습니다(비건조채소). 건조했으되 진공으로 보관하지 않아도 되는, 공기가 통해도 되는 경우에 사용합니다(건조채소 일부).
- **비닐**: 비닐은 가장 흔하게 사용되는 포장재로 내수성, 방습성, 내유성의 조건을 지키며 요즘 많이 나오는 가정용 비닐 접착기로 밀봉도 가능합니다.
- **유리병**: 가정에서 깡통 대신 사용하기 가장 좋은 저장 용기로 가열 살균이 가능한 것이 큰 장점입니다.
- **깡통**: 가장 많이 쓰이는 포장재이나 가정에서는 저장 용기로 사용할 수 없습니다.

비닐포장

비닐(vinyl)은 플라스틱의 일종입니다. 비닐은 PE(폴리에틸렌), PP(폴리프로필렌), PVC(폴리염화비닐), PET(폴리에스테르), OPP(연신폴리프로필렌) 등 종류가 다양합니다. 진공포장이 되는 두꺼운 재질의 비닐을 사용해야 저장 효과를 볼 수 있습니다.

비닐은 가볍고 질기며 투명합니다. 불에 약하고 물을 흡수하지 않습니다. 비닐은 수

• 준비물
포장전용비닐, 비닐접착기, 진공포장기

분, 습기, 벌레, 먼지 등을 차단해주고 진공포장이 가능해서 미생물에 의한 부패가 방지되며 보관도 용이합니다.

비닐은 햇빛을 투과시키는데 햇빛은 식품을 변질시키므로 햇빛이 차단되는 곳에 두거나 짙은 색의 종이봉투나 투명하지 않은 박스나 통에 넣습니다. 쌓거나 포개도 상관없는 식품을 포장할 때 좋으며, 장소를 덜 차지하는 편이라 많은 양을 보관하기 좋습니다.

가정에서의 진공포장은 어려움이 있으나 가정용 포장기를 이용해서 밀봉하면 완전히 공기를 빼지 않은 상태에서도 건조채소는 거의 변질 없이 보관이 가능합니다. 냉동채소도 비닐포장해서 냉동하는 것이 좋습니다.

포장 전용 비닐

밀봉포장용 비닐은 일반 비닐과 다릅니다. 일반 시중에서 흔히 파는 지퍼백 같은 비닐은 두께가 얇아 밀폐력이 부족하고, 입구를 봉한다 해도 공기가 새어나가기 때문에 저장용 비닐로 사용하기에 적합하지 않습니다.

장기보관하려면 저장용 전용 비닐을 사용해야 합니다. 저는 주로 인터넷에서 OPP 비닐을 100장 단위로 구입해서 사용합니다. 두께가 두껍고 구석에 분리수거마크가 있어 구분이 됩니다. 사이즈와 입구가 접착이냐 비접착이냐에 따라 가격이 다른데, 비접착으로 구입해서 비닐접착기로 입구를 밀봉하는 것이 가장 확실합니다. 밀폐 전용 비닐이 아닌 일반 가정용 비닐은 접착기를 사용할 경우 비닐이 열을 감당하지 못해 녹아버리나 전용 비닐은 열접착이 잘됩니다.

크기별로 여러 종류를 갖고 있으면 작물별로 포장하기 좋습니다. 허브, 양념류는 제일 작은 크기의 비닐에, 그 외에는 여러 크기의 비닐에 가급적 적은 양으로 나누어 넣습니다. 큰 비닐을 사용하면 속에 공기가 그만큼 많이 들어가게 되고, 사용하고 남은 것은 공기 중에 노출되어 변질되니 소분하는 것이 좋습니다. 일단 개봉하면 한 번에 다 사용할 정도의 양을 담는 것이 요령입니다. 건조를 많이 한다면 크기별로 세 종류 이상의 비닐을 이용하면 좋습니다.

비닐접착기와 진공포장기

가정용 비닐포장기는 열선을 이용해 비닐을 접착하는 기계로 쉽게 비닐포장을 할 수 있습니다. 비닐만 접착하는 비닐접착기는 저렴하고, 비닐 안의 공기를 빼내고 접착해주는 진공포장기는 가격이 좀 더 비쌉니다. 건조를 많이 한다면 진공포장기가 필요합니다. 밀폐비닐에 진공포장을 해서 보관하면 건조제를 넣지 않아도 더 이상의 공기가 유입되지 않아서 1년 이상 보관이 가능합니다.

OPP비닐

완전밀봉과 진공밀봉

비닐에 넣는 것이 건조채소인 경우에는 완전히 공기 제거를 하지 않아도 됩니다. 건조를 하면 미생물이 생육할 수 없기 때문에 그것으로 충분히 저장 효과가 있으며, 비닐포장기로 완전밀봉만 하여도 외부의 수분과 산소가 비닐 안으로 들어가지 않아 안전합니다.

진공밀봉이란 내부의 공기를 완전히 제거하고 필름을 밀착시켜 포장하는 것을 말합니다. 공기를 제거하면 미생물이 생육할 수 없어 저장 효과가 더 큽니다. 밀폐비닐에 진공포장을 해서 보관하면 건조제를 넣지 않아도 더 이상의 공기가 유입되지 않아서 1년 이상 보관이 가능합니다. 냉장, 냉동보관하는 경우에도 최대한 공기를 빼고 비닐 저장하는 것이 좋습니다.

건조 울금을 작은 사이즈의 OPP비닐에 담았다.

완전밀봉된 고추부각. 1년 이상 문제없이 보관 가능하다.

박고지. 공기를 제거한 것과(좌측) 제거하지 않은 것(우측)

밀봉된 건조채소를 실내 서랍에 넣어 햇빛을 차단해서 보관한다.

빛이 통과되지 않은 통에 소분한 허브 봉지를 넣어 보관한다.

레토로트파우치

레토로트파우치(retortable pouch)는 식품을 충전한 다음 밀봉하여 100~140℃로 가열살균하는 저장용기로 폴리에스테르, 알루미늄, 폴리올레핀 등 다양한 재질로 되어 있습니다. 가열해도 문제없고 쉽게 끓어 보관이 편리하며 공간을 적게 차지하고 가벼워 많이 사용됩니다. 가장 쉽게 볼 수 있는 것은 한약제를 담은 파우치인데 먹을 때 파우치째로 끓는 물에 덥히거나 전자레인지에 넣어 가열해도 괜찮기 때문에 많이 활용됩니다. 가정용 비닐접착기로 밀봉됩니다.

병조림이란

병조림은 나폴레옹전쟁에서 전쟁에 필요한 식량을 공수하는 데 장기보존이 가능한 방법을 모색하던 중 발명된 보관법으로 식료품 가공보관에 혁신을 가져온 통조림의 모태가 되었습니다. 1804년 처음 고안된 방법은 유리병에 식품을 넣고 코르크 마개로 헐겁게 막은 다음 끓는 물에 담가 충분히 가열한 후, 병이 뜨거울 때 코르크 마개를 단단히 막아 밀봉하는 오늘날의 병조림 방법과 같은 원리입니다. 그로부터 6년 뒤 유리병 대신 양철을 이용한 통조림이 나왔고 공장이 세워지고 기계화되면서 오늘날에 이르게 되었습니다.

병조림은 식품을 유리병에 넣고 밀봉한 후 가열살균하는 저장 방법입니다. 식품보존의 원리는 통조림과 같고 제조공정도 통조림과 거의 비슷합니다. 서양에서는 수확물을 병조림해서 지하에 저장하는 것이 우리나라의 김장처럼 일상화될 정도로 가정에서 가장 많이 사용하는 저장법입니다.

병조림의 장점은 외부에서 내용물을 볼 수 있다는 점과 가열살균이 가능하다는 점입니다. 양질의 유리는 안전하고 밀봉도 가능합니다. 단점은 광선이 통과하여 내용물이 변질되기 쉽고 열이나 충격에 약합니다. 떨어뜨리면 쉽게 깨져 보관이 까다로우며 무겁습니다.

따라서 병조림할 수 있는 식품은 당분이나 염분이 많은 것, 살균이 쉬운 신맛이 강한 식품과 pH가 낮은 것, 비교적 가벼운 열처리로 살균이 가능한 것에 적합합니다. 그래서 절임류, 소스, 잼 등에 적합합니다. 한번 개봉하면 냉장보관하고 가급적 빨리 사용하는 것이 좋습니다.

병조림의 원리

병조림 원리는 공기 제거(탈기), 밀봉, 가열살균입니다. 이것이 제대로 되어야만 저장이 가능합니다. 이 세 가지 과정이 거의 동시에 이뤄지는 것이 가정 내 병조림 방법입니다.

이 과정 중 가열살균을 제대로 거치지 않으면 밀봉되지 않으며, 시간이 흐르면 내용물에 가스가 발생하면서 병뚜껑이 열리고 내용물이 넘쳐 흐르거나 부패하고, 곰팡이 등이 발생합니다.

1. 탈기(脫氣)

식품을 병에 넣고 밀봉하기 전에 공기를 제거하는 것입니다. 탈기하는 이유는 병 속의 산소를 제거함으로써 호기성 세균과 곰팡이의 생육을 억제하고 맛과 향, 비타민의 보존을 위해서입니다. 탈기하는 방법으로는 여러 가지가 있으나 가정에서 할 수 있는 방법은 '가열 탈기'입니다. 가열을 함으로써 공기를 같이 제거하는 것인데 이 방법은 동시에 내용물을 가열하게 되므로 살균에 드는 시간을 줄일 수 있어 일석이조입니다.

내용물을 병에 채운 뒤 뚜껑을 느슨하게 잠그고 가열을 하면 끓으면서 병 속의 공기가 밖으로 빠져 나옵니다. 완전한 공기 제거는 되지 않으나 가열살균과 합쳐져서 효과적입니다.

2. 밀봉

병조림은 밀봉 기계가 필요치 않습니다. 시중에 병조림으로 사용할 수 있는 저장용 병이 많이 나와 있는데 뚜껑 안쪽에 고무패킹이 되어 있어 밀폐력을 높인 병이나 뚜껑이 분리되는 저장 전용 병이 가장 좋습니다. 살균한 병에 내용물을 넣고 물에 넣어 병을 가열하면 병이 팽창됩니다. 그때 마개를 닫고 식히면 병뚜껑이 완전히 밀봉되어 1

년까지 보존이 가능합니다.

완전히 밀봉된 병은 개봉할 때 맑은 소리가 나고, 뚜껑 부분을 손가락으로 누르면 움직이지 않습니다. 만일 딸깍거리며 움직이면 다시 가열 과정을 거쳐야 합니다.

3. 가열살균

탈기 과정과 밀봉 과정에서 가열살균이 이뤄집니다. 살균을 통해 미생물의 수가 감소하는데 특히 pH가 중성일 때보다 산성에 가까우면 100℃ 이하에서도 멸균이 됩니다. 멸균이 목적이면 온도가 높을수록 효과가 있습니다.

병조림 실전

① 병을 소독합니다. 냄비에 물을 붓고 병을 담가 끓입니다. 10분 이상 끓인 뒤 불을 끄고 뜨거운 병은 두구를 이용해 꺼내서 놔두면 자연적으로 물기가 마르니 인위적으로 닦아내지 않습니다.

② 내용물을 병에 채웁니다. 위에서 1~2cm 정도의 여유를 남기고 채웁니다.

③ 찜통에 병 높이 반 이상 물을 채우고 병을 넣고 끓입니다. 이때 병뚜껑을 헐겁게 조금 열어놓아서 공기가 빠지도록 합니다. 20분 이상 끓이면 병 안의 공기가 빠져나갑니다. 동시에 병이 가열되면서 주둥이가 팽창됩니다. 이 과정에서 여건에 따라 A, B 두 방법을 모두 시도해보았습니다(499쪽). 1년 이상 두고 본 결과 모두 탈기, 소독 효과를 본 것으로 확인됐습니다.

④ 열탕소독이 끝나면 뚜껑을 꼭 닫습니다. 고열에 팽창했던 뚜껑과 병 입구가 식으면서 수축되어 병이 완전히 밀폐됩니다. 밀폐한 후 집개로 병을 들어냅니다.

⑤ 병을 거꾸로 세워 완전히 식을 때까지 냉각시킵니다.

⑥ 밀폐 여부를 알려면 뚜껑의 중앙을 눌러 봅니다. 이때 밀폐가 완전히 되지 않으면 딸깍 소리를 내며 눌러지고, 완전히 밀폐되면 눌러지지 않습니다. 만일 소리가 나면 다시 되풀이합니다. 밀폐가 잘된 병을 열면 경쾌한 소리가 납니다.

병을 물에 완전히 담가 소독하는 것이 제일 좋다.

이렇게 뒤집어서 병을 소독하기도 한다.

병 집개를 이용해 꺼낸다.

뜨거운 피클 액을 부을 때는 유리병에 쇠젓가락을 꽂고 붓는 것이 안전하다.

토마토소스 열탕소독 방법 A: 1~2cm 여유를 남기고 토마토소스를 채운 병을 절반 정도만 잠기게 하여 30분 이상 열탕소독한 후 밀봉했다. 1년 동안 실온보관해도 문제없었다.

토마토피클 열탕소독 방법 B: 처음부터 병 뚜껑을 완전히 잠그고 병을 물에 완전히 잠기게 해서 열탕소독을 20분 이상 했다. 끝나고 그대로 물에 담근 채로 식혔다. 1년 이상 실온보관해도 문제 없었다.

병을 드는 전용집개를 이용해서 병을 들어낸다.

거꾸로 세워두고 병을 식힌다.

완전밀폐되면 뚜껑이 눌리지 않는다.

완성

기본적인 채소 조리법

채소의 특성 | 채소 조리법

채소의 특성

채소의 영양소

채소의 주된 영양소는 비타민과 무기질이고 섬유소가 풍부합니다. 비타민과 무기질은 기름에 녹는 지용성, 물에 녹는 수용성이 각각 있어 그에 맞는 조리를 해야 합니다.

비타민A, D, E는 지용성비타민으로 물에 녹지 않으나 열에는 안정적이고 기름에 녹아나오며 흡수율도 증가됩니다. 비타민B, C는 수용성비타민으로 물에 녹아나오나 기름에는 녹아나오지 않습니다. 무기질은 수용성인 것이 많아서 물에 녹아나오며 열, 공기, 기름에도 안전합니다.

채소의 분류

분류	먹는 부위		채소	갈무리 특징
엽채류	잎, 줄기		상추, 배추, 양배추, 근대, 시금치, 부추	수분이 많고 빨리 시들므로 빠른 갈무리가 필요하다.
경채류	줄기		아스파라거스, 셀러리	
화채류	꽃		브로콜리, 채심	
근채류	구근	뿌리	무, 당근	저장온도와 습도만 맞추면 상당기간 신선하게 저장이 가능하다.
		덩이뿌리(괴근)	고구마, 순무	
		덩이줄기(괴경)	감자, 돼지감자	
		뿌리줄기(근경)	생강	
		비늘줄기(인경)	양파, 마늘	
과채류	열매		가지, 고추, 피망, 파프리카, 오이, 토마토, 오크라, 호박, 단호박	작물에 따라 다양한 갈무리 방법이 있으며 가공저장도 가능하다.
종실채류	씨앗		콩류	건조해서 보관한다.

채소의 색소

채소는 다양한 색소를 지니고 있고 색소마다 특성이 있습니다. 그러나 채소의 색깔은 조리 및 저장 과정에서 변색되거나 퇴색됩니다. 색소는 물이나 기름에 의해 녹기도 하고 열에 영향을 받거나 공기에 산화되거나 산이나 알칼리, 금속 조리도구에 영향을 받기도 합니다. 지용성 색소로는 클로로필 색소(녹색), 카로티노이드 색소(적색, 황색, 주황색)가 있고, 수용성 색소로는 안토시아닌 색소(빨강, 자주, 푸른색), 안토잔틴 색소(백색, 담황색), 베타레인 색소(적자색, 황색)가 있습니다.

녹색채소를 끓이면 채소 내 유기산이 흘러나오고 채소의 세포막이 파열되어 색소인 엽록소와 접촉하면서 누렇게 변색됩니다. 그러나 빠른 시간에 데치면 녹색이 선명해지는 특징을 갖고 있습니다. 그래서 녹색채소의 색소 유지를 위해서는 데치는 것이 가장 좋습니다.

가지 껍질의 보라색은 안토시아닌으로 pH에 의해 색이 달라져서 산성에서는 적색, 중성에서는 보라색, 알칼리성에서는 청색으로 변합니다. 껍질의 보라색을 유지하기 위해 미리 튀기거나 볶아 표면에 기름막을 만들어주면 색소가 흘러나오지 않아 색이 유지됩니다. 자색양배추를 조리할 때는 산성인 레몬즙을 첨가하면 선명한 색이 유지되나 알칼리성에 닿으면 녹색으로 변색되어 보기에 좋지 않습니다.

안토잔틴은 열에 강하지만 장시간 가열하면 색이 어두워지고 알칼리성에서 변색하고 금색에 영향을 받아 철제 칼로 썰면 변색합니다. 베타레인은 수용성 색소여서 껍질을 벗겨 조리하면 색소가 손실됩니다.

- 클로로필(엽록소): 모든 녹색채소. 대부분의 잎채소
- 카로티노이드 색소(황색, 주황색, 적색 색소): 당근, 고구마, 노란호박, 토마토, 옥수수
- 플라보노이드계 색소 **안토시아닌(적자색 색소)**: 자색양배추, 가지
  안토잔틴(백색 색소): 감자, 고구마, 무, 배추줄기, 양배추의 속, 양파
- 베타레인 **베타시아닌(적색)**: 비트
  베타크산틴(황색): 참외

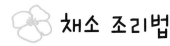 # 채소 조리법

채소를 조리하기 전에

씻기

채소를 씻는 것은 깨끗하게 하기 위함인데 잔류농약 제거의 목적도 큽니다. 잔류농약은 받아놓은 물에 3회 정도 씻으면 효과적이고, 엽채류는 데치면 잔류농약 제거에 효과적입니다.

> **녹차를 이용한 잔류농약 제거**
>
> 찬물 1ℓ에 녹차잎 10~30g을 넣어 30분 정도 우린 녹차 추출액에 5분간 담갔다가 흐르는 물에 씻어낸다. 그렇게 하면 잔류농약의 대부분이 제거되는데 물로만 씻을 때보다 40% 세척효과가 더 높다. 또한 살모넬라 등 식중독균에 대해서도 실험한 결과 허용기준 이하로 식중독균의 문제도 발생하지 않았다. 사용한 녹차추출액을 냉장고에 보관해서 2~3번까지 사용해도 세척 효과는 같다(경기도 농업기술원 연구).

담그기

채소를 물에 담그는 이유는 세 가지가 있습니다.

첫째로 쓴맛을 제거해줍니다.

둘째로 채소를 물에 담그면 세포 속으로 물을 흡수해 채소 세포의 팽압이 회복이 되면서 채소가 아삭아삭해집니다. 쌈채소류를 먹기 전에 물에 담가두면 훨씬 맛있게 먹을 수 있으며 수분이 날아가 시든 채소를 회복시킬 수 있습니다.

셋째로 공기 중에 변색하는 채소는 물에 담가두면 변색을 방지할 수 있습니다.

불리기

무청, 시래기 등은 충분히 불린 후에 삶아야 부드럽게 됩니다. 불릴 때는 쌀뜨물을 사용하는 것이 가장 좋습니다. 쌀뜨물 속에는 효소가 들어있어 잎채소의 풋내를 줄이고 채소의 조직을 부드럽게 해줍니다. 쌀뜨물은 된장국을 끓일 때 사용하기도 합니다. 그 이유는 국물의 농도를 높여줄 뿐 아니라 맛을 좋게 해줍니다.

습열 조리법

채소를 조리하는 방법은 비가열조리법과 가열조리법이 있습니다. 비가열조리법은 생채나 샐러드 등 생으로 먹는 방법입니다. 가열조리법은 불을 이용한 것으로 습열 조리법, 건열 조리법, 복합식 가열조리법이 있습니다. 한식은 습열 조리가 주류를 이루고 있으나 점차 건열 조리가 늘어나고 있습니다.

습열 조리법은 끓는 물을 이용한 조리법으로 여러 가지 방법이 있습니다. 조리하려는 채소에 맞는 방법을 택합니다.

데치기(blanching)

채소를 끓는 물에 잠시 넣었다가 건진 후 흐르는 찬물에 식히는 방법입니다. 잎채소 중 익혀서 먹는 채소에 주로 사용합니다. 데치면 채소의 효소가 불활성화되어 채소의 색이 유지되므로 건조, 냉동보관 전에도 합니다.

① 채소의 5배 이상 정도로 충분한 양의 물을 사용합니다. 그래야 흘러나온 유기산의 농도가 희석되고 물의 온도가 낮아지는 것도 막아서 빠른 시간에 데칠 수 있습니다.
② 단시간에 데칩니다.
③ 뚜껑을 열고 데쳐서 휘발성 유기산을 휘발시킵니다.
④ 소금을 넣어서 데치면 녹색이 유지에 좋습니다.

돌산갓. 굵은 줄기 부분을 먼저 끓는 물에 넣어 익힌다.

전체를 담가 데친다.

익으면 꺼내서 흐르는 찬물에 담가야 더 익지 않는다.

삶기

물에 채소를 넣어 익히되 삶은 물은 버리고 채소만 이용하는 방법입니다. 주로 고구마 같은 채소를 익힐 때 이용합니다.

끓이기(boiling)

물에 채소를 넣어 끓이는 방법으로 삶기와는 달리 조미하면서 끓인 물도 같이 이용합니다. 물은 재료가 잠길 정도로 충분한 양을 이용하며 100℃로 끓여서 국물도 먹습니다. 끓이면 채소 내 수용성 성분이 흘러나오고 조미료가 채소로 흡수되어 질감이 부드러워집니다. 국, 찌개를 조리할 때 이용하는 우리 음식의 대표적인 조리법입니다.

시머링(simmering)

100℃보다 낮은 90℃ 내외의 온도로 서서히 끓이는 방법입니다. 서양요리에서는 스톡(stock,육수), 우리 음식으로는 곰국 끓이듯이 오랜 시간을 끓이는 것입니다.

찌기

물을 100℃로 끓여 그 수증기를 이용해 조리하는 방법입니다. 찌는 데 사용하는 물의 양은 적게 하고 물이 끓은 후에 식품을 올립니다. 삶는 것보다 맛과 색, 질감이 더 잘 유지되고 조리수에 수용성 영양소가 손실되지 않는 장점이 있습니다. 단, 너무 오래 찌면 무르기 때문에 적당히 찌는 것이 중요하고, 일단 끓기 시작하면 불을 약간 줄이되 수증기가 유지될 수 있게 해야 합니다.

건열 조리법

물 없이 조리하는 방법입니다.

굽기

굽기는 두 가지 방법이 있는데 복사열을 이용한 직접구이와 프라이팬을 이용한 간접구이가 있습니다. 오븐구이는 직접구이와 간접구이가 혼합된 조리법입니다. 최근엔 직화나 오븐에 구워먹는 채소 조리가 인기를 끌고 있습니다. 장점은 수용성 성분이 파괴되지 않는다는 점입니다.

부치기, 튀기기

열전달 매개체로 기름을 사용하여 고온에서 조리하는 방법으로 단기간에 익어 영양소 파괴가 적은 장점이 있습니다. 부치기는 기름에 약간만 잠기게 하는 것이고, 튀기기는 기름에 완전히 잠기게 하는 것입니다. 수용성 성분의 파괴가 없고 지용성 성분의 흡수에 좋습니다.

볶기

비교적 적은 기름으로 고온에서 단기간에 조리합니다. 달군 팬에 기름을 부어 온도를 높인 후에 재료를 넣고 빠른 시간에 볶아냅니다. 채소류는 수분이 많기 때문에 고온에 빨리 볶으면 영양 손실이 적고 수분이 빠져나오지 않아 맛을 유지하기가 좋습니다.

복합식 가열조리법

브레이징(braising)

'졸이다'와 같은 의미로 먼저 고온에서 구운 후, 약간의 물을 추가하거나 육즙을 넣고 뚜껑을 닫아 익히는 조리법입니다. 우리 요리에는 재료를 볶은 후 조림장을 넣어 뚜껑을 닫아 익혀 조리하는 조림 같은 요리가 이 방식입니다.

스튜잉(stewing)

서양의 스튜가 이 방식의 조리인데, 작은 고기 조각을 볶은 후 재료가 잠길 정도로 육수나 소스를 넣어 끓입니다. 브레이징과 다른 것은 국물이 마르는 일 없이 뭉근한 불에 끓이는 것입니다. 우리 요리에서는 고기를 볶은 후 육수를 부어 오래 끓이는 미역국이나 쇠고기국 같은 것이 이 방식입니다.

저수분 조리

최근 통삼중냄비 같은 용기의 등장으로 채소가 가진 수분만으로 익혀내는 조리법입니다. 따로 조리수를 넣지 않고 약불에 뚜껑을 닫고 장시간 두어 채소가 가진 자체 수분으로 익혀내는 방식입니다.